Springer-Lehrbuch

Klaus W. Wagner

Theoretische Informatik

Eine kompakte Einführung

Zweite, überarbeitete Auflage

 Springer

Prof. Dr. Klaus W. Wagner
Lehrstuhl für Theoretische Informatik
Institut für Informatik
Julius-Maximilians-Universität Würzburg
Am Hubland
D-97074 Würzburg

wagner@informatik.uni-wuerzburg.de

Bibliografische Information Der Deutschen Bibliothek

Die Deutsche Bibliothek verzeichnet diese Publikation
in der Deutschen Nationalbibliografie; detaillierte bibliografische
Daten sind im Internet über <http://nb.ddb.de> abrufbar.

ISBN 978-3-540-01313-6   ISBN 978-3-642-55452-0 (eBook)
DOI 10.1007/978-3-642-55452-0

http://www.springer.de

© Springer-Verlag Berlin Heidelberg 2003
Ursprünglich erschienen bei Springer-Verlag Berlin Heidelberg New York 2003

Satz: Druckreife Aufsichtsvorlagen des Autors
Umschlaggestaltung: design & production GmbH, Heidelberg
Gedruckt auf säurefreiem Papier   33/3142PS - 5 4 3 2 1 0

Vorwort zur ersten Auflage

Die vorliegende Einführung in die Theoretische Informatik folgt einem Konzept, das sich mit den neun von mir zu diesem Gegenstand an den Universitäten Jena, Augsburg und Würzburg gehaltenen Vorlesungen entwickelt hat. Der Stoff dieses Buches ist so ausgewählt, daß er die innerhalb eines Grundstudiums der Informatik notwendigen theoretischen Grundlagen umfaßt. Bei etwa 20%iger Kürzung entspricht er dem Umfang einer einsemestrigen vierstündigen Vorlesung. Durch die vielen Beispiele und Übungsaufgaben eignet sich das Buch auch zum Selbststudium.

Dieses Lehrbuch hätte nicht ohne die vielfältige Hilfe von Kollegen, Mitarbeitern und Studenten entstehen können. Zu besonderem Dank bin ich Dr. Ulrich Hertrampf und Dr. Heribert Vollmer verpflichtet, die mehrere Implementierungen dieses Konzeptes kritisch begleitet, verschiedene Versionen des Manuskripts kommentiert, mich bei der Definition von RIES wesentlich unterstützt und mich überhaupt erst ermuntert haben, mein Vorlesungsmanuskript zu einem Lehrbuch umzuarbeiten. Frau Dipl.-Inf. Diana Rooß verdanke ich viele interessante Diskussionen zu diesem Buch und die schönen Abbildungen. Frau Dipl.-Inf. Gundula Niemann hat mit einer sehr sorgfältigen Durchsicht der letzten Version noch eine ganze Reihe von Verbesserungen ermöglicht. Frau cand. inf. Katja Jucht und Herr Dipl.-Inf. Herbert Baier-Saip haben wertvolle technische Hilfe geleistet. Schließlich möchte ich Herrn Dr. Hans Wössner vom Springer-Verlag für die sehr konstruktive Zusammenarbeit danken.

Würzburg, im Juli 1994 *Klaus W. Wagner*

Vorwort zur zweiten Auflage

Nach einigen „Tests" des Buches im Lehrbetrieb und vielen Hinweisen und Anregungen durch Kollegen, Studenten und den Springer-Verlag wurde das Buch durchgehend und an einigen Stellen wesentlich überarbeitet. Ich möchte ganz besonders den Herren Dr. Christian Glaßer und Dipl.-Inf. Elmar Böhler für das gemeinsame Durcharbeiten des Manuskripts und den Mitarbeitern des Springer-Verlages für die sehr gute Kooperation danken.

Neben vielen Einzeländerungen, Umstrukturierungen, neuen Darstellungen usw. gibt es vor allem eine Neuerung, auf die hier besonders hingewiesen werden soll. Für die in diesem Buch als Modell und als Hilfsmittel zum Aufschreiben von Algorithmen verwendete Programmiersprache RIES gibt es einen Compiler nach Java, der unter

http://info4.informatik.uni-wuerzburg.de/ries

frei zur Verfügung steht. Studenten und Dozenten haben damit die Möglichkeit, zu Übungszwecken erstellte RIES-Programme zu testen. Den Compiler haben die Herren Igor Aranovsky, Thorsten Gutbrod und Michael Wels unter der Leitung von Herrn Prof. Dr. Jürgen Albert und Frau Dipl.-Math. Conny Dippold erstellt, wofür ich an dieser Stelle danken möchte.

Würzburg, im Juni 2003 *Klaus W. Wagner*

Inhaltsverzeichnis

Einleitung

Die Theoretische Informatik entwickelt mathematische Modelle für die Objekte und Vorgehensweisen der Praktischen und Technischen Informatik. Diese Modelle entstehen, wenn man in einer Klasse von verwandten realen Phänomenen das Wesentliche und Prinzipielle dadurch herausarbeitet, daß man von den technischen Einzelheiten und Zufälligkeiten des jeweiligen Beispiels abstrahiert. Der Nutzen solcher Modelle ist zweifach. Zum einen erlaubt ihr Verständnis, auch die dazugehörige Realität besser zu verstehen, Zusammenhänge zu entdecken und weitere Entwicklungen verfolgen zu können. Zum anderen können auf ihrer Basis mit mathematischen Methoden Problemlösungen gefunden werden, die dann in der Praxis auch umgesetzt werden können. Diesem Grundverständnis der Theoretischen Informatik ist dieses in ihre wichtigsten Gebiete einführende Buch in der Auswahl des Stoffes und seiner Darstellung verpflichtet. Es wird jeweils herausgearbeitet, welchen realen Phänomenen die Modelle entsprechen und was sie gegebenenfalls für diese Realität leisten können.

Im ersten Kapitel werden die mathematischen Grundlagen· für dieses Buch bereitgestellt. In den Abschnitten 1 und 2 beschränkt sich dies auf die Einführung der benötigten Begriffe und Symbole – diese Abschnitte sind eher zum Nachschlagen als zum systematischen Durchlesen gedacht. In den Abschnitten 3 und 4 werden zwei Instrumente entwickelt, die für den konstruktiven Aufbau der Objekte der Theoretischen Informatik und das konstruktive Vorgehen in dieser Disziplin wichtig sind: die Methode der algebraischen Erzeugung und das Induktionsprinzip. Dieser für das methodische Verständnis des Buches wichtige Abschnitt sollte eingehend studiert werden.

Im zweiten Kapitel wird das Phänomen der Berechenbarkeit untersucht. Zunächst werden in den Abschnitten 1 und 2 zwei Modelle studiert, die ihre reale Entsprechung in der Computerpraxis haben: Die Random-Access-Maschinen stehen als Modell für eine Assemblersprache, und die hier zu diesen Zwecken eingeführte Sprache RIES modelliert eine höhere Programmiersprache. Es wird gezeigt, daß die so definierten Berechenbarkeitsbegriffe das gleiche leisten, indem Compiler zwischen den Sprachen konstruiert werden. Die Konstruktion des Compilers von RIES zu den Random-Access-Maschinen beruht auf Methoden, die auch in der Praxis für die Übersetzung höherer Programmiersprachen in maschinennahe Sprachen verwendet werden. Dabei wird die Teilsprache MINI-RIES von RIES als „Zwischencode" verwendet, wie dies in ähnlicher Weise auch bei der Compilierung realer Programmiersprachen geschieht.

Nach einem Ausflug in die Geschichte des Algorithmenbegriffes im Abschnitt 3 werden in den Abschnitten 4 und 5 die Berechenbarkeitsmodelle der besonders einfach zu handhabenden Turingmaschinen und der algebraisch motivierten partiell-rekursiven Funktionen behandelt. Durch Konstruktion entsprechender Compiler wird gezeigt, daß auch diese Modelle das gleiche leisten wie die schon vorher untersuchten. Diese Einsichten werden im Abschnitt 6 zur Churchschen These verdichtet, die besagt, daß die speziell gewählten Zugänge zur Berechenbarkeit dieses Phänomen vollständig erfassen. Der auf diese Weise mathematisch präzisierte Berechenbarkeitsbegriff dient heute als Grundlage der Mathematischen Logik (und damit der Grundlegung der Mathematik als Ganzes) und vieler Gebiete der Theoretischen Informatik. Es ist wohl nicht übertrieben, wenn man sagt, daß die Bedeutung des Berechenbarkeitsbegriffes für die Mathematik und Informatik nur mit der Bedeutung des Begriffes der natürlichen Zahlen verglichen werden kann. Die mathematische Präzisierung des Berechenbarkeitsbegriffes und die Erkenntnis der Grenzen des algorithmisch Machbaren gehören zu den wichtigsten intellektuellen Leistungen des 20. Jahrhunderts.

Überträgt man den Berechenbarkeitsbegriff von der Berechnung von Funktionen auf die Ja-Nein-Entscheidung der Zugehörigkeit zu Mengen, so gelangt man zu den Begriffen der Entscheidbarkeit und Aufzählbarkeit von Mengen. Im Abschnitt 7 werden einige Eigenschaften dieser Begriffe und Beziehungen zwischen ihnen untersucht. Der Nachweis der Nichtentscheidbarkeit des Halteproblems beschließt das Kapitel über den Berechenbarkeitsbegriff.

Hier schließt sich im dritten Kapitel folgerichtig die Problematik der Berechnungskomplexität, also der Effizienz von Berechnungen an. Zunächst wird die Laufzeit von Algorithmen untersucht, und es wird in die für die Theoretische Informatik zentrale P-NP-Theorie eingeführt. Die Resultate dieser Theorie sind für die verschiedenen Gebiete der Informatik und ihre Anwendungen von essentieller Bedeutung, da man mit ihrer Hilfe viele wichtige Probleme bezüglich ihrer Komplexität und damit der realen Möglichkeit, sie zu lösen, klassifizieren kann. Als eine weitere wichtige Art der Berechnungskomplexität wird dann der Speicherplatzbedarf von Algorithmen untersucht.

Neben der bisher behandelten Frage „Was können informationsverarbeitende Systeme leisten, und wie effizient können sie dies tun?" ist natürlich die Frage nach dem strukturellen Aufbau und der internen Wirkungsweise informationsverarbeitender Systeme wichtig und interessant. Dazu werden verschiedene Typen von Schaltkreisen betrachtet. Im vierten Kapitel behandeln wir zunächst boolesche Funktionen und die sie realisierenden Schaltkreise ohne Speicherelemente. Die Frage, welche Funktionsweisen durch solche Schaltkreise mit einem vorgegebenen Satz von Elementarbausteinen realisiert werden können, wird auf eine Frage über boolesche Funktionen zurückgeführt. Die Frage, ob alle booleschen Funktionen von solchen Schaltkreisen realisiert werden können, wird auf dieser abstrakten Ebene konstruktiv durch das Postsche Vollständigkeitskriterium gelöst. Mit dieser Lösung ist auch ein Algorithmus zur Konstruktion von kombinatorischen Schaltkreisen mit vorgegebener Funktionsweise aus vorgegebenen Bausteinen verbunden.

Diese Vorgehensweise wird im fünften Kaptitel auf der Ebene der Schaltkreise mit Speicherelementen wiederholt, von denen andererseits konstruktiv gezeigt wird, daß sie genau die endlichen Automaten mit Ausgabe realisieren. Endliche Automaten sind Modelle für informationsverarbeitende Systeme mit endlichem Speicher. Zum Beispiel ist die Steuereinheit eines realen Rechners (ohne Hauptspeicher) ein endlicher Automat, und das bedeutet: Hat man die Funktionsweise der Steuereinheit festgelegt, so führt das erwähnte konstruktive Vorgehen zu einem Schaltkreis mit vorgegebenen Bausteinen, der diese Funktionsweise realisiert. Schließlich werden die von endlichen Automaten akzeptierten Wortmengen in Form der regulären Mengen charakterisiert.

Neben den natürlichen Sprachen sind auch Programmiersprachen Beispiele für strukturierte Mengen von Zeichenreihen, die nach bestimmten Regeln erzeugt werden. Im sechsten Kapitel werden verschiedene Typen solcher Regelsysteme, auch Grammatiken genannt, untersucht. Neben den Eigenschaften solcher Grammatiken, die in der Informatik-Praxis zum Beispiel beim Compilerbau verwendet werden, behandeln wir auch die zu den Grammatik-Typen gehörenden Sprachklassen, die die Chomsky-Hierarchie bilden. Dabei nimmt die Klasse der kontextfreien Sprachen ihrer Bedeutung gemäß den breitesten Raum ein. Von jeder der vier Klassen der Chomsky-Hierarchie wird bewiesen, daß sie mit einer völlig anders definierten, ebenfalls in diesem Buch behandelten Klasse übereinstimmt. Solche Zusammenhänge zwischen verschiedenen Gebieten der Theoretische Informatik haben zentrale Bedeutung: Zum einen können so für bestimmte Objekte bewiesene Eigenschaften auf ganz andere Objekte übertragen und in anderen Zusammenhängen angewendet werden. Andererseits beweisen diese Zusammenhänge die Natürlichkeit der untersuchten Objekte und den hohen Grad der Einheitlichkeit der Theoretischen Informatik als Resultat ihres nunmehr schon 70-jährigen Entwicklungs- und Reifeprozesses.

Hinweise zum Gebrauch des Buches

In dem nachfolgenden Diagramm sind die inhaltlichen Abhängigkeiten zwischen den einzelnen Kapiteln des Buches dargestellt. Zum Verständnis eines Kapitels ist das Studium aller Kapitel nötig, die durch aufwärtsführende Linienzüge erreichbar sind. Die hier nicht aufgeführten Abschnitte 1.1 und 1.2 enthalten vor allem Definitionen und sind daher eher zum Nachschlagen als zum systematischen Durchlesen gedacht.

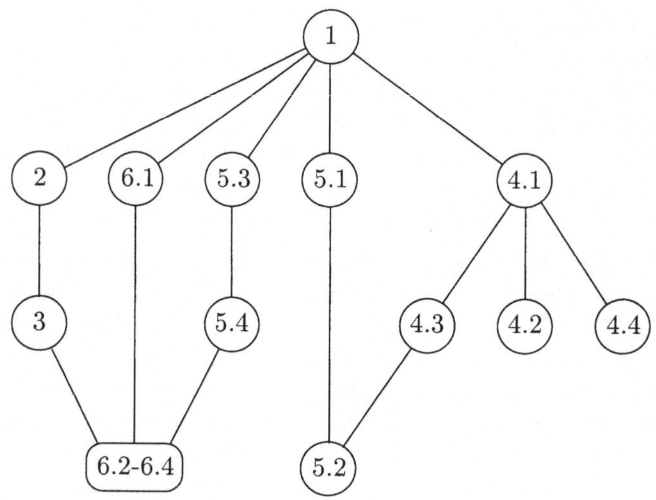

Mathematische Grundlagen

1.1 Mengen, Relationen, Funktionen und Graphen

Einfache Aussagen, Bedingungen oder Eigenschaften werden häufig zu komplizierteren zusammengesetzt. Für die dabei verwendeten umgangssprachlichen Wendungen führen wir aus Gründen der Übersichtlichkeit und Klarheit Symbole ein. Wir schreiben

$$
\begin{array}{rcl}
\neg & \text{für} & \textit{nicht} \\
\wedge & \text{für} & \textit{und} \\
\vee & \text{für} & \textit{oder} \\
\rightarrow \text{ und } \Rightarrow & \text{für} & \textit{wenn} \ldots \textit{so} \\
\leftrightarrow \text{ und } \Leftrightarrow & \text{für} & \textit{genau dann, wenn} \\
\exists & \text{für} & \textit{es existiert} \\
\forall & \text{für} & \textit{für alle}
\end{array}
$$

Führen wir für ein Objekt O per definitionem eine Bezeichnung B ein, so schreiben wir $B =_{\mathrm{def}} O$.

Wir verwenden *Mengen* im naiven Sinne, d. h. als Zusammenfassung irgendwelcher Objekte zu einem Ganzen. Im konkreten Kontext dieses Buches sind die bei einem solchen Vorgehen möglichen Widersprüche ausgeschlossen. Gehört das Objekt a zu einer solchen Zusammenfassung A von Objekten, so sagen wir, daß a ein *Element* der Menge A sei. Wir schreiben:

$$
\begin{array}{lll}
a \in A & \text{für} & a \text{ ist ein Element der Menge } A \\
a \notin A & \text{für} & \neg(a \in A) \\
A \subseteq B & \text{für} & \forall a((a \in A) \rightarrow (a \in B)) \quad (A \text{ ist eine } \textit{Teilmenge} \text{ von } B) \\
A \subset B & \text{für} & (A \subseteq B) \wedge \neg(B \subseteq A) \quad (A \text{ ist eine } \textit{echte Teilmenge} \text{ von } B) \\
A = B & \text{für} & (A \subseteq B) \wedge (B \subseteq A) \quad (A \text{ und } B \text{ sind } \textit{gleich})
\end{array}
$$

Die Gleichheit von Mengen werden wir dementsprechend auch stets dadurch beweisen, daß wir die Gültigkeit der beiden *Inklusionen* $A \subseteq B$ und $B \subseteq A$ verifizieren.

Eine Menge A kann man durch Angabe aller ihrer Elemente oder durch eine Eigenschaft definieren. Besteht eine Menge A aus den voneinander verschiedenen Elementen $a_1, a_2, \ldots, a_n$, wobei $n \geq 1$ eine natürliche Zahl ist, so nennen wir A *endlich* und schreiben

$$A = \{a_1, a_2, \ldots, a_n\}.$$

Mit $\#A =_{\mathrm{def}} n$ bezeichnen wir die *Anzahl der Elemente von A*. Die einzige Menge, die überhaupt kein Element besitzt, nennen wir die *leere Menge*, und wir bezeichnen diese mit $\emptyset$. Die leere Menge ist auch eine endliche Menge, und wir definieren $\#\emptyset =_{\mathrm{def}} 0$. Eine Menge heißt *unendlich*, wenn sie nicht endlich ist. Besteht eine Menge A aus genau denjenigen Objekten, die eine gegebene Eigenschaft E besitzen, so schreiben wir

$$A = \{a\colon a \text{ besitzt die Eigenschaft } E\}.$$

Für eine Menge A nennen wir die Menge $\mathcal{P}(A) =_{\mathrm{def}} \{B\colon B \subseteq A\}$ die *Potenzmenge von A*. Offensichtlich sind die leere Menge $\emptyset$ und A selbst Elemente von $\mathcal{P}(A)$. Ist A endlich, so gilt $\#\mathcal{P}(A) = 2^{\#A}$.

Mengen können mit Hilfe von Operationen zu neuen Mengen verknüpft werden. Wir nennen die Mengen

$$
\begin{aligned}
A \cup B &=_{\mathrm{def}} \{x\colon x \in A \text{ oder } x \in B\} &&\text{die } \textit{Vereinigung,}\\
A \cap B &=_{\mathrm{def}} \{x\colon x \in A \text{ und } x \in B\} &&\text{den } \textit{Durchschnitt} \text{ und}\\
A \smallsetminus B &=_{\mathrm{def}} \{x\colon x \in A \text{ und } x \notin B\} &&\text{die } \textit{Differenz}
\end{aligned}
$$

der Mengen A und B. Betrachten wir in einem gegebenen Kontext ausschließlich Teilmengen B einer festen Grundmenge A, so nennen wir $\overline{B} =_{\mathrm{def}} A \smallsetminus B$ das *Komplement* der Menge B (bezüglich der Grundmenge A). Folgende Rechenregeln für die Mengenoperationen $\cup$, $\cap$ und $^{-}$ sind besonders wichtig (die Klammern legen dabei die Reihenfolge der Ausführung der Operationen fest):

$$
\begin{aligned}
&\left.\begin{aligned}
A \cup B &= B \cup A\\
A \cap B &= B \cap A
\end{aligned}\right\} &&\textit{Kommutativgesetze}\\[4pt]
&\left.\begin{aligned}
A \cup (B \cup C) &= (A \cup B) \cup C\\
A \cap (B \cap C) &= (A \cap B) \cap C
\end{aligned}\right\} &&\textit{Assoziativgesetze}\\[4pt]
&\left.\begin{aligned}
A \cap (A \cup B) &= A\\
A \cup (A \cap B) &= A
\end{aligned}\right\} &&\textit{Absorptionsgesetzegesetze}\\[4pt]
&\left.\begin{aligned}
A \cap (B \cup C) &= (A \cap B) \cup (A \cap C)\\
A \cup (B \cap C) &= (A \cup B) \cap (A \cup C)
\end{aligned}\right\} &&\textit{Distributivgesetze}\\[4pt]
&\;\;A \cup A = A \cap A = A &&\textit{Idempotenzgesetze}\\[4pt]
&\;\;\overline{\overline{A}} = A &&\textit{Gesetz der doppelten Verneinung}\\[4pt]
&\left.\begin{aligned}
\overline{A \cup B} &= \overline{A} \cap \overline{B}\\
\overline{A \cap B} &= \overline{A} \cup \overline{B}
\end{aligned}\right\} &&\textit{de-Morgansche Regeln}
\end{aligned}
$$

Wir betrachten auch Vereinigungen und Durchschnitte beliebig vieler Mengen. Besitzt ein Objekt a die Eigenschaft E, so schreiben wir $E(a)$. Ist E eine Eigenschaft von Mengen, so definieren wir

$$\bigcup_{E(B)} B =_{\text{def}} \{x : \exists B(E(B) \wedge x \in B)\}$$

und

$$\bigcap_{E(B)} B =_{\text{def}} \{x : \forall B(E(B) \to x \in B)\}.$$

Sind B_i Mengen und ist E eine Eigenschaft, so definieren wir

$$\bigcup_{E(i)} B_i =_{\text{def}} \{x : \exists i(E(i) \wedge x \in B_i)\}$$

und

$$\bigcap_{E(i)} B_i =_{\text{def}} \{x : \forall i(E(i) \to x \in B_i)\}.$$

Ist S einen Menge von Mengen, so definieren wir

$$\bigcup S =_{\text{def}} \bigcup_{B \in S} B \quad \text{und} \quad \bigcap S =_{\text{def}} \bigcap_{B \in S} B.$$

In einer Menge gibt es a priori keine bestimmte Reihenfolge der Elemente, es gilt also zum Beispiel $\{a, b\} = \{b, a\}$. Soll aber bei einer endlichen Menge $\{a_1, \ldots, a_n\}$ mit $n \geq 0$ die Reihenfolge der Elemente wie angegeben festgelegt sein, so sprechen wir von einem *n-Tupel* und bezeichnen dieses mit $(a_1, a_2, \ldots, a_n)$. Für $n = 2, 3, 4, 5$ nennen wir ein n-Tupel auch *Paar*, *Tripel*, *Quadrupel* bzw. *Quintupel*. Für $n \geq 0$ und Mengen $A_1, A_2, \ldots, A_n$ definieren wir deren *Kreuzprodukt* als

$$A_1 \times A_2 \times \cdots \times A_n =_{\text{def}} \{(a_1, a_2, \ldots, a_n) : a_1 \in A_1, a_2 \in A_2, \ldots, a_n \in A_n\},$$

und speziell definieren wir

$$A^n =_{\text{def}} \underbrace{A \times A \times \cdots \times A}_{n\text{-mal}}.$$

Wir bemerken, daß nach dieser Definition $A^1 = \{(a) : a \in A\}$ und $A^0 = \{()\}$ gilt. Sind $A_1, A_2, \ldots, A_n$ und A endliche Mengen, so gilt:

$$\#(A_1 \times A_2 \times \cdots \times A_n) = (\#A_1) \cdot (\#A_2) \cdots (\#A_n)$$

und

$$\#A^n = (\#A)^n.$$

Für $n \geq 2$ und Mengen $A_1, A_2, \ldots, A_n$ nennen wir jede Teilmenge $R \subseteq A_1 \times A_2 \times \cdots \times A_n$ eine *n-stellige Relation über* $(A_1, A_2, \ldots, A_n)$. Besonders wichtig sind zweistellige Relationen. Eine solche Relation $f \subseteq A \times B$ heißt *Abbildung* oder *Funktion von A nach B*, wenn es für jedes $a \in A$ höchstens ein $b \in B$ mit $(a,b) \in f$ gibt. Daß f eine Funktion von A nach B ist, wird auch durch die Schreibweise $f\colon A \to B$ ausgedrückt. Ist $f\colon A \to B$ und gibt es für $a \in A$ ein $b \in B$ mit $(a,b) \in f$, so sagen wir, daß f für das *Argument a* *definiert* ist und dort den *Wert* $f(a) =_{\mathrm{def}} b$ besitzt. Gibt es für $a \in A$ ein solches b nicht, so heißt f für das Argument a *nicht definiert*. Für eine Funktion $f\colon A \to B$ nennen wir die Mengen

$$D_f \ =_{\mathrm{def}} \ \{a\colon a \in A \text{ und } f(a) \text{ definiert}\} \text{ und}$$
$$W_f \ =_{\mathrm{def}} \ \{b\colon b \in B \text{ und es gibt ein } a \in A \text{ mit } f(a) = b\}$$

den *Definitionsbereich* bzw. den *Wertebereich* der Funktion f. Ist $f\colon A^n \to B$ für $n \geq 0$, so nennen wir f eine *n-stellige Funktion*. Eine Funktion $f\colon A^n \to A$ nennen wir auch eine *n-stellige Operation auf A*. Für eine zweistellige Operation f werden wir anstelle der funktionalen Schreibweise auch die *operationale Schreibweise* verwenden, d.h. wir schreiben für $a, b \in A$ auch $a f b$ anstelle von $f(a,b)$. Eine Funktion $f\colon A \to B$ nennen wir *total*, falls $D_f = A$ gilt. Eine totale Funktion heißt *Konstante*, wenn ihr Wertebereich aus genau einem Element besteht. Eine 0-stellige totale Funktion f ist also stets eine Konstante, da wegen $D_f = A^0 = \{()\}$ auch der Wertebereich W_f aus genau einem Element besteht.

Eine totale Funktion $f\colon A \to B$ heißt *eineindeutig*, falls sie für verschiedene Argumente auch stets verschiedene Werte besitzt, falls also für $a_1, a_2 \in A$ mit $a_1 \neq a_2$ stets $f(a_1) \neq f(a_2)$ gilt. Ist $f\colon A \to B$ eine totale eineindeutige Funktion mit $W_f = B$, so gibt es für jedes $b \in B$ ein eindeutig bestimmtes $a \in A$ mit $f(a) = b$, welches wir mit $f^{-1}(b)$ bezeichnen. Offensichtlich ist $f^{-1}\colon B \to A$ auch eine totale eineindeutige Funktion mit $W_{f^{-1}} = A$, und es gilt $f^{-1}(f(a)) = a$ für alle $a \in A$ und $f(f^{-1}(b)) = b$ für alle $b \in B$. Die Funktion f^{-1} nennen wir die zu f *inverse Funktion*. Natürlich ist auch f zu f^{-1} invers, d.h. es gilt $(f^{-1})^{-1} = f$.

Sind $g\colon A \to B$ und $f\colon B \to C$ Funktionen, so definieren wir eine neue Funktion $(f \circ g)\colon A \to C$ durch $(f \circ g)(a) =_{\mathrm{def}} f(g(a))$. Dabei ist $(f \circ g)(a)$ genau dann definiert, wenn $g(a)$ und $f(g(a))$ definiert sind.

Für $n \geq 2$ nennen wir eine n-stellige Relation über $(A, A, \ldots, A)$ auch eine *n-stellige Relation über A*. Interessant sind insbesondere die zweistelligen Relationen über einer Menge A. Für eine solche Relation $R \subseteq A \times A$ werden wir für $a, b \in A$ auch aRb anstelle von $(a,b) \in R$ schreiben. Die Relation $R \subseteq A \times A$, die wir auch mit dem Paar (A, R) bezeichnen, heißt

- *reflexiv*, falls $\forall a (aRa)$,
- *transitiv*, falls $\forall a \forall b \forall c ((aRb \wedge bRc) \to aRc)$,
- *symmetrisch*, falls $\forall a \forall b (aRb \to bRa)$,
- *antisymmetrisch*, falls $\forall a \forall b ((aRb \wedge bRa) \to a = b)$,

- *linear*, falls $\forall a \forall b (aRb \lor bRa)$,

- eine *Halbordnung*, falls R reflexiv, transitiv und antisymmetrisch ist,

- eine *Ordnung*, falls R eine lineare Halbordnung ist und

- eine *Äquivalenzrelation*, falls R reflexiv, transitiv und symmetrisch ist.

So ist zum Beispiel $(\mathcal{P}(A), \subseteq)$ für jede Menge A eine Halbordnung.

Ist K eine zweistellige Relation über der Menge E, so nennen wir das Paar $G = (E, K)$ auch einen *gerichteten Graphen*, wobei E als die Menge der *Ecken* oder *Knoten* und $K \subseteq E \times E$ als die Menge der *Kanten* des Graphen bezeichnet wird. Gilt für $a, b \in E$ die Beziehung $(a, b) \in K$, so werden wir das auch graphisch durch

$$a \bullet \!\!\longrightarrow\!\! \bullet\, b$$

darstellen. Ist E endlich, so definieren wir den *Grad* des Knotens $a \in E$ mit $\mathrm{grad}(a) =_{\mathrm{def}} \#\{b \colon b \in E \text{ und } (b, a) \in K\}$. Einen gerichteten Graphen $G = (E, K)$ mit symmetrischen K nennen wir einen *ungerichteten Graphen*. Bei der graphischen Darstellung eines ungerichteten Graphen werden die Beziehungen $(a, b) \in K$ und $(b, a) \in K$ zusammen durch

$$a \bullet \!\!\longrightarrow\!\! \bullet\, b$$

dargestellt.

1.2 Wörter und natürliche Zahlen

Um mit bestimmten Objekten algorithmisch arbeiten zu können, muß man diese darstellen oder beschreiben. Beispielsweise werden Zahlen durch Ziffernfolgen beschrieben, Wörter der Umgangssprache werden durch Buchstabenfolgen beschrieben, Bilder werden gerastert und dann durch die Folge der Farbwerte der Rasterpunkte beschrieben (z. B. beim Fernsehen) und Computerprogramme werden als Folge von Buchstaben, Ziffern und weiteren Sonderzeichen beschrieben. Ganz allgemein verwenden wir zur Beschreibung einer Klasse von Objekten jeweils eine geeignete, nichtleere und endliche Menge Σ von *Symbolen*, die wir auch *Zeichen* oder *Buchstaben* nennen. Eine solche endliche Menge Σ wird *Alphabet* genannt. Die Aneinanderreihung $a_1 a_2 \ldots a_n$ von Buchstaben $a_1, a_2, \ldots, a_n \in \Sigma$ mit $n \geq 0$ nennen wir ein *Wort über dem Alphabet* Σ. Es sei betont, daß jede Folge von Buchstaben aus Σ ein Wort über Σ ist, nicht etwa nur die in einem bestimmten Kontext „sinnvollen" Wörter. Es ist also auch „scHnaKchrRupftzsChaPel" ein Wort über dem Alphabet $\{a,b,c,\ldots z,A,B,C,\ldots,Z\}$, auch wenn es kein sinnvolles Wort der deutschen oder irgendeiner anderen natürlichen Sprache ist. Die *Länge eines Wortes* x wird als die Anzahl seiner Buchstaben definiert und mit $|x|$ bezeichnet. Für $n \geq 0$ und $a_1, a_2, \ldots, a_n \in \Sigma$ ist also $|a_1 a_2 \ldots a_n| = n$. Das einzige Wort der Länge

0, also das überhaupt keinen Buchstaben enthaltende Wort, nennen wir das *leere Wort* und bezeichnen es mit ε. Mit Σ^* bezeichnen wir die Menge aller Wörter und mit Σ^+ die Menge aller nichtleeren Wörter über dem Alphabet Σ, d. h. $\Sigma^+ = \Sigma^* \setminus \{\varepsilon\}$.

Sind $x = a_1 a_2 \ldots a_n$ und $y = b_1 b_2 \ldots b_m$ mit $a_1, a_2, \ldots, a_n, b_1, b_2 \ldots, b_m \in \Sigma$ Wörter über Σ, so definieren wir die *Konkatenation* von x und y als $xy =_{\mathrm{def}} a_1 a_2 \ldots a_n b_1 b_2 \ldots b_m$ und das *Spiegelwort* von x als $x^R =_{\mathrm{def}} a_n \ldots a_2 a_1$. Für ein Wort $x \in \Sigma^*$ definieren wir $x^0 =_{\mathrm{def}} \varepsilon$ und $x^{k+1} =_{\mathrm{def}} x^k x$ für alle $k \geq 0$.

Eine beliebige Teilmenge $L \subseteq \Sigma^*$ bezeichnen wir als *Sprache* oder *formale Sprache über dem Alphabet Σ*. Durch Operationen können wir aus gegebenen Sprachen neue Sprachen gewinnen. Sind $L_1 \subseteq \Sigma^*$ und $L_2 \subseteq \Sigma^*$, so nennen wir die Sprache

$$L_1 \cdot L_2 =_{\mathrm{def}} \{xy \colon x \in L_1 \text{ und } y \in L_2\}$$

die *Konkatenation* der Sprachen L_1 und L_2. Für eine Sprache $L \subseteq \Sigma^*$ definieren wir

$$L^0 =_{\mathrm{def}} \{\varepsilon\} \qquad \text{und} \qquad L^{k+1} =_{\mathrm{def}} L^k \cdot L \text{ für } k \geq 0,$$

$$L^+ =_{\mathrm{def}} \bigcup_{k \geq 1} L^k \qquad \text{und} \qquad L^* =_{\mathrm{def}} \bigcup_{k \geq 0} L^k.$$

Die Sprache L^* nennen wir die *Iteration von L*. Für ein Wort $x \in \Sigma^*$ gilt offenbar $\{x\}^k = \{x^k\}$ für $x \in \Sigma^*$ und $k \geq 0$.

Mit $\mathbb{N} =_{\mathrm{def}} \{0, 1, 2, \ldots\}$ bezeichnen wir die Menge der *natürlichen Zahlen*, und mit $+$ und $\cdot$ bezeichnen wir die Operationen der *Addition* und der *Multiplikation* auf der Menge der natürlichen Zahlen. Da die Operationen der *Subtraktion* und der *Division* aus $\mathbb{N}$ herausführen können, betrachten wir Modifizierungen dieser Operationen. Die *modifizierte Subtraktion* $\dot{-}$ und die *ganzzahlige Division* / sind für alle $x, y \in \mathbb{N}$ durch

$$x \dot{-} y \;\; =_{\mathrm{def}} \;\; \begin{cases} x - y, & \text{falls } x \geq y \\ 0 & \text{sonst} \end{cases} \qquad\qquad \text{und}$$

$$x/y \;\; =_{\mathrm{def}} \;\; \begin{cases} \text{das größte } z \in \mathbb{N} \text{ mit } z \cdot y \leq x, & \text{falls } y > 0 \\ x, \text{ falls } y = 0 \end{cases}$$

definiert. Neben den so definierten *operationalen Symbolen* für die arithmetischen Grundoperationen werden wir auch die *funktionalen Symbole* sum, md, prod und div verwenden; wir definieren also $\mathrm{sum}(x, y) =_{\mathrm{def}} x + y$, $\mathrm{md}(x, y) =_{\mathrm{def}} x \dot{-} y$, $\mathrm{prod}(x, y) =_{\mathrm{def}} x \cdot y$ und $\mathrm{div}(x, y) =_{\mathrm{def}} x/y$ für alle $x, y \in \mathbb{N}$. Desweiteren definieren wir die Exponentialfunktion exp mit $\exp(x, y) =_{\mathrm{def}} x^y$ für alle $x, y \in \mathbb{N}$, wobei wir $0^0 = 1$ setzen.

Ist $A \subseteq \mathbb{N}$ eine nichtleere endliche Menge, so nennen wir das bezüglich der Ordnung $\leq$ auf $\mathbb{N}$ größte (kleinste) Element das *Maximum (Minimum)* von A und bezeichnen es mit $\max A$ ($\min A$). Wir verwenden max und min auch als zweistellige Funktionen, indem wir $\max(x, y) =_{\mathrm{def}} \max\{x, y\}$ und $\min(x, y) =_{\mathrm{def}} \min\{x, y\}$ für alle $x, y \in \mathbb{N}$ definieren.

Für zwei totale Funktionen $f, g\colon \mathbb{N} \to \mathbb{N}$ schreiben wir $f = O(g)$, falls es ein $c > 0$ so gibt, daß $f(n) \le c \cdot g(n) + c$ für jedes $n \in \mathbb{N}$ gilt.

Für $n \ge 1$ wird eine eineindeutige Funktion $\pi\colon \{1, 2, \ldots, n\} \to \{1, 2, \ldots, n\}$ auch eine *Permutation von* $(1, 2, \ldots, n)$ genannt.

Eine natürliche Zahl kann auf ganz verschiedene Weise durch ein Wort über einem endlichen Alphabet dargestellt, codiert oder beschrieben werden. Die einfachste Form ist die *unäre Darstellung*, bei der die natürliche Zahl n durch das Wort a^n über einem Alphabet $\{a\}$ dargestellt wird. Definieren wir $\mathrm{un}(n) =_{\mathrm{def}} a^n$, so ist die Funktion un eineindeutig, und es gilt $W_{\mathrm{un}} = \{a\}^*$. Der Nachteil dieser Darstellung der natürlichen Zahlen besteht darin, daß sie zu langen „Codewörtern" führt.

Wesentlich kürzere Beschreibungen bekommt man durch die *Dezimaldarstellung* der natürlichen Zahlen. Sie beruht auf der leicht zu beweisenden Tatsache, daß sich jede natürliche Zahl $n > 0$ auf genau eine Weise als $n = \sum_{i=0}^{m} a_i \cdot 10^i$ mit $m \ge 0$, $a_0, a_1, \ldots, a_{m-1} \in \{0, 1, \ldots, 9\}$ und $a_m \in \{1, \ldots, 9\}$ darstellen läßt. Die Dezimaldarstellung von n wird als $\mathrm{dec}(n) =_{\mathrm{def}} a_m a_{m-1} \ldots a_1 a_0$ definiert. Speziell definieren wir $\mathrm{dec}(0) =_{\mathrm{def}} 0$. Die Funktion dec ist mithin eine eineindeutige Funktion von $\mathbb{N}$ in $\{0, 1, \ldots, 9\}^*$, die aber den Nachteil besitzt, daß nicht jedes Wort aus $\{0, 1, \ldots, 9\}^*$ die Dezimaldarstellung einer natürlichen Zahl ist. Dies betrifft die mit 0 beginnenden Wörter aus $\{0, 1, \ldots, 9\}^*$ (mit Ausnahme der 0 selbst) und das leere Wort.

In ähnlicher Weise definiert man auch die *Binärdarstellung* einer natürlichen Zahl: Jede natürliche Zahl $n > 0$ läßt sich auf genau eine Weise als $n = \sum_{i=0}^{m} a_i \cdot 2^i$ mit $m \ge 0$, $a_0, a_1, \ldots, a_{m-1} \in \{0, 1\}$ und $a_m = 1$ darstellen, und wir definieren $\mathrm{bin}(n) =_{\mathrm{def}} a_m a_{m-1} \ldots a_1 a_0$. Speziell definieren wir $\mathrm{bin}(0) =_{\mathrm{def}} 0$. Wie bei der Dezimaldarstellung gilt auch hier, daß nicht jedes Wort aus $\{0, 1\}^*$ die Binärdarstellung einer natürlichen Zahl ist.

Eine kleine Modifikation der bei der Dezimaldarstellung bzw. der Binärdarstellung verwendeten Idee führt für ein gegebenes $k \ge 1$ zur *k-adischen Darstellung* der natürlichen Zahlen, die die Symbole $1, 2, \ldots, k$ verwendet. Zunächst stellen wir fest, daß sich jede natürliche Zahl $n > 0$ auf genau eine Weise als $n = \sum_{i=0}^{m} a_i \cdot k^i$ mit $m \ge 0$ und $a_0, a_1, \ldots, a_m \in \{1, 2, \ldots, k\}$ darstellen läßt, und wir definieren die k-adische Darstellung von n als $\mathrm{ad}_k(n) =_{\mathrm{def}} a_m a_{m-1} \ldots a_1 a_0$. Speziell definieren wir $\mathrm{ad}_k(0) =_{\mathrm{def}} \varepsilon$. Die Funktion $\mathrm{ad}_k\colon \mathbb{N} \to \{1, 2, \ldots, k\}^*$ ist offensichtlich eine eineindeutige Funktion und es gilt $W_{\mathrm{ad}_k} = \{1, 2, \ldots, k\}^*$. Die 1-adische Darstellung ad_1 stimmt (bis auf die Benennung des verwendeten Symbols) mit der unären Darstellung un überein. Die 2-adische Darstellung nennen wir auch *dyadische Darstellung*, und wir setzen $\mathrm{dya} =_{\mathrm{def}} \mathrm{ad}_2$.

In diesem Buch werden wir stets k-adische Darstellungen verwenden, weil durch ad_k in eineindeutiger Weise jeder natürlichen Zahl ein Wort über $\{1, 2, \ldots, k\}$ und umgekehrt durch ad_k^{-1} jedem solchen Wort eine natürliche

Zahl zugeordnet wird. Vermöge der k-adischen Darstellung können wir die natürliche Zahl n mit dem Wort $\mathrm{ad}_k(n)$ und damit schließlich die Menge $\mathbb{N}$ mit der Wortmenge $\{1, 2, \ldots, k\}^*$ identifizieren. Da ein beliebiges Alphabet Σ mit k Buchstaben durch Umbenennung in das Alphabet $\{1, 2, \ldots, k\}$ überführt werden kann, bedeutet dies auch: Für jedes beliebige Alphabet Σ gibt es eine einfache eineindeutige Beziehung zwischen den natürlichen Zahlen und den Wörtern aus Σ^*. Damit übertragen sich alle Definitionen und Aussagen, die wir für Σ^* treffen, automatisch auch auf die Menge $\mathbb{N}$ und umgekehrt.

1.3 Algebraische Erzeugung

Die Theoretische Informatik ist eine konstruktive Disziplin, d. h. sie befaßt sich hauptsächlich mit Objekten, die nach gewissen Regeln aus endlich vielen einfachen Objekten konstruiert werden können, oder, mit anderen Worten, die aus endlich vielen einfachen Objekten mit Hilfe endlich vieler einfacher Operationen erzeugt werden können. Wir wollen die Idee einer solchen algebraischen Erzeugung formalisieren. Dazu definieren wir zunächst den sehr allgemeinen Begriff des Hüllenoperators. Es sei A eine Menge. Eine totale Funktion $\Gamma \colon \mathcal{P}(A) \to \mathcal{P}(A)$ heißt *Hüllenoperator über* A, wenn sie die Eigenschaften der

- *Einbettung*, d. h. $\forall B(B \subseteq \Gamma(B))$,
- *Monotonie*, d. h. $\forall B \forall C(B \subseteq C \to \Gamma(B) \subseteq \Gamma(C))$ und
- *Abgeschlossenheit*, d. h. $\forall B(\Gamma(\Gamma(B)) = \Gamma(B))$

besitzt. Folgende in der Mathematik häufig betrachteten Funktionen sind Hüllenoperatoren:

$\Gamma_{\mathrm{KH}}(B) \quad =_{\mathrm{def}}$ die konvexe Hülle einer Menge $B \subseteq \mathbb{R}^2$

$\Gamma_{\mathrm{HP}}(B) \quad =_{\mathrm{def}}$ die Menge aller Häufungspunkte der Menge $B \subseteq \mathbb{R}$

$\Gamma_{(A, \leq)}(B) =_{\mathrm{def}} \{a : a \in A \land \exists b(b \in B \land a \leq b)\}$
für eine reflexive und transitive Relation $(A, \leq)$
(Aufgabe 1.5)

$\Gamma_G(B) \quad =_{\mathrm{def}}$ die kleinste Untergruppe einer Gruppe G, die $B \subseteq G$ enthält

$\Gamma_V(B) \quad =_{\mathrm{def}}$ der kleinste lineare Unterraum eines Vektorraums V, der $B \subseteq V$ enthält

Eine wichtige Klasse von Hüllenoperatoren wird durch die algebraische Erzeugung mit Hilfe von Operationen definiert. Es sei A eine Menge, und es sei $O \colon A^s \to A$ eine s-stellige Operation auf A. Die Teilmenge $C \subseteq A$ heißt *abgeschlossen unter der Operation* O, wenn mit $a_1, \ldots, a_s \in C$ stets auch $O(a_1, \ldots, a_s) \in C$ ist. Sind $O_i \colon A^{s_i} \to A$ für $i = 1, \ldots, k$ Operationen auf A, so definieren wir für $B \subseteq A$ die Menge $\Gamma_{O_1, \ldots, O_k}(B)$ schrittweise durch

$$\Gamma^0_{O_1,\dots,O_k}(B) =_{\mathrm{def}} B,$$
$$\Gamma^m_{O_1,\dots,O_k}(B) =_{\mathrm{def}} \Gamma^{m-1}_{O_1,\dots,O_k}(B) \cup$$
$$\cup \bigcup_{i=1}^{k} \{O_i(a_1,\dots,a_{s_i}) : a_1,\dots,a_{s_i} \in \Gamma^{m-1}_{O_1,\dots,O_k}(B)\}$$
$$\text{für } m > 0 \text{ und}$$
$$\Gamma_{O_1,\dots,O_k}(B) =_{\mathrm{def}} \bigcup_{m=0}^{\infty} \Gamma^m_{O_1,\dots,O_k}(B).$$

Mit anderen Worten: $\Gamma_{O_1,\dots,O_k}(B)$ ist die Menge der Elemente von A, die durch iterierte Anwendung der Operationen $O_1,\dots,O_k$ aus B erzeugt werden können. Die Menge $\Gamma_{O_1,\dots,O_k}(B)$ ist die bezüglich der Inklusion kleinste Menge, die B enthält und unter den Operationen $O_1,\dots,O_k$ abgeschlossen ist (Aufgabe 1.9). Offensichtlich ist $\Gamma_{O_1,\dots,O_k}$ ein Hüllenoperator über A (Aufgabe 1.11). Ein solcher Hüllenoperator heißt *algebraisch*, genauer: der *durch die Operationen* $O_1,\dots,O_k$ *definierte algebraische Hüllenoperator über* A.

Ist zum Beispiel A eine Menge, so sind $\Gamma_{\cup,\cap}$, $\Gamma_{\cup,\cap,-}$, $\Gamma_{\cup,-}$ und $\Gamma_{\cap,-}$ algebraische Hüllenoperatoren über $\mathcal{P}(A)$, wobei wegen der de-Morganschen Regeln die drei letzten Hüllenoperatoren identisch sind. Weitere Beispiele sind die Hüllenoperatoren Γ_{sum}, Γ_{prod} und $\Gamma_{\mathrm{sum, prod}}$ über der Menge $\mathbb{N}$ der natürlichen Zahlen, für die zum Beispiel gilt

$$\Gamma_{\mathrm{sum}}(\{0,1\}) = \Gamma_{\mathrm{prod}}(\{0,1\} \cup \{p : p \text{ Primzahl}\}) = \mathbb{N}.$$

Wir bemerken, daß nicht jeder Hüllenoperator algebraisch ist, zum Beispiel sind die oben erwähnten Hüllenoperatoren Γ_{KH}, Γ_{HP} und $\Gamma_{(\mathbb{R},\leq)}$ nicht algebraisch, weil es z. B. keine Operationen $O_1,\dots,O_k$ mit $\Gamma_{\mathrm{KH}} = \Gamma_{O_1,\dots,O_k}$ gibt.

Insbesondere wird uns die algebraische Erzeugung von Funktionen interessieren, also die Möglichkeit, mit Hilfe geeigneter Operationen aus gegebenen Funktionen neue Funktionen zu konstruieren. Wir schicken hier folgende Bemerkung voraus: Verwenden wir bei einer Funktion $f\colon A^n \to A$ Variable, so stehen diese stets für einen konkreten Wert aus A. Der Name der Variablen ist ohne Bedeutung, d. h. er kann durch einen anderen, noch nicht verwendeten Namen ersetzt werden, ohne daß die Funktion hierdurch verändert wird. Es ist also gleichgültig, ob eine Funktion f beispielsweise durch $f(x) =_{\mathrm{def}} 2x + 1$ oder $f(\alpha) =_{\mathrm{def}} 2\alpha + 1$ definiert wird.

Für eine beliebige Menge A definieren wir

$$\mathbf{FUNK}(A) =_{\mathrm{def}} \{\varphi\colon \text{ es existiert ein } n \geq 0 \text{ mit } \varphi\colon A^n \to A\}.$$

Eine natürliche Möglichkeit, aus gegebenen Funktionen neue zu erzeugen, ist die Superposition. Diese umfaßt alle möglichen Formen der Einsetzung von Funktionen in andere sowie der Permutation, Identifizierung und Hinzufügung von fiktiven Variablen einer Funktion. Es sei I_1^1 die einstellige Identität, d. h. $\mathrm{I}_1^1(x) =_{\mathrm{def}} x$ für alle $x \in A$.

Die Funktion $\varphi : A^n \to A$ *entsteht durch Superposition aus Funktionen der Menge* $B \subseteq \mathbf{FUNK}(A)$, wenn es Funktionen $\psi : A^m \to A$ aus B und $\xi_1 :$

$A^{k_1} \to A, \ldots, \xi_m : A^{k_m} \to A$ aus $B \cup \{I_1^1\}$ gibt mit

$$\varphi(x_1, \ldots, x_n) = \psi(\xi_1(x_{s(1,1)}, \ldots, x_{s(1,k_1)}), \ldots, \xi_m(x_{s(m,1)}, \ldots, x_{s(m,k_m)})),$$

und $s(1,1), \ldots, s(1,k_1), \ldots, s(m,1), \ldots, s(m,k_m) \in \{1, \ldots n\}$. Es sei angemerkt, daß die Funktion I_1^1 nicht wirklich zur Einsetzung in ψ verwendet wird, sondern nur bewirkt, daß an beliebige Stellen von ψ auch einfach Variable x_i eingesetzt werden können. Das wird z. B. bei der Erzeugung der Funktion φ aus ψ durch $\varphi(x) =_{\text{def}} \psi(x,x)$ benötigt.

Leider ist die so definierte Superposition wegen der Mehrdeutigkeit und der nicht fixierten Stellenzahl keine Operation (d. h. Funktion). Es ist aber möglich, die Superposition äquivalent durch die folgenden, einfachen Superpositionsoperationen zu ersetzen. Eine solche Operation, z. B. ZV, erzeugt aus einer Funktion φ die Funktion $\text{ZV}(\varphi)$. Die Schreibweise $\text{ZV}(\varphi)(x_1, \ldots, x_n)$ ist also so zu verstehen, daß die Funktion $\text{ZV}(\varphi)$ auf $(x_1, \ldots, x_n)$ angewendet wird. Es seien $\varphi \colon A^n \to A$ und $\psi \colon A^m \to A$ mit $n, m \geq 0$.

- ZV – *zyklischen Vertauschung der Variablen*
  $\text{ZV}(\varphi)(x_1, \ldots, x_n) =_{\text{def}} \varphi(x_2, x_3, \ldots, x_n, x_1)$ für $n \geq 2$
- LV – *Vertauschung der beiden letzten Variablen,*
  $\text{LV}(\varphi)(x_1, \ldots, x_n) =_{\text{def}} \varphi(x_1, \ldots, x_{n-2}, x_n, x_{n-1})$ für $n \geq 2$
- ID – *Identifizierung der beiden letzten Variablen*
  $\text{ID}(\varphi)(x_1, \ldots, x_{n-1}) =_{\text{def}} \varphi(x_1, \ldots, x_{n-2}, x_{n-1}, x_{n-1})$ für $n \geq 2$
- FV – *Einführung einer fiktiven Variablen*
  $\text{FV}(\varphi)(x_1, \ldots, x_n, x_{n+1}) =_{\text{def}} \varphi(x_1, \ldots, x_n)$ für $n \geq 0$
- SUB – *Substitution an der letzten Stelle*
  $\text{SUB}(\varphi, \psi)(x_1, \ldots, x_{n-1}, y_1, \ldots, y_m) =_{\text{def}} \varphi(x_1, \ldots, x_{n-1}, \psi(y_1, \ldots, y_m))$
  für $n > 0$, wobei wir die Variablennamen $x_1, \ldots, x_{n-1}, y_1, \ldots, y_m$ so wählen, daß $\{x_1, \ldots, x_{n-1}\} \cap \{y_1, \ldots, y_m\} = \emptyset$ gilt.

Nach dieser Definition sind ZV, LV, ID und FV einstellige Operationen auf der Menge $\textbf{FUNK}(A)$, und SUB ist eine zweistellige Operation auf $\textbf{FUNK}(A)$. Außerdem liefern diese Operationen stets totale Funktionen, wenn sie auf solche angewendet werden. Diese Operationen *vererben* also die Eigenschaft, total zu sein.

Beispiel 1.1 Für $A = \mathbb{N}$ gilt

$$\text{ZV}(\text{sum})(x,y) = \text{LV}(\text{sum})(x,y) = \text{sum}(y,x) = y + x = x + y = \text{sum}(x,y)$$

und folglich $\text{ZV}(\text{sum}) = \text{LV}(\text{sum}) = \text{sum}$. Hingegen gilt $\text{ZV}(\text{md}) = \text{LV}(\text{md}) \neq$ md wegen $\text{ZV}(\text{md})(x,y) = \text{LV}(\text{md})(x,y) = \text{md}(y,x) = y \dotminus x$ und $\text{md}(x,y) = x \dotminus y$. $\qquad\qquad\square$

Beispiel 1.2 Definieren wir für $n, m \geq 0$ die *n-stellige m-Konstante* C_m^n durch $\mathrm{C}_m^n(x_1, \ldots, x_n) =_{\text{def}} m$, so erhalten wir

$$\begin{aligned}
\mathrm{ID}(\mathrm{sum})(x) &= \mathrm{sum}(x, x) = x + x = 2x \text{ und} \\
\mathrm{ID}(\mathrm{md})(x) &= \mathrm{md}(x, x) = x \dot{-} x = 0 = \mathrm{C}_0^1(x),
\end{aligned}$$

woraus $\mathrm{ID}(\mathrm{md}) = \mathrm{C}_0^1$ folgt. $\qquad\qquad\qquad\qquad\qquad\qquad\qquad\qquad\square$

Beispiel 1.3 Definieren wir für $n \geq m \geq 1$ die *n-stellige Identität der m-ten Stelle* I_m^n durch $\mathrm{I}_m^n(x_1, \ldots, x_n) =_{\text{def}} x_m$, so erhalten wir $\mathrm{I}_1^{n+1} = \mathrm{FV}(\mathrm{I}_1^n)$ für $n \geq 1$ und $\mathrm{I}_{m+1}^n = \mathrm{ZV}(\mathrm{I}_m^n)$ für $n > m \geq 1$. $\qquad\square$

Beispiel 1.4 Die Substitution ist schon eine etwas mächtigere Operation. Es gilt zum Beispiel:

$$\begin{aligned}
\mathrm{SUB}(\mathrm{sum}, \mathrm{ID}(\mathrm{sum}))(x, y) &= \mathrm{sum}(x, 2y) = x + 2y \quad \text{(siehe Beispiel 1.2)} \\
\mathrm{ID}(\mathrm{SUB}(\mathrm{sum}, \mathrm{ID}(\mathrm{sum})))(x) &= x + 2x = 3x.
\end{aligned}$$

Die Funktion max kann wie folgt erzeugt werden:

$$\begin{aligned}
\mathrm{SUB}(\mathrm{sum}, \mathrm{md})(x, y, z) &= \mathrm{sum}(x, \mathrm{md}(y, z)) = x + (y \dot{-} z) \\
\mathrm{ZV}(\mathrm{SUB}(\mathrm{sum}, \mathrm{md}))(x, y, z) &= \mathrm{SUB}(\mathrm{sum}, \mathrm{md})(y, z, x) = y + (z \dot{-} x) \\
\mathrm{ZV}(\mathrm{ZV}(\mathrm{SUB}(\mathrm{sum}, \mathrm{md})))(x, y, z) &= \mathrm{ZV}(\mathrm{SUB}(\mathrm{sum}, \mathrm{md}))(y, z, x) = \\
&= z + (x \dot{-} y) \\
\mathrm{ID}(\mathrm{ZV}(\mathrm{ZV}(\mathrm{SUB}(\mathrm{sum}, \mathrm{md}))))(x, y) &= \mathrm{ZV}(\mathrm{ZV}(\mathrm{SUB}(\mathrm{sum}, \mathrm{md})))(x, y, y) = \\
&= y + (x \dot{-} y) = \max(x, y)
\end{aligned}$$

Also gilt $\mathrm{ID}(\mathrm{ZV}(\mathrm{ZV}(\mathrm{SUB}(\mathrm{sum}, \mathrm{md})))) = \max$. $\qquad\qquad\qquad\square$

Wir zeigen nun, daß die iterierte Anwendung der Superposition das gleiche leistet wie die iterierte Anwendung der Operationen ZV, LV, ID, FV und SUB.

Satz 1.5 *Für jede Menge $B \subseteq \mathbf{FUNK}(A)$ ist $\Gamma_{\mathrm{ZV,LV,ID,FV,SUB}}(B)$ die Menge aller Funktionen, die aus B durch iterierte Anwendung der Superposition entstehen.*

Beweisidee. Die Operationen ZV, LV, ID, FV und SUB sind offensichtlich spezielle Formen der allgemeinen Superposition. Damit gilt bereits die Inklusion „$\subseteq$".

Für die andere Inklusion nehmen wir an, daß $\varphi : A^n \to A$ durch Superposition aus Funktionen der Menge $B' \subseteq \mathbf{FUNK}(A)$ entsteht, und wir zeigen, daß dann auch $\varphi \in \Gamma_{\mathrm{ZV,LV,ID,FV,SUB}}(B')$ gilt. Sei also

$$\varphi(x_1, \ldots, x_n) = \psi(\xi_1(x_{s(1,1)}, \ldots, x_{s(1,k_1)}), \ldots, \xi_m(x_{s(m,1)}, \ldots, x_{s(m,k_m)}))$$

mit $s(1,1), \ldots, s(1, k_1), \ldots, s(m, 1), \ldots, s(m, k_m) \in \{1, \ldots, n\}$.

Wir starten mit der Funktion $\psi \in B'$ und verfahren für $j = 1, \ldots, m$ wie folgt: Mit Hilfe der Operationen ZV und LV bringen wir in der Funktion $\psi(y_1, \ldots, y_m)$ die Variable y_j in die letzte Position und ersetzen sie im Falle $\xi \neq \mathrm{I}_1^1$ mit Hilfe von SUB durch $\xi_j(x_{s(j,1)}^j, \ldots, x_{s(j,k_j)}^j)$, wobei $x_{s(j,1)}^j, \ldots, x_{s(j,k_j)}^j$ neue Variable sind.

Nun müssen für $i = 1, \ldots, n$ alle vorkommenden Variablen $\{x_i^1, \ldots, x_i^m\}$ identifiziert werden. Dafür bringt man diese Variablen mit Hilfe der Operationen ZV und LV paarweise in die letzte bzw. vorletzte Position und identifiziert sie mit Hilfe der Operation ID.

Schließlich müssen noch die fiktiven Variablen in φ hinzugefügt werden, das sind diejenigen Variablen x_i, für die $i \notin \{s(1,1), \ldots, s(m, k_m)\}$ gilt. Dazu wird jedes dieser x_i mit Hilfe der Operation FV an der letzten Stelle hinzugefügt und dann mit ZV und LV in die richtige Position gebracht. $\qquad\square$

Als Beispiel für eine Erzeugung mit der Superposition betrachten wir die Erzeugung der Identitätsfunktionen.

Lemma 1.6 $\Gamma_{\mathrm{ZV,FV}}(\{\mathrm{I}_1^1\}) = \Gamma_{\mathrm{ZV,LV,ID,FV,SUB}}(\{\mathrm{I}_1^1\}) = \{\mathrm{I}_m^n : 1 \leq m \leq n\}$

Beweis. In Beispiel 1.3 wurde bereits $\mathrm{I}_m^n \in \Gamma_{\mathrm{ZV,FV}}(\{\mathrm{I}_1^1\})$ für $n \geq m \geq 1$ gezeigt. Andererseits überzeugt man sich leicht (Aufgabe 1.13), daß mit ZV, LV, ID, FV und SUB aus Identitätsfunktionen ausschließlich wieder Identitätsfunktionen erzeugt werden. $\qquad\square$

1.4 Das Induktionsprinzip

Eine der wichtigsten Beweismethoden der Theoretischen Informatik ist das Induktionsprinzip. Es geht darum nachzuweisen, daß für jedes $n \in \mathbb{N}$ eine bestimmte *Eigenschaft E* gilt. Wir schreiben kurz $E(n)$ für: n besitzt die Eigenschaft E.

Induktionsprinzip:

Gelten
(IA) (*Induktionsanfang*) $E(0)$ und
(IS) (*Induktionsschritt*) aus $E(n)$ folgt $E(n + 1)$ für $n \geq 0$,
so gilt $E(n)$ für alle $n \in \mathbb{N}$.

Die Voraussetzung $E(n)$ im Induktionsschritt wird auch *Induktionsvoraussetzung* (IV) genannt.

Wendet man nun dieses Induktionsprinzip für ein festes $n_0 \in \mathbb{N}$ auf die Eigenschaft $E'(n) \Leftrightarrow_{\text{def}} \forall m(m \leq n + n_0 \rightarrow E(m))$ an, so erhält man das folgende

Prinzip der ordnungstheoretischen Induktion:

> Gelten für ein festes $n_0 \in \mathbb{N}$
> (IA) (Induktionsanfang) $E(n)$ für alle $n \leq n_0$ und
> (IS) (Induktionsschritt) aus $\forall m(m \leq n \rightarrow E(m))$ folgt $E(n+1)$
> $\qquad\qquad$ für alle $n \geq n_0$,
> so gilt $E(n)$ für alle $n \in \mathbb{N}$.

Das Induktionsprinzip kann man auch beim Nachweis einer Eigenschaft E für die Elemente einer algebraisch erzeugten Menge verwenden. Es sei A eine Menge, $B \subseteq A$ und $O_i \colon A^{s_i} \rightarrow A$ für $i = 1, \ldots, k$ mit $A = \Gamma_{O_1, \ldots, O_k}(B)$. Zum Nachweis der Eigenschaft E für die Elemente von A wendet man das Induktionsprinzip auf die Eigenschaft $E'(n) \Leftrightarrow_{\text{def}} \forall a(a \in \Gamma^n_{O_1, \ldots, O_k}(B) \rightarrow E(a))$ an und erhält das folgende

Prinzip der algebraischen Induktion:

> Gelten
> (IA) (Induktionsanfang) $E(a)$ für alle $a \in B$ und
> (IS) (Induktionsschritt) aus $E(a_1), \ldots, E(a_{s_i})$ folgt $E(O_i(a_1, \ldots, a_{s_i}))$
> $\qquad\qquad$ für $i = 1, \ldots, k$ und $a_1, \ldots, a_{s_i} \in A$
> so gilt $E(a)$ für alle $a \in \Gamma_{O_1, \ldots, O_k}(B)$.

Zuweilen werden wir nach diesem Prinzip auch *induktive Definitionen* durchführen. Das bedeutet, daß wir eine Folge $a_0, a_1, a_2, \ldots$ dadurch definieren, daß wir zunächst a_0 und dann a_{n+1} unter Verwendung von a_n definieren. Das Induktionsprinzip garantiert dann, daß a_n wirklich für alle $n \in \mathbb{N}$ definiert ist. Analoges gilt natürlich auch für die beiden abgeleiteten Formen der Induktion.

1.5 Aufgaben

1.1 Man zeige für $k \geq 1$, daß sich jede natürliche Zahl $n \geq 1$ in genau einer Weise als $n = \sum_{i=0}^{m} a_i \cdot k^i$ mit $m \geq 0$ und $a_0, a_1, \ldots, a_m \in \{1, 2, \ldots, k\}$ darstellen läßt. Zeigen Sie dazu, jeweils durch Induktion über n, die folgenden Aussagen:

1. Aus $n = \sum_{i=0}^{m_1} a_i \cdot k^i = \sum_{i=0}^{m_2} b_i \cdot k^i$ mit $m_1, m_2 \geq 0, a_0, a_1, \ldots, a_{m_1}, b_0,$ $b_1, \ldots, b_{m_2} \in \{1, 2, \ldots, k\}$ folgt $m_1 = m_2$ und $a_0 = b_0, a_1 = b_1, \ldots,$ $a_{m_1} = b_{m_1}$.

2. Für jedes $n \geq 1$ gibt es ein $m \geq 0$ und $a_0, a_1, \ldots, a_m \in \{1, 2, \ldots, k\}$ mit $n = \sum_{i=0}^{m} a_i \cdot k^i$.

1.2 Für $k \geq 2$ und für alle $m, x \geq 0$ gilt die Beziehung

$$|\mathrm{ad}_k(x)| = m \iff \frac{k^m - 1}{k-1} \leq x < \frac{k^{m+1} - 1}{k-1}.$$

Hinweis: Man führe eine Induktion über m.

1.3 Man gebe einfache Regeln dafür an, wie man aus der Binärdarstellung einer natürlichen Zahl deren dyadische Darstellung gewinnt und umgekehrt, und man begründe diese Regeln.

1.4 Man gebe einfache Regeln dafür an, wie man aus der dyadischen Darstellung einer natürlichen Zahl deren 4-adische Darstellung gewinnt und umgekehrt, und man begründe diese Regeln.

1.5 Ist $(A, \leq)$ eine reflexive und transitive Relation, so ist durch

$$\Gamma_{(A, \leq)}(B) =_{\mathrm{def}} \{a : a \in A \wedge \exists b (b \in B \wedge a \leq b)\}$$

ein Hüllenoperator $\Gamma^{\leq}$ über A definiert.

1.6 Für $B \subseteq \mathbb{N}$ definieren wir

$$\Gamma(B) =_{\mathrm{def}} \{k : k \in \mathbb{N} \wedge \exists m \exists n (m \in B \wedge n \in \mathbb{N} \wedge k \cdot n = m)\}.$$

Man zeige, daß Γ ein algebraischer Hüllenoperator auf $\mathbb{N}$ ist, d. h. daß es Operatoren $O_1, \ldots, O_k$ auf $\mathbb{N}$ gibt mit $\Gamma = \Gamma_{O_1, \ldots, O_k}$.

1.7 Für ein endliches Alphabet Σ und $A \subseteq \Sigma^*$ definieren wir

$$\Gamma_1(B) =_{\mathrm{def}} \{x : x \in \Sigma^* \wedge \exists y (y \in \Sigma^* \wedge xy \in B)\} \text{ und}$$

$$\Gamma_2(B) =_{\mathrm{def}} \{xy : x \in B \wedge y \in \Sigma^*\}.$$

Man zeige, daß Γ_1 und Γ_2 algebraische Hüllenoperatoren auf Σ^* sind, d. h. daß es Operatoren $O_1, \ldots, O_k, O'_1, \ldots, O'_m$ auf Σ^* gibt mit $\Gamma_1 = \Gamma_{O_1, \ldots, O_k}$ und $\Gamma_2 = \Gamma_{O'_1, \ldots, O'_m}$.

1.8 1. Sind Γ_1 und Γ_2 Hüllenoperatoren über einer Menge A, so ist auch die durch $\Gamma(B) =_{\mathrm{def}} \Gamma_1(B) \cap \Gamma_2(B)$ definierte Funktion $\Gamma: \mathcal{P}(A) \to \mathcal{P}(A)$ ein Hüllenoperator über A.

   2. Man gebe eine Menge A und Hüllenoperatoren Γ_1 und Γ_2 über A an, für die die durch $\Gamma(B) =_{\mathrm{def}} \Gamma_1(B) \cup \Gamma_2(B)$ definierte Funktion $\Gamma: \mathcal{P}(A) \to \mathcal{P}(A)$ kein Hüllenoperator über A ist.

1.9 Es seien $O_1, O_2, \ldots, O_k$ Operationen auf A. Für jedes $B \subseteq A$ ist die Menge $\Gamma_{O_1, \ldots, O_k}(B)$ die bezüglich der Inklusion kleinste Teilmenge von A, die B enthält und unter den Operationen $O_1, \ldots, O_k$ abgeschlossen ist. Dazu zeige man

   1. Die Menge $\Gamma_{O_1, \ldots, O_k}(B)$ enthält B und ist unter $O_1, \ldots, O_k$ abgeschlossen.

   2. Für jede Menge $B' \subseteq A$, die B enthält und unter $O_1, \ldots, O_k$ abgeschlossen ist, gilt $\Gamma_{O_1, \ldots, O_k}(B) \subseteq B'$ (Beweis durch Induktion).

1.10 Sind $O_1, O_2, \ldots, O_k$ Operationen auf A, so gilt für jedes $B \subseteq A$

$$\Gamma_{O_1,\ldots,O_k}(B) = \bigcap \{D : B \subseteq D \text{ und } D \text{ unter } O_1, \ldots, O_k \text{ abgeschlossen}\}.$$

Hinweis: Man verwende die Aussage der Aufgabe 1.9.

1.11 Sind $O_1, O_2, \ldots, O_k$ Operationen auf A, so ist $\Gamma_{O_1,\ldots,O_k} : \mathcal{P}(A) \to \mathcal{P}(A)$ ein Hüllenoperator über A.

1.12 Um welche Funktion handelt es sich bei $\mathrm{ID}(\mathrm{ZV}(\mathrm{SUB}(\mathrm{md}, \mathrm{md})))$?

1.13 (Lemma 1.6) Man beweise

$$\Gamma_{\mathrm{ZV,LV,ID,FV,SUB}}(\{\mathrm{I}_m^n : 1 \leq m \leq n\}) \subseteq \{\mathrm{I}_m^n : 1 \leq m \leq n\}.$$

1.14 Man zeige

$$\Gamma_{\mathrm{ZV,LV,ID,FV,SUB}}(\{\mathrm{sum}\}) = \{f : \text{ es existieren } n \geq 1, a_1, \ldots, a_n \geq 0$$
$$\text{mit } f(x_1, \ldots, x_n) = \textstyle\sum_{i=1}^n a_i x_i\}.$$

1.15 Definieren wir für $n \geq 0$ und $f, g : \mathbb{N}^n \to \mathbb{N}$ mit $(f+g)(x_1, \ldots, x_n) =_{\mathrm{def}}$ $f(x_1, \ldots, x_n) + g(x_1, \ldots, x_n)$ den Additionsoperator $+ : \mathbf{FUNK}(\mathbb{N})^2 \to$ $\mathbf{FUNK}(\mathbb{N})$, so gilt

$$\Gamma_+(\{\mathrm{I}_1^1\}) = \{f : \text{ es existiert ein } a \geq 1 \text{ mit } f(x) = a \cdot x\} \text{ und}$$
$$\Gamma_{\mathrm{ZV,LV,ID,FV,SUB},+}(\{\mathrm{I}_1^1\}) = \{f : \text{ es existieren } n \geq 1, a_1, \ldots, a_n \geq 0$$
$$\text{mit } f(x_1, \ldots, x_n) = \textstyle\sum_{i=1}^n a_i x_i\}.$$

1.16 Man zeige, daß $\Gamma_{\mathrm{ZV,LV,ID,FV,SUB}}(\{\mathrm{C}_1^0, \mathrm{sum}, \mathrm{prod}\})$ die Menge aller Polynome mit mehreren Veränderlichen und natürlichzahligen Koeffizienten ist.

1.17 Zeigen Sie $(\sum_{i=1}^n i)^2 = \sum_{i=1}^n i^3$ durch Induktion über n.

1.18 Das Turm-von-Hanoi-Problem für n Scheiben ist wie folgt definiert. Es liegen n verschieden große Scheiben der Größe nach geordnet übereinander auf einem Platz, und zwar die größte Scheibe unten. Es gibt noch zwei andere Plätze, auf denen Scheiben liegen dürfen. Diese drei Plätze seien im Dreieck angeordnet. Die Aufgabe besteht darin, durch eine Folge erlaubter Scheibenbewegungen die n Scheiben auf den im Uhrzeigersinn nächsten Platz zu bewegen. Dabei sind folgende Regeln zu beachten: (A) Es darf immer nur eine Scheibe gleichzeitig bewegt werden. (B) Es darf nie eine größere Scheibe über einer kleineren Scheibe liegen.

Man zeige durch Induktion $(n \geq 0)$, daß der folgende Algorithmus a) wirklich zum Ziel führt und b) dazu genau $2^n - 1$ Schritte benötigt.

Schritt 2m+1: Bewege die kleinste Scheibe zum nächsten Platz (im Uhrzeigersinn, falls n ungerade, sonst gegen den Uhrzeigersinn).

Schritt 2m+2: Bewege die zweitkleinste voll sichtbare Scheibe auf den Platz, auf dem nicht die kleinste Scheibe liegt.

1.19 Man zeige, daß 128 die größte natürliche Zahl ist, die sich nicht als Summe verschiedener Quadratzahlen darstellen läßt; d.h. daß gilt

(1) $128 \notin \{\sum_{i=1}^{n} a_i \cdot i^2 : n \geq 0; a_1, a_2, \ldots, a_n \in \{0,1\}\}$ und

(2) $\{129, 130, 131, \ldots\} \subseteq \{\sum_{i=1}^{n} a_i \cdot i^2 : n \geq 0; a_1, a_2, \ldots, a_n \in \{0,1\}\}$.

Dabei zeige man (1) durch Probieren und (2) dadurch, daß man mit Hilfe einer Induktion für $n \geq 10$ die Inklusion

$$\{129, 130, 131 \ldots, 129 + n^2 + 2n\} \subseteq \{\sum_{i=1}^{n} a_i \cdot i^2 : n \geq 0; a_1, \ldots, a_n \in \{0,1\}\}$$

beweist. Auch hier ist der Induktionsanfang $n = 10$ durch Probieren zu lösen.

1.20 Man zeige durch Induktion über die Länge von z, daß für $x, z \in \Sigma^*$ stets $|xz| = |x| + |z|$ gilt.

1.21 Für $u, v \in \Sigma^*$ zeige man durch Induktion über $|u| + |v|$: Ist $uv = vu$, so gibt es $z \in \Sigma^*$ und $r, s \in \mathbb{N}$ mit $u = z^r$ und $v = z^s$.

1.22 Die *Fibonacci-Folge* $\{\mathrm{fib}(n)\}_{n \geq 0}$ ist induktiv durch $\mathrm{fib}(0) =_{\mathrm{def}} 1$, $\mathrm{fib}(1) =_{\mathrm{def}} 1$ und $\mathrm{fib}(n) =_{\mathrm{def}} \mathrm{fib}(n-1) + \mathrm{fib}(n-2)$ für $n \geq 2$ definiert. Zeigen Sie durch Induktion, daß die Beziehung

$$\mathrm{fib}(n) = \frac{(1 + \sqrt{5})^{n+1} - (1 - \sqrt{5})^{n+1}}{\sqrt{5} \cdot 2^{n+1}}$$

gilt.

Berechenbarkeit

2.1 Random-Access-Maschinen

2.1.1 Definition und Beispiele

Die *Random-Access-Maschinen* (kurz: RAM) sind ein mathematisches Modell
für reale Rechner. Eine RAM besteht aus einer *Steuereinheit*, aus unendlich
vielen durchnumerierten (Daten-) *Registern* R0, R1, R2, ... und einem *Befehlsregister* BR . Die Nummer i des Registers Ri nennen wir auch seine *Adresse*.

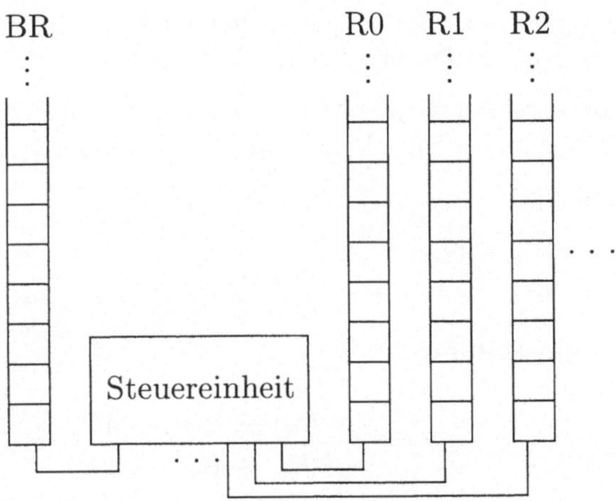

Jedes Register enthält eine natürliche Zahl, die wir uns dort in dyadischer
Darstellung gespeichert denken. Die Steuereinheit verfügt über ein *Programm*,
das aus einer Liste von numerierten *Befehlen* besteht. Die verschiedenen RAM
unterscheiden sich nur durch ihr Programm. Zwischen realen Rechnern und
den RAM bestehen prinzipiell (d. h. wenn man von technischen Einzelheiten
absieht) folgende Unterschiede:

- Reale Rechner haben nur endlich viele Register und jedes Register hat eine feste Anzahl von Bits, d. h. sowohl die Anzahl als auch die Größe der natürlichen Zahlen, die gespeichert werden können, ist beschränkt. Die Aufhebung dieser Beschränkungen bei den RAM dient dem Studium der *prinzipiellen Leistungsfähigkeit* von Computern.

- Reale Rechner sind meistens nach dem *von-Neumann-Prinzip* (nach dem ungaro-amerikanischen Computerpionier JOHANN VON NEUMANN, 1903-1957) konstruiert, d. h. die Befehle sind ebenfalls in den Registern R0, R1, R2, ... gespeichert. Damit kann durch die Berechnung selbst das Programm der Maschine verändert werden. Die prinzipielle Leistungsfähigkeit des von-Neumann-Modells unterscheidet sich jedoch nicht von der der RAM.

Eine RAM arbeitet taktweise. In jedem *Arbeitstakt* wird genau ein Befehl ausgeführt, und zwar derjenige Befehl, dessen Nummer im Befehlsregister steht. Gibt es einen Befehl mit einer solchen Nummer nicht oder erreicht die RAM einen Stoppbefehl, so *stoppt* oder *hält* sie.

Wir bezeichnen mit $\langle \mathrm{R}i \rangle$ diejenige Zahl, die im Register $\mathrm{R}i$ gespeichert ist und mit $\langle \mathrm{BR} \rangle$ diejenige Zahl, die im Befehlsregister gespeichert ist. Soll durch die Ausführung eines Befehles das Register R den Inhalt x bekommen, so beschreiben wir seine Wirkung durch $\langle R \rangle := x$. Zum Beispiel bedeutet der Ausdruck $\langle \mathrm{BR} \rangle := \langle \mathrm{BR} \rangle + 1$, daß sich der „neue Inhalt" des Befehlsregisters aus seinem um 1 erhöhten „alten Inhalt" ergibt. Wir werden auch einen Subtraktionsbefehl zulassen, durch den zwei Registerinhalte subtrahiert werden sollen. Um zu vermeiden, daß dabei ein hier nicht zulässiger negativer Wert entsteht, verwenden wir die modifizierte Subtraktion $\dot{-}$.

Im folgenden beschreiben wir die Menge der neben dem Stoppbefehl STOP bei einer RAM zulässigen Befehle (links) und ihre Wirkung (rechts).

Transportbefehle

$\mathrm{R}i \leftarrow \mathrm{R}j$	$\langle \mathrm{R}i \rangle := \langle \mathrm{R}j \rangle,$	$\langle \mathrm{BR} \rangle := \langle \mathrm{BR} \rangle + 1$
$\mathrm{R}i \leftarrow \mathrm{RR}j$	$\langle \mathrm{R}i \rangle := \langle \mathrm{R}\langle \mathrm{R}j \rangle \rangle,$	$\langle \mathrm{BR} \rangle := \langle \mathrm{BR} \rangle + 1$
$\mathrm{RR}i \leftarrow \mathrm{R}j$	$\langle \mathrm{R}\langle \mathrm{R}i \rangle \rangle := \langle \mathrm{R}j \rangle,$	$\langle \mathrm{BR} \rangle := \langle \mathrm{BR} \rangle + 1$

Arithmetische Befehle

$\mathrm{R}i \leftarrow k$	$\langle \mathrm{R}i \rangle := k,$	$\langle \mathrm{BR} \rangle := \langle \mathrm{BR} \rangle + 1$
$\mathrm{R}i \leftarrow \mathrm{R}j + \mathrm{R}k$	$\langle \mathrm{R}i \rangle := \langle \mathrm{R}j \rangle + \langle \mathrm{R}k \rangle,$	$\langle \mathrm{BR} \rangle := \langle \mathrm{BR} \rangle + 1$
$\mathrm{R}i \leftarrow \mathrm{R}j - \mathrm{R}k$	$\langle \mathrm{R}i \rangle := \langle \mathrm{R}j \rangle \dot{-} \langle \mathrm{R}k \rangle,$	$\langle \mathrm{BR} \rangle := \langle \mathrm{BR} \rangle + 1$

Sprungbefehle

GOTO m $\langle \mathrm{BR} \rangle := m$

IF $\mathrm{R}i = 0$ GOTO m $\langle \mathrm{BR} \rangle := \begin{cases} m, & \text{falls } \langle \mathrm{R}i \rangle = 0 \\ \langle \mathrm{BR} \rangle + 1 & \text{sonst} \end{cases}$

IF $\mathrm{R}i > 0$ GOTO m $\langle \mathrm{BR} \rangle := \begin{cases} m, & \text{falls } \langle \mathrm{R}i \rangle > 0 \\ \langle \mathrm{BR} \rangle + 1 & \text{sonst} \end{cases}$

Die Verwendung von Registern RRi, deren Adresse durch das Programm nicht fest vorgegeben, sondern durch den Inhalt eines Registers Ri bestimmt ist, nennen wir *indirekte Adressierung*. Bei den Sprungbefehlen unterscheiden wir zwischen dem *unbedingten Sprung* der Form GOTO m und den anderen beiden Typen des *bedingten Sprungs*. Es sei erwähnt, daß die zulässigen RAM-Befehle etwa den Befehlen entsprechen, die in Assemblersprachen realer Rechner verwendet werden.

Beispiel 2.1 Multiplikation. Beim Start der RAM sind die Registerinhalte $\langle BR \rangle = 0$, $\langle R0 \rangle = x$, $\langle R1 \rangle = y$ und $\langle Ri \rangle = 0$ für $i \geq 2$ vorgegeben. Die RAM soll nach endlich vielen Schritten stoppen, wobei beim Stopp $\langle R0 \rangle = x \cdot y$ gelten soll. Der Inhalt der anderen Register beim Stopp ist nicht festgelegt.

Diese Aufgabe wird durch das folgende RAM-Programm gelöst, dessen Idee darin besteht, den Wert $x \cdot y$ durch y-faches Addieren von x zu der anfangs im Register R2 befindlichen 0 zu erzeugen. Das Register R3 wird für die Konstante 1 verwendet.

```
0  R3 ← 1
1  IF R1 = 0 GOTO 5        falls ⟨R1⟩ > 0 :
2  R2 ← R2 + R0            addieren x zu ⟨R2⟩
3  R1 ← R1 − R3            subtrahieren 1 von ⟨R1⟩
4  GOTO 1
5  R0 ← R2                 Resultat x·y nach R0
6  STOP
```

Die Wirkungsweise dieses Programmes für die speziellen Eingaben $x = 5$ und $y = 3$ wird durch die nachfolgende Tabelle erläutert, in der die Inhalte der verwendeten Register nach jedem Arbeitstakt angegeben sind.

Takt	BR	R0	R1	R2	R3	Takt	BR	R0	R1	R2	R3
	0	5	3	0	0	9	1	5	1	10	1
1	1	5	3	0	1	10	2	5	1	10	1
2	2	5	3	0	1	11	3	5	1	15	1
3	3	5	3	5	1	12	4	5	0	15	1
4	4	5	2	5	1	13	1	5	0	15	1
5	1	5	2	5	1	14	5	5	0	15	1
6	2	5	2	5	1	15	6	15	0	15	1
7	3	5	2	10	1	16	STOP				
8	4	5	1	10	1						

Beispiel 2.2 Potenzierung. Beim Start der RAM sind die Registerinhalte $\langle BR \rangle = 0$, $\langle R0 \rangle = x$, $\langle R1 \rangle = y$ und $\langle Ri \rangle = 0$ für $i \geq 2$ vorgegeben. Die RAM soll nach endlich vielen Schritten stoppen, wobei beim Stopp $\langle R0 \rangle = x^y$ gelten soll. Der Inhalt der anderen Register beim Stopp ist nicht festgelegt.

Die Idee für ein RAM-Programm zur Lösung dieser Aufgabe ist ähnlich wie bei der Multiplikation: Der Wert x^y wird durch y-faches Multiplizieren von x zu der am Beginn der Berechnung in das Register R2 gesetzten 1 erzeugt. Verwenden wir zunächst den nicht erlaubten Befehl R2 $\leftarrow$ R2·R0, so ergibt sich ein dem Multiplikationsprogramm von Beispiel 1 sehr ähnliches Programm:

```
0   R2 ← 1
1   R3 ← 1
2   IF R1 = 0 GOTO 6        falls ⟨R1⟩ > 0 :
3   R2 ← R2 · R0            multiplizieren x zu ⟨R2⟩
4   R1 ← R1 − R3            subtrahieren 1 von ⟨R1⟩
5   GOTO 2
6   R0 ← R2                 Resultat x^y nach R0
7   STOP
```

Wir ersetzen nun den unerlaubten Multiplikations-Befehl durch einen Programmteil, welcher die Multiplikation wie im Beispiel 1 ausführt. Dieser verwendet die bisher nicht benutzten Register R4, R5, R6 und R7 anstelle der im Beispiel 1 benutzten Register R0, R1, R2 bzw. R3. Auf diese Weise erhalten wir das folgende Programm:

```
0   R2 ← 1
1   R3 ← 1
2   IF R1 = 0 GOTO 16
```

3	R4 ← R2	*Vorbereitung der Multiplikation* R2·R0 *in*
4	R5 ← R0	*den Registern* R4 − R7. *Die Register* R6
5	R6 ← 0	*und* R7 *müssen wegen möglicher früherer*
6	R7 ← 0	*Multiplikationen auf 0 gesetzt werden*
7	R7 ← 1	
8	IF R5 = 0 GOTO 12	*Multiplikation in*
9	R6 ←R6 + R4	*den Registern* R4 − R7
10	R5 ← R5 − R7	*wie im Beispiel 2.1*
11	GOTO 8	
12	R4 ← R6	
13	R2 ← R4	*Rücktransport des Multiplikationsergebnisses*
14	R1 ← R1 − R3	
15	GOTO 2	
16	R0 ← R2	
17	STOP	

Beispiel 2.3 Man bestimme das Maximum der beim Start vorhandenen Inhalte der Register R10, R11, R12, ..., R⟨R1⟩ und bringe es in das Register R0. Offensichtlich läßt sich diese Aufgabe nur unter Verwendung der Befehle mit indirekter Adressierung lösen. Die Programmidee besteht darin, daß nacheinander die Inhalte der Register R⟨R1⟩, ..., R11, R10 mit dem anfangs auf 0 gesetzten Register R0 verglichen werden. Ist einer der Registerinhalte größer

als der in R0, so wird er dorthin gebracht. So steht zum Schluß die größte Zahl
in R0.

Wir erstellen zunächst ein Programm, das auch unerlaubte Befehle verwendet,
deren Bedeutung aber ohne weitere Erläuterung verständlich ist.

```
0   R0 ← 0
1   IF R1 ≤ 9 GOTO 6        fertig
2   IF RR1 ≤ R0 GOTO 4      falls ⟨R⟨R1⟩⟩ > ⟨R0⟩ :
3   R0 ← RR1                    ersetze ⟨R0⟩ durch ⟨R⟨R1⟩⟩
4   R1 ← R1 − 1            gehe zum nächstkleineren Register
5   GOTO 1
6   STOP
```

Nun ersetzen wir die unerlaubten Befehle durch kleine Programmteile, die
ausschließlich aus erlaubten Befehlen bestehen. Wir verwenden zusätzlich das
Register R2 für diverse Konstanten und das Register R3 als „Testregister",
wobei wir die Beziehung $a \leq b \Leftrightarrow a \dot- b = 0$ ausnutzen.

0	R0 ← 0	*entspricht dem Befehl 0*
1	R2 ← 9	
2	R3 ← R1 − R2	*entspricht dem Befehl 1*
3	IF R3 = 0 GOTO 11	
4	R3 ← RR1	
5	R3 ← R3 − R0	*entspricht dem Befehl 2*
6	IF R3 = 0 GOTO 8	
7	R0 ← RR1	*entspricht dem Befehl 3*
8	R2 ← 1	*entspricht dem Befehl 4*
9	R1 ← R1 − R2	
10	GOTO 1	*entspricht dem Befehl 5*
11	STOP	*entspricht dem Befehl 6*

2.1.2 RAM-Berechenbarkeit

Mit Hilfe des oben definerten Maschinenmodells der RAM bekommen wir
nun eine erste mathematische Präzisierung des Algorithmenbegriffes. Die Idee
besteht darin zu sagen: Ein Algorithmus ist das, was als RAM-Programm
aufgeschrieben werden kann. Und: Eine Funktion ist berechenbar, wenn sie
durch eine RAM berechnet werden kann. Wir definieren nun, wie Funktionen
mit Hilfe der RAM berechnet werden.

Definition 2.4 *(RAM-Berechenbarkeit)*

- *Für $n \geq 0$ heißt eine Funktion $\varphi \colon \mathbb{N}^n \to \mathbb{N}$ von einer RAM M berechnet,
  wenn für $x_1, \ldots, x_n \in \mathbb{N}$ gilt*

$$\varphi(x_1, \ldots, x_n) = \begin{cases} \textit{der letzte Inhalt von } \text{R0}, \\ \quad \textit{falls } M \textit{ beim Start mit } \langle \text{BR} \rangle = 0,\ \langle \text{R}i \rangle = x_{i+1} \\ \quad \textit{für } i = 0, 1, \ldots, n-1 \textit{ und } \langle \text{R}i \rangle = 0 \textit{ für } i \geq n \\ \quad \textit{nach endlich vielen Schritten hält} \\ \textit{nicht definiert sonst.} \end{cases}$$

- *Für $n \geq 0$ heißt eine Funktion $\varphi\colon \mathbb{N}^n \to \mathbb{N}$ RAM-berechenbar, wenn es eine RAM M gibt, die φ berechnet.*

- *Mit* **RAM** *bezeichnen wir die Menge aller RAM-berechenbaren Funktionen.*

Wir bemerken, daß gemäß dieser Definition jede RAM für jedes $n \geq 0$ genau eine n-stellige Funktion berechnet.

Beispiel 2.5 Die RAM von Beispiel 2.1 berechnet die zweistellige Funktion prod. Sie berechnet aber auch die einstellige Funktion C_0^1 und die dreistellige Funktion f mit $f(x, y, z) = x \cdot y + z$. Die RAM von Beispiel 2.2 berechnet die zweistellige Funktion exp. Folglich sind prod, C_0^1, exp $\in$ **RAM**. $\square$

2.2 Die Programmiersprache RIES

RIES ist eine an Pascal angelehnte einfache Variante einer Programmiersprache, die aber die volle Berechnungsstärke von Programmiersprachen wie z.B. Java, C++ und LISP besitzt. In RIES finden wir also alle diejenigen Elemente höherer Programmiersprachen, die deren Fähigkeit ausmachen, Rechnungen ausführen zu können. Weggelassen wurden bestimmte Datentypen, weitergehender Komfort und technische Einzelheiten. Hinzugenommen wurde hingegen die Möglichkeit, beliebig große natürliche Zahlen zu verarbeiten und unendliche Felder zu verwenden. Eine Restriktion der Wert- oder Feldgröße wäre im Rahmen der hier geführten theoretischen Überlegungen nicht sinnvoll.

Es sei darauf hingewiesen, daß ein Compiler von RIES nach Java unter

http://haegar.informatik.uni-wuerzburg.de/sonstiges/ries/

frei zur Verfügung steht.

Die Definition einer (Programmier-)Sprache erfolgt gewöhnlich in zwei Stufen:

1. Durch die *Syntax* wird festgelegt, wie die Sprachelemente (Sätze, Ausdrücke, Anweisungen, Programme, usw.) aussehen.

2. Durch die *Semantik* wird die inhaltliche Bedeutung dieser Sprachelemente festgelegt; man sagt auch: Die Sprachelemente werden durch die Semantik *interpretiert*.

Adam Ries

Deutscher Rechenmeister und *Churfürstlich Sächsischer Hofarithmeticus*
Geboren 1492 in Staffelstein (Franken)
Wirkte in Erfurt (Thüringen) und Annaberg (Sachsen)
Gestorben 1559 in Annaberg (Sachsen)
Er verfaßte mehrere Lehrbücher des praktischen Rechnens, die lange Zeit
einen großen Einfluß auf den Unterricht an deutschen Schulen hatten.

2.2.1 Die Syntax und Semantik von RIES

Die Syntax von RIES

Konstante
Eine *Wertkonstante* ist eine nichtleere, endliche Folge von Ziffern 0, 1, ..., 9.

Variable
1. Eine *Wertvariable* (Variable für natürliche Zahlen) ist eine endliche Folge
von Buchstaben a, b, c, ..., z und von Ziffern 0, 1, 2, ..., 9, die mit einem
Buchstaben beginnt. Ausgenommen sind begin, end, function, if, then,
else, for, to, do, while, not, and und or. (Der Einfachheit halber verwenden
wir auch manchmal Variable mit Index wie z. B. a_3 oder b_5[ ]). Diese denke
man sich im konkreten Fall durch richtige Variable wie a3 bzw. b5[] ersetzt.

2. Eine *Feldvariable* (Variable für Folgen natürlicher Zahlen) ist eine endliche
Folge von Buchstaben a, b, c, ..., z und von Ziffern 0, 1, 2, ..., 9, die mit
einem Buchstaben beginnt (Ausnahmen wie oben) und die von [] gefolgt
wird.[1] Ist $i \in \mathbb{N}$ und ist a[] eine Feldvariable, so ist a[i] ein *Feldelement*.

Wertausdrücke

Die Menge der Wertausdrücke wird wie folgt induktiv definiert.

(IA) *Elementare Wertausdrücke*

1. Ist a eine Wertkonstante, so ist a ein Wertausdruck.
2. Ist a eine Wertvariable, so ist a ein Wertausdruck.

(IS) *Zusammengesetzte Wertausdrücke*

1. Ist a[] eine Feldvariable und ist b ein Wertausdruck, so ist a[b] ein Wertausdruck.
2. Sind a und b Wertausdrücke, so sind auch (a + b), (a - b), (a * b), (a : b) Wertausdrücke.
3. Ist f eine Wertvariable und sind b_1, b_2, ... , b_n Wertausdrücke, so ist auch f(b_1,b_2, ... , b_n) ein Wertausdruck, auch *Funktionsaufruf* genannt.

Bedingungen

Die Menge der Bedingungen wird wie folgt induktiv definiert.

(IA) Sind a und b Wertausdrücke, so sind auch (a $\leq$ b), (a < b), (a $\geq$ b), (a > b), (a = b) und (a $\neq$ b) Bedingungen.

(IS) Sind a und b Bedingungen, so sind auch not(a), (a and b) und (a or b) Bedingungen.

Anweisungen

Die Menge der Anweisungen wird wie folgt induktiv definiert.

(IA) *Wertzuweisungen*

1. Ist a eine Wertvariable und ist b ein Wertausdruck, so ist

    a := b

    eine Wertzuweisung.

2. Ist a[] eine Feldvariable, und sind b, c Wertausdrücke, so ist

    a[c] := b

    eine Wertzuweisung.

(IS) *Zusammengesetzte Anweisungen*

1. *Hintereinanderausführung.* Sind s_1, s_2, ..., s_n Anweisungen mit $n \geq 1$, so ist auch

    begin s_1; s_2; ... ; s_n end

    eine Anweisung.

2. *Bedingte Anweisungen.* Ist b eine Bedingung und sind s_1, s_2 Anweisungen, so sind auch

> if b then s_1 else s_2 und
>
> if b then s_1

Anweisungen.

3. for-*Schleifen.* Ist i eine Wertvariable, sind a_1 und a_2 Wertausdrücke und ist s eine Anweisung, in der i := nicht auftritt, so ist

> for i := a_1 to a_2 do s

eine Anweisung.

4. while-*Schleifen.* Ist b eine Bedingung und ist s eine Anweisung, so ist auch

> while b do s

eine Anweisung.

Funktionsdeklarationen

Es seien f, a_1, ..., a_n Wertvariable und s eine Anweisung, in der f nur in der Form f := ... (Wertzuweisung) oder f(...) (Funktionsaufruf) vorkommt. Dann ist

> function f(a_1, ..., a_n); s

eine Deklaration der Funktion f. Der Aufruf einer Funktion innerhalb ihrer eigenen Deklaration heißt *Selbstaufruf.*

Programme

Ein RIES-*Programm* ist eine endliche Folge von Funktionsdeklarationen, die die Eigenschaft besitzt, daß jede in einer dieser Funktionsdeklarationen aufgerufene Funktion im Programm genau einmal deklariert wird und daß deklarierte Funktionen verschiedener Stellenzahl nicht den gleichen Namen besitzen dürfen.

Damit ist die Syntax von RIES definiert. Die in RIES gegebene Möglichkeit des Selbstaufrufs oder des gegenseitigen Aufrufs mehrerer Funktionen wird als *rekursive Programmierung* bezeichnet.

Die Semantik von RIES

Durch die Semantik wird festgelegt, welche Funktion von einem gegebenen Programm berechnet wird. Dazu muß definiert werden, welche Berechnung durch das Programm veranlaßt wird. Eine Berechnung ist in diesem Zusammenhang eine Veränderung der in den Wertvariablen und Feldelementen „gespeicherten" natürlichen Zahlen durch die in dem Programm enthaltenen

Anweisungen. Um diese Veränderungen definieren zu können, müssen jeweils auch die Werte für die in den Anweisungen vorkommenden Wertausdrücke und Bedingungen festgelegt werden. Haben wir also eine Abbildung I, auch *Interpretation* genannt, die jeder Wertvariablen und jedem Feldelement als Wert eine natürliche Zahl zuordnet, so müssen wir folgendes festlegen:

(1) Welchen $\mathbb{N}$-Wert bekommt ein Wertausdruck durch die Interpretation I?

(2) Welchen $\{0,1\}$-Wert bekommt eine Bedingung durch die Interpretation I?

(3) Wie verändert sich die Interpretation I der Wertvariablen und Feldelemente durch die Ausführung einer Anweisung?

Bevor wir dieses ausführen, wollen wir noch einen speziellen Typ von Interpretationen definieren. Für Wertvariable $a_1, \ldots, a_n$ und natürliche Zahlen $\alpha_1, \ldots, \alpha_n$ bezeichnen wir mit $I^{\alpha_1, \ldots, \alpha_n}_{a_1, \ldots, a_n}$ diejenige Interpretation, die der Wertvariablen a_i den Wert α_i $(i = 1, \ldots, n)$ und allen anderen Wertvariablen und Feldelementen den Wert 0 zuordnet.

(1) Induktive Fortsetzung von I von der Menge der Wertvariablen und Feldelemente auf die Menge aller Wertausdrücke.

(IA) Elementare Wertausdrücke

1. Ist a eine Wertkonstante, so ist $I(a)$ diejenige natürliche Zahl, deren Dezimaldarstellung durch a gegeben ist (eventuell mit führenden Nullen).

2. Ist a eine Wertvariable, so ist $I(a)$ bereits vorgegeben.

(IS) Zusammengesetzte Wertausdrücke

1. Ist $a[\,]$ eine Feldvariable und ist b ein Wertausdruck, so ist

$$I(a[b]) =_{\mathrm{def}} I\left(a[I(b)]\right).$$

2. Sind a und b Wertausdrücke, so ist

$$I((a + b)) =_{\mathrm{def}} I(a) + I(b)$$
$$I((a - b)) =_{\mathrm{def}} I(a) \mathbin{\dot-} I(b)$$
$$I((a * b)) =_{\mathrm{def}} I(a) \cdot I(b)$$
$$I((a : b)) =_{\mathrm{def}} I(a) / I(b)$$

3. Ist f eine Wertvariable, sind $b_1, \ldots, b_n$ Wertausdrücke, und ist die Funktion f deklariert durch `function f(a₁, ... ,aₙ); s`, so ist

$$I(f(b_1, \ldots, b_n);\ s) =_{\mathrm{def}} \left(I^{I(b_1), \ldots, I(b_n)}_{a_1, \ldots, a_n}\right)_s (f)$$

wobei die Bedeutung des unteren Index s unter **(3)** definiert ist. Diese Interpretation des Funktionsaufrufes sichert folgende Behandlung von

Variablen, die sowohl im aufrufenden Programm als auch im aufgerufenen Programm vorkommen: Im aufgerufenen Programm ist der Wert dieser Variablen zu Beginn durch $I_{a_1,\ldots,a_n}^{I(b_1),\ldots,I(b_n)}$ gegeben, nicht durch ihren Wert im aufrufenden Programm (d. h. speziell für alle Feldelemente und alle von $a_1,\ldots,a_n$ verschiedenen Wertvariablen, daß sie zu Beginn den Wert 0 besitzen). Eine Veränderung des Wertes der von f verschiedenen Variablen im aufgerufenen Programm ändert ihren Wert im aufrufenden Programm nicht. Diese Variablen sind also vom jeweiligen anderen Programm nicht „sichtbar".

(2) Induktive Fortsetzung von I auf die Menge aller Bedingungen

(IA) Sind a und b Wertausdrücke und ist $R \in \{\leq, <, \geq, >, =, \neq\}$, so ist

$$I((a\ R\ b)) =_{\text{def}} \begin{cases} 1, & \text{falls } I(a)\ R\ I(b) \\ 0 & \text{sonst} \end{cases}$$

(IS) Sind a und b Bedingungen, so ist

$$I(\texttt{not(a)}) =_{\text{def}} 1 - I(a)$$
$$I((\texttt{a and b})) =_{\text{def}} \min(I(a), I(b))$$
$$I((\texttt{a or b})) =_{\text{def}} \max(I(a), I(b))$$

(3) Induktive Definition der Interpretation I_s, die durch Ausführung einer Anweisung s aus der Interpretation I entsteht

Im folgenden sei d stets eine beliebige Wertvariable oder ein beliebiges Feldelement.

(IA) Wertzuweisungen

1. Ist a eine Wertvariable und ist b ein Wertausdruck, so ist

$$I_{a\ :=\ b}(d) =_{\text{def}} \begin{cases} I(b), & \text{falls } d = a \\ I(d), & \text{falls } d \neq a \text{ und } I(b) \text{ definiert} \\ \text{nicht definiert} & \text{sonst,} \end{cases}$$

   d. h. die Anweisung a := b bewirkt, daß der bisherige Wert von a durch den Wert von b ersetzt wird. Dazu muß in jedem Falle $I(b)$ berechnet werden.

2. Ist a[] eine Feldvariable und sind b,c Wertausdrücke, so ist

$$I_{a[c]\ :=\ b}(d) =_{\text{def}} \begin{cases} I(b), & \text{falls } d = a[I(c)] \\ I(d), & \text{falls } d \neq a[I(c)] \text{ und} \\ & \qquad I(b), I(c) \text{ definiert} \\ \text{nicht definiert} & \text{sonst,} \end{cases}$$

   d. h. die Anweisung a[c] := b bewirkt, daß der bisherige Wert von a[$I(c)$] durch den Wert von b ersetzt wird. Dazu muß neben $I(c)$ in jedem Falle auch $I(b)$ berechnet werden.

(IS) Zusammengesetzte Anweisungen

1. Sind $s_1, s_2, \ldots, s_n$ Anweisungen, so ist

$$I_{\texttt{begin } s_1 \texttt{ end}} =_{\mathrm{def}} I_{s_1} \text{ und}$$
$$I_{\texttt{begin } s_1;\ s_2;\ \ldots;\ s_i \texttt{ end}} =_{\mathrm{def}} \left(I_{\texttt{begin } s_1;\ s_2;\ \ldots;\ s_{i-1} \texttt{ end}}\right)_{s_i} \text{ für } i = 2, \ldots, n,$$

   d. h. die Anweisung `begin s`$_1$`; s`$_2$`; ...; s`$_n$` end` bewirkt die Hintereinanderausführung der Anweisungen $s_1, s_2, \ldots, s_n$ in dieser Reihenfolge.

2. Ist b eine Bedingung und sind s_1, s_2 Anweisungen, so ist

$$I_{\texttt{if b then } s_1 \texttt{ else } s_2} =_{\mathrm{def}} \begin{cases} I_{s_1}, & \text{falls } I(b) = 1 \\ I_{s_2}, & \text{falls } I(b) = 0 \end{cases} \quad \text{und}$$

$$I_{\texttt{if b then } s_1} =_{\mathrm{def}} \begin{cases} I_{s_1}, & \text{falls } I(b) = 1 \\ I, & \text{falls } I(b) = 0 \end{cases}$$

   d. h. die Anweisung `if b then s`$_1$` else s`$_2$ bewirkt die Ausführung von s_1, falls b den Wert 1 besitzt bzw. die Ausführung von s_2, falls b den Wert 0 besitzt, und die Anweisung `if b then s`$_1$ bewirkt die Ausführung von s_1, falls b den Wert 1 besitzt. Zur Berechnung von $I_{\texttt{if b then } s_1 \texttt{ else } s_2}$ muß also zunächst $I(b)$ und dann, je nach Ergebnis, $I_{s_1}(d)$ oder $I_{s_2}(d)$ berechnet werden. Analoges gilt für die Berechnung von $I_{\texttt{if b then } s_1}$. Besitzt eine Anweisung s gleichzeitig die Form `if b then s`$_1$` else s`$_2$ und die Form `if b then s`$_3$ (das ist bei `s = if b then if b' then s`$_1$` else s`$_2$ der Fall), so wird s gemäß der zweiten Form interpretiert. Mit anderen Worten: Im Zweifelsfalle wird ein `else` dem letzten `if` zugeordnet.

3. Ist i eine Wertvariable, sind a_1, a_2 Wertausdrücke und ist s eine Anweisung, in der `i :=`   nicht auftritt, so wird festgelegt, daß die Anweisung `for i := a`$_1$` to a`$_2$` do s` die Wirkung der Anweisung

```
begin
    i := a₁; j := a₂;
    while (i ≤ j) do begin s; i := (i + 1) end;
    j := 0
end
```

   besitzt, wobei j eine neue, sonst im Programm nicht verwendete Wertvariable ist.

4. Ist b eine Bedingung und ist s eine Anweisung, so sei

$$I_{\texttt{while b do s}} =_{\mathrm{def}} \begin{cases} (I_s)_{\texttt{while b do s}}, & \text{falls } I(b) = 1 \\ I, & \text{falls } I(b) = 0, \end{cases}$$

   d. h. die Anweisung `while b do s` bewirkt, daß die Anweisung s so lange immer wieder ausgeführt wird, bis b den Wert 0 annimmt. Man beachte,

daß der Wert von b stets vor der Ausführung von s getestet wird. Nimmt
b niemals den Wert 0 an, so bricht dieser Prozeß nicht ab. Zur Berechnung
des Wertes $I_{\texttt{while b do s}}(\texttt{d})$ muß also wie folgt vorgegangen werden: Es sei
$I_{\texttt{s}}^0 =_{\text{def}} I$ und $I_{\texttt{s}}^{k+1} =_{\text{def}} (I_{\texttt{s}}^k)_{\texttt{s}}$ für $k \geq 0$. Zunächst werden nacheinander
$I_{\texttt{s}}^0(\texttt{b}), I_{\texttt{s}}^1(\texttt{b}), I_{\texttt{s}}^2(\texttt{b}), \ldots$ berechnet bis ein k mit $I_{\texttt{s}}^k(\texttt{b}) = 0$ gefunden wird.
Dann wird $I_{\texttt{s}}^k(\texttt{d})$ berechnet.

Die unter (1), (2) und (3) getätigten Festlegungen sind konstruktiver Natur,
d. h., durch die Definition von I_s wird auch festgelegt, wie für eine Anweisung s
und eine Wertvariable a der Wert $I_{\texttt{s}}(\texttt{a})$ aus einer vorgegebenen Interpretation
I berechnet wird. Das bedeutet nicht, daß dieser Berechnungsprozeß nach endlich vielen Schritten beendet sein muß. Sowohl durch eine $\texttt{while}$-Schleife als
auch durch die Funktionsaufrufe können nicht endende Berechnungsvorgänge
entstehen. In einem solchen Fall ist der Wert von $I_{\texttt{s}}(\texttt{a})$ nicht definiert.

Wir sind nun in der Lage festzulegen, welche (eindeutig bestimmte) Funktion
von einem RIES-Programm berechnet wird. Ist $\texttt{function f(a}_1\texttt{, ..., a}_n\texttt{); s}$
die erste Funktionsdeklaration des RIES-Programmes P, dann ist *die von P
berechnete Funktion f_P* wie folgt definiert: Für $\alpha_1, \ldots, \alpha_n \in \mathbb{N}$ gilt

$$f_P(\alpha_1, \ldots, \alpha_n) =_{\text{def}} \begin{cases} \left(I_{\texttt{a}_1,\ldots,\texttt{a}_n}^{\alpha_1,\ldots,\alpha_n}\right)_{\texttt{s}}(\texttt{f}), & \text{falls dieser Wert definiert ist} \\ \text{nicht definiert} & \text{sonst} \end{cases}$$

Zu Beginn der Berechnung ist also der Wert der Feldelemente und der von
$\texttt{a}_1, \ldots, \texttt{a}_n$ verschiedenen Wertvariablen mit 0 vorgegeben. Damit ist die Semantik von RIES festgelegt.

2.2.2 RIES-Berechenbarkeit

Nachdem wir definiert haben, welche Funktion von einem RIES-Programm
berechnet wird, ist folgende Definition der RIES-Berechenbarkeit naheliegend.

Definition 2.6 *(RIES-Berechenbarkeit)*

- *Eine Funktion $\varphi \colon \mathbb{N}^n \to \mathbb{N}$ mit $n \geq 0$ heißt RIES*-berechenbar, *wenn es
  ein RIES-Programm gibt, das φ berechnet.*

- *Mit* **RIES** *bezeichnen wir die Menge aller RIES-berechenbaren Funktionen.*

Beispiel 2.7 Ein RIES-Programm, das nicht bei jeder Eingabe hält. Die
Funktion

$$\mathrm{di}(a, b) =_{\text{def}} \begin{cases} a/b, & \text{falls } b \neq 0 \\ \text{nicht definiert sonst} \end{cases}$$

wird berechnet durch

```
function di(a,b);
begin
    while ((c * b) ≤ a) do c := (c + 1);
    di := (c - 1)
end
```

Beispiel 2.8 Ein RIES-Programm mit mehreren Funktionsdeklarationen. In diesem Programm werden die Funktionen prim, teil und mod deklariert, die für $n, m, i \geq 0$ wie folgt definiert sind:

$$\mathrm{prim}(n) \quad =_{\mathrm{def}} \quad n\text{-te Primzahl (wobei 2 als die 0-te Primzahl gilt)}$$

$$\mathrm{teil}(m) \quad =_{\mathrm{def}} \quad \begin{cases} \text{Anzahl der Teiler von } m, \text{ falls } m \geq 0 \\ 0 \text{ sonst} \end{cases}$$

$$\mathrm{mod}(m,i) \quad =_{\mathrm{def}} \quad \begin{cases} \text{Rest beim Dividieren von } m \text{ durch } i, \text{ falls } i > 0 \\ m \text{ sonst} \end{cases}$$

Das Programm berechnet die zuerst deklarierte Funktion, nämlich prim.

```
function prim(n);
begin
    m := 2;
    while (n > k) do
        begin
            m := (m + 1);
            if (teil(m) = 2) then k := (k + 1)
        end;
    prim := m
end

function teil(m);
begin
    for i := 1 to m do
        if (mod(m,i) = 0) then k := (k + 1);
    teil := k
end

function mod(m,i);
begin
    while ((m ≥ i) and (i > 0)) do m := (m - i);
    mod := m
end
```

Beispiel 2.9 Ein RIES-Programm mit Selbstaufrufen. Die *Fibonacci-Folge* $\{\mathrm{fib}(n)\}_{n \geq 0}$ ist definiert durch

$$\mathrm{fib}(0) =_{\mathrm{def}} 1,$$
$$\mathrm{fib}(1) =_{\mathrm{def}} 1 \text{ und}$$
$$\mathrm{fib}(n) =_{\mathrm{def}} \mathrm{fib}(n-1) + \mathrm{fib}(n-2) \text{ für } n \geq 2.$$

Die Folge wird benannt nach dem italienischen Mathematiker FIBONACCI, etwa 1170 - 1240, der eine Formel für die Vermehrung von Kaninchen suchte. Sein Modell:

- Anfangs (nach 0 Monaten) gibt es ein (neugeborenes) weibliches Kaninchen.

- Nach 2 Monaten bekommt ein weibliches Kaninchen zum ersten Mal Junge und dann jeden Monat wieder.

- Bei jedem Wurf ist genau ein weibliches Junges dabei.

- Weibliche Kaninchen sterben nie.

Man rechnet leicht aus, daß fib(n) die Anzahl der weiblichen Kaninchen nach n Monaten ist.

Die Fibonacci-Folge fib(n) wird berechnet durch

```
function fib(n);
    if (n ≤ 1) then fib := 1 else fib := (fib(n - 1) + fib(n - 2))
```

Es werden hier zwei Selbstaufrufe getätigt, die ihrerseits wieder Selbstaufrufe veranlassen usw. Für $n = 5$ wird die Gesamtberechnung in der folgenden Abbildung dargestellt, wobei die Zahlen an den Pfeilen die zeitliche Abfolge der Selbstaufrufe angeben.

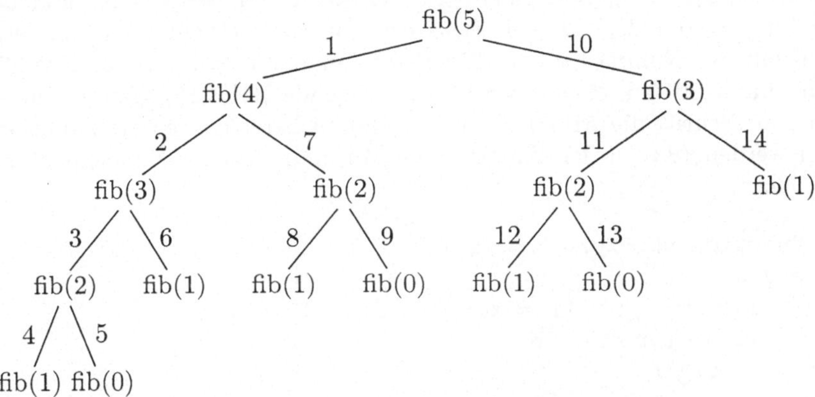

Für einen Wert kann die Funktion sehr oft aufgerufen werden. So wird im obigen Beispiel fib(1) gleich 5-mal aufgerufen. Im Falle der Berechnung der Fibonacci-Folge kann man das jedoch leicht vermeiden, indem man folgende Deklaration für die Funktion fib verwendet:

```
function fib(n);
begin
    fi[0] := 1; fi[1] := 1;
    for i := 2 to n do fi[i] := (fi[(i - 1)] + f[(i - 2)]);
    fib := fi[n]
end
```

Dieses Programm arbeitet völlig ohne Aufrufe (also nichtrekursiv) und berechnet jedes Glied der Fibonacci-Folge bis 5 nur einmal:

$$\text{fib}(0) \rightarrow \text{fib}(1) \rightarrow \text{fib}(2) \rightarrow \text{fib}(3) \rightarrow \text{fib}(4) \rightarrow \text{fib}(5)$$

Mit einer Induktion kann man übrigens den folgenden geschlossenen Ausdruck für die Fibonacci-Folge beweisen:

$$\text{fib}(n) = \frac{1}{\sqrt{5}} \left(\left(\frac{1+\sqrt{5}}{2} \right)^{n+1} - \left(\frac{1-\sqrt{5}}{2} \right)^{n+1} \right)$$

Weiter ist bemerkenwert, daß der Quotient $\frac{\text{fib}(n)}{\text{fib}(n+1)}$ gegen den *Goldenen Schnitt* $\frac{\sqrt{5}-1}{2}$ konvergiert.

Nach diesen Beispielen zeigen wir nun, daß jede RAM-berechenbare Funktion auch RIES-berechenbar ist.

Satz 2.10 RAM $\subseteq$ RIES.

Beweis. Es sei $\varphi \colon \mathbb{N}^n \rightarrow \mathbb{N}$ eine Funktion, die von einer RAM M mit den Befehlen $b_0, b_1, \ldots, b_k$ berechnet wird. O.B.d.A. sei $b_k = \text{STOP}$ und $b_i \neq \text{STOP}$ für $i = 0, 1, 2, \ldots, k-1$. (Das erreicht man, indem als neuer letzter Befehl mit der Nummer k ein STOP-Befehl angefügt und jeder andere STOP-Befehl durch GOTO k ersetzt wird.) Das folgende RIES-Programm simuliert Schritt für Schritt die Arbeit der RAM M und berechnet so die Funktion φ. Dabei werden $\langle \text{BR} \rangle$ in der Wertvariablen br und $\langle \text{R}a \rangle$ im Feldelement r[a] gespeichert.

```
function phi(x₁,x₂,...,xₙ);
begin
    r[0] := x₁; r[1] := x₂; ... ; r[n − 1] := xₙ;
    while (br < k) do
        begin
            if (br = 0) then s₀;
            if (br = 1) then s₁;
                ⋮
            if (br = (k − 1)) then s_{k−1}
        end
    phi := r[0]
end
```

Dabei sind $s_0, s_1, \ldots, s_{k-1}$ Anweisungen, die wie folgt definiert sind:

ist b_i der Befehl	so ist s_i die Anweisung
R$a \leftarrow$ Rb	begin r[a] := r[b]; br := (br + 1) end
R$a \leftarrow$ RRb	begin r[a] := r[r[b]]; br := (br + 1) end
RR$a \leftarrow$ Rb	begin r[r[a]] := r[b]; br := (br + 1) end
R$a \leftarrow b$	begin r[a] := b; br := (br + 1) end
R$a \leftarrow$ R$b +$ Rc	begin r[a] := (r[b] + r[c]); br := (br + 1) end
R$a \leftarrow$ R$b -$ Rc	begin r[a] := (r[b] − r[c]); br := (br + 1) end
GOTO a	br := a
IF R$a = 0$ GOTO b	if (r[a] = 0) then br := b else br := (br + 1)
IF R$a > 0$ GOTO b	if (r[a] > 0) then br := b else br := (br + 1) □

2.2.3 MINI-RIES und der Compiler

Nachdem wir **RAM** $\subseteq$ **RIES** gezeigt haben, wollen wir auch die umgekehrte Inklusion zeigen, um die Gleichwertigkeit der Berechenbarkeitsmodelle der RAM und RIES nachzuweisen. Wir hatten die RAM als Modell für einen konkreten Rechner und RIES als Modell einer höheren Programmiersprache entworfen. Die von uns angestrebte Überführung eines RIES-Programmes in eine RAM, die das Gleiche leistet, ist nicht anders als ein Compiler, der ein Programm einer höheren Programmiersprache in ein äquivalentes Assemblerprogramm eines konkreten Maschinentyps überführt. Wir werden dies in zwei Stufen tun: Wir definieren eine einfache Teilsprache MINI-RIES von RIES, die sich leicht in die RAM-„Assemblersprache" übersetzen läßt, und zeigen dann, daß jedes RIES-Programm in ein äquivalentes MINI-RIES-Programm übersetzt werden kann. Letzteres ist die Hauptarbeit bei der Konstruktion des Compilers. Mit MINI-RIES betrachten wir einen „Zwischencode", wie er in ähnlicher Weise auch bei der Compilierung realer Programmiersprachen verwendet wird.

MINI-RIES als Teilsprache von RIES läßt nur eine reduzierte Menge erlaubter Wertausdrücke, Bedingungen und Anweisungen zu; insbesondere gibt es keine Funktionsaufrufe (und damit auch keine rekursive Programmierung) und keine for-Schleifen.

Wir legen nun die *Syntax* von MINI-RIES fest. Die *Konstanten* und *Variablen* sind wie bei RIES definiert; als *Wertausdrücke* und *Bedingungen* sind nur diejenigen zugelassen, die in den wie folgt induktiv definierten *Anweisungen* auftreten:

(IA) *Wertzuweisungen*

1. Ist a eine Wertvariable und ist b eine Wertkonstante, so ist a := b eine Anweisung.

2. Sind a, b Wertvariable und ist c[] eine Feldvariable, so sind c[a] := b und b := c[a] Anweisungen.

3. Sind a, b, c Wertvariable, so sind a := (b + c) und a := (b - c) Anweisungen.

(IS) *Zusammengesetzte Anweisungen*

1. Sind $s_1, s_2, \ldots, s_n$ Anweisungen, so ist auch

       `begin `s_1`; `s_2`; `$\ldots$`; `s_n` end`

   eine Anweisung.

2. Ist s eine Anweisung und ist a eine Wertvariable, so ist auch

       `while (a `$\neq$` 0) do s`

   eine Anweisung.

Die *Funktionsdeklarationen* sind wie bei RIES definiert, und ein MINI-RIES-*Programm* besteht aus genau einer Funktionsdeklaration. (Da bei MINI-RIES keine Funktionsaufrufe zugelassen sind, hätte die Deklaration von mehr als einer Funktion in einem Programm auch keinen Sinn.)

Da MINI-RIES eine Teilsprache von RIES ist, können wir die *Semantik* von MINI-RIES festlegen, indem wir auf die Festlegung der Semantik von RIES verweisen.

Definition 2.11 *(MINI-RIES-Berechenbarkeit)*

- *Eine Funktion* $\varphi\colon \mathbb{N}^n \to \mathbb{N}$ *mit* $n \geq 0$ *heißt MINI-RIES*-berechenbar, *wenn es ein MINI-RIES-Programm gibt, das* φ *berechnet.*

- *Mit* **MINI-RIES** *sei die Menge aller MINI-RIES-berechenbaren Funktionen bezeichnet.*

Offensichtlich gilt **MINI-RIES** $\subseteq$ **RIES**, und es wird sich herausstellen, daß hier sogar die Gleichheit gilt. Die Einschränkung von RIES zu MINI-RIES schränkt also nicht die Berechnungsstärke ein.

Zunächst zeigen wir, daß sich jedes MINI-RIES-Programm in eine äquivalente RAM umformen läßt.

Satz 2.12 MINI-RIES $\subseteq$ RAM.

Beweis. Die Funktion $\varphi\colon \mathbb{N}^n \to \mathbb{N}$ werde durch das MINI-RIES-Programm `function `b_n`(`b_0`, `$\ldots$`, `b_{n-1}`); s` berechnet, welches wir P nennen. Die in s verwendeten Wertvariablen seien $b_0, b_1, \ldots, b_{m-1}$ $(m - 1 \geq n)$, und die in s verwendeten Feldvariablen seien $a_1[\,]$, $a_2[\,]$, $\ldots$, $a_k[\,]$. Wir konstruieren nun eine RAM M, die die Arbeit des Programmes P simuliert und damit ebenfalls φ berechnet. Dabei werden die Werte der oben genannten Variablen und Feldelemente wie folgt in den Registern der RAM M gespeichert:

- Der Wert von b_i wird im Register Ri gespeichert $(i = 0, 1, \ldots, m-1)$.

- Der Wert von $a_j[l]$ wird für $j = 1, 2, \ldots, k$ und $l = 0, 1, 2, \ldots$ im Register $R(m + j + k \cdot l)$ gespeichert, siehe auch folgende Tabelle:

	$l = 0$	$l = 1$	$l = 2$		l	
$a_1[l]$	$R(m{+}1)$	$R(m{+}k{+}1)$	$R(m{+}2k{+}1)$	...	$R(m{+}lk{+}1)$	...
$a_2[l]$	$R(m{+}2)$	$R(m{+}k{+}2)$	$R(m{+}2k{+}2)$	...	$R(m{+}lk{+}2)$	...
$\vdots$	$\vdots$	$\vdots$	$\vdots$	$\vdots$	$\vdots$	$\vdots$
$a_k[l]$	$R(m{+}k)$	$R(m{+}2k)$	$R(m{+}3k)$	...	$R(m{+}(l{+}1)k)$	...

Damit sind die Register $R(m + 1)$, $R(m + 2)$, $R(m + 3)$, $\ldots$ belegt.

- Das Register Rm wird als Hilfsregister verwendet.

Bei der Konstruktion der RAM M führen wir eine Induktion über die Struktur der Anweisungen (diese waren ja induktiv definiert worden). Für jede in s vorkommende Anweisung s' wird auf diese Weise eine RAM $M(s')$ konstruiert, die die Arbeit von s' simuliert:

	s'	$M(s')$
(IA)	$b_i := r$ (Wertkonstante)	$Ri \leftarrow r$
	$b_{i_1} := a_j[b_{i_2}]$	$Rm \leftarrow m + j$ $Rm \leftarrow Rm + Ri_2$ $\vdots$ $\Big\}$ k-mal $Rm \leftarrow Rm + Ri_2$ $Ri_1 \leftarrow RRm$
	$a_j[b_{i_1}] := b_{i_2}$	$Rm \leftarrow m + j$ $Rm \leftarrow Rm + Ri_1$ $\vdots$ $\Big\}$ k-mal $Rm \leftarrow Rm + Ri_1$ $RRm \leftarrow Ri_2$
	$b_{i_1} := (b_{i_2} + b_{i_3})$	$Ri_1 \leftarrow Ri_2 + Ri_3$
	$b_{i_1} := (b_{i_2} - b_{i_3})$	$Ri_1 \leftarrow Ri_2 - Ri_3$
(IS)	begin s_1; s_2; ...; s_k end	$M'(s_1)$ $M'(s_2)$ $\vdots$ $M'(s_k)$
	while $(b_i \neq 0)$ do s''	IF $Ri = 0$ GOTO $r + 2$ $M'(s'')$ GOTO 0 $Rm \leftarrow 0$

Dabei nehmen wir an, daß die RAM $M(s'')$ genau r Befehle besitzt und daß $M'(s_2), \ldots, M'(s_k)$ und $M'(s'')$ sich von $M(s_2), \ldots, M(s_k)$ bzw. $M(s'')$

nur dadurch unterscheiden, daß alle Befehlsnummern entsprechend der neuen Position der Befehle in $M(s')$ erhöht sind. Der Befehl $Rm \leftarrow 0$ dient lediglich als Platzhalter für den Sprung GOTO $r + 2$. Schließlich wird das Programm P durch die folgende RAM M simuliert:

```
M(s)
R0 ← Rn
STOP
```

Das Kernstück unseres Compilers besteht in der Übersetzung von RIES nach MINI-RIES.

Satz 2.13 RIES $\subseteq$ MINI-RIES.

Beweis. Wir werden hier beschreiben, wie aus einem gegebenen RIES-Programm alle in MINI-RIES nicht zugelassenen Sprachelemente eliminiert werden. Dies geschieht in 13 Einzelschritten, in denen wir die folgenden Sprachelemente eliminieren, wobei die Reihenfolge dieser Schritte wichtig ist:

1. for-Schleifen,

2. if-then-else-Anweisungen,

3. if-then-Anweisungen,

4. Bedingungen, die nicht die Form $(a \neq 0)$ besitzen, wo a eine Wertvariable ist,

5. Funktionsaufrufe, die nicht die Form $a := f(c_0, \ldots, c_n)$ besitzen, wo a eine Wertvariable ist,

6. Funktionsaufrufe (und damit auch die Deklaration mehrerer Funktionen in einem Programm), wobei hier zunächst auch in RIES nicht zugelassene zweidimensionale Felder $a[i,j]$ verwendet werden,

7. zweidimensionale Felder,

8. Wertausdrücke $a[b]$, wo $a[]$ eine Feldvariable und b keine Wertvariable ist,

9. Wertausdrücke $a[b]$, die nicht in der Form $a[b] := c$ oder $c := a[b]$ vorkommen, wo $a[]$ eine Feldvariable ist und b, c Wertvariable sind,

10. Wertzuweisungen $a := (c \bullet d)$ (dabei steht $\bullet$ für $+$, $-$, $*$ oder $:$), wo c und d nicht beide Wertvariable sind,

11. Wertzuweisungen $a := (c : d)$, wo c und d Wertvariable sind,

12. Wertzuweisungen $a := (c * d)$, wo c und d Wertvariable sind und

13. Wertzuweisungen $a := b$, wo a und b Wertvariablen sind.

Wir behandeln im folgenden diese 13 Punkte.

Zu 1. Die Anweisung

```
for i := a₁ to a₂ do s
```

wird ersetzt durch

```
begin
    i := a₁; j := a₂;
    while (i ≤ j) do begin s; i := (i + 1) end
end
```

wobei j eine sonst nicht verwendete Wertvariable ist.

Zu 2. Die Anweisung

```
if b then s₁ else s₂
```

wird ersetzt durch

```
begin
    d := 0;
    if b then begin d := 1; s₁ end;
    if (d = 0) then s₂
end
```

wobei d eine sonst nicht verwendete Wertvariable ist.

Zu 3. Die Anweisung

```
if b then s
```

wird ersetzt durch

```
begin
    d := 0;
    while (b and (d = 0)) do begin s; d := 1 end
end
```

wobei d eine sonst nicht verwendete Wertvariable ist.

Zu 4. Bedingungen b kommen nur noch in Anweisungen der Form
while b do s vor. Eine solche Anweisung wird ersetzt durch

```
begin
    d := D(b);
    while (d ≠ 0) do begin s; d := D(b) end
end
```

Dabei ist d eine sonst nicht verwendete Wertvariable und D(b) ein Wertausdruck, für den stets $I(D(b)) \neq 0 \Leftrightarrow I(b) = 1$ gilt. Der Wertausdruck D(b) wird induktiv wie folgt definiert:

(IA) $D((a > c))$ $=_{\text{def}}$ $(a - c)$
      $D((a \leq c))$ $=_{\text{def}}$ $(1 - (a - c))$
      $D((a < c))$ $=_{\text{def}}$ $(c - a)$
      $D((a \geq c))$ $=_{\text{def}}$ $(1 - (c - a))$
      $D((a \neq c))$ $=_{\text{def}}$ $((a - c) + (c - a))$
      $D((a = c))$ $=_{\text{def}}$ $(1 - ((a - c) + (c - a)))$

(IS) $D(\text{not}(b))$ $=_{\text{def}}$ $(1 - D(b))$
      $D((b_1 \text{ and } b_2))$ $=_{\text{def}}$ $(D(b_1) * D(b_2))$
      $D((b_1 \text{ or } b_2))$ $=_{\text{def}}$ $(D(b_1) + D(b_2))$

Zu 5. Funktionsaufrufe können jetzt nicht mehr in Bedingungen vorkommen, sondern nur noch in Wertausdrücken, die zu Wertzuweisungen $a := b$ gehören. Ist $a = h[c]$ und kommt der Funktionsaufruf in c vor, so ersetzen wir $h[c] := b$ durch

```
begin d := c; h[d] := b end
```

wobei d eine neue Variable ist. Kommt der Funktionsaufruf $f(c_0, c_1, \ldots, c_n)$ in b vor, so ersetzen wir ihn dort durch eine neue Wertvariable d und erhalten so den neuen Wertausdruck e. Wir ersetzen nun $a := b$ äquivalent durch

```
begin d := f(c0,c1, ... ,cn); a := e end
```

Dieses Verfahren muß solange iteriert werden, bis Funktionsaufrufe nur noch in der Form $a := f(c_0, c_1, \ldots, c_n)$ vorkommen.

Zu 6. Die Funktion $f_1 \colon \mathbb{N}^{n_1} \to \mathbb{N}$ werde durch das folgende RIES-Programm berechnet, in dem f_i in s_j mit $i \neq j$ nur bei einem Funktionsaufruf auftreten kann. (Ein anderes Programm kann durch Variablenumbenennung stets in diese Form gebracht werden.)

```
function f1(b1, ... ,bn1); s1
function f2(b1, ... ,bn2); s2
    .
    .
    .
function fk(b1, ... ,bnk); sk
```

Wir setzen $n = \max\{n_1, n_2, \ldots, n_k\}$ und definieren eine $(n+1)$-stellige Funktion f, die die Funktionen $f_1, f_2, \ldots, f_k$ durch Fallunterscheidung zusammenfaßt. Die Funktion f sei deklariert durch

```
function f(b0,b1, ... ,bn); s
```

wobei s die Anweisung

```
begin
    if (b0 = 1) then A(s1);
    if (b0 = 2) then A(s2);
        .
        .
        .
    if (b0 = k) then A(sk)
end
```

ist und $A(s_i)$ diejenige Anweisung ist, die aus s_i entsteht, indem dort für $j = 1,\ldots,k$ jeder Funktionsaufruf $f_j(c_1,\ldots,c_{n_j})$ durch $f(j,c_1,\ldots,c_{n_j},0,\ldots,0)$ ersetzt wird und jedes f_i auf der linken Seite einer Wertzuweisung durch f ersetzt wird. Die Funktion f_1 wird also auch durch das Programm

```
function f₁(b₁,...,bₙ₁); f₁ := f(1,b₁,...,bₙ₁,0,...,0)
function f(b₀,b₁,...,bₙ); s
```

berechnet. In der Deklaration von f durch die Anweisung s kommen keine anderen Funktionsaufrufe außer rekursiven Selbstaufrufen vor. Wir beschreiben weiter unten, wie man eine Deklaration

```
function f(b₀,b₁,...,bₙ); s′
```

für die Funktion f angeben kann, in der überhaupt keine Funktionsaufrufe mehr vorkommen. Haben wir ein solches s′, so ist

```
function f₁(b₁,...,bₙ₁); begin b₀ := 1; s′; f₁ := f end
```

eine Deklaration für f_1, in der keine Funktionsaufrufe vorkommen. Es genügt also zu zeigen, wie man aus einer Funktionsdeklaration

```
function f(b₀,b₁,...,bₙ); s
```

die rekursiven Selbstaufrufe eliminiert. Es seien $b_0, b_1, \ldots, b_n, b_{n+1}, \ldots, b_m$ alle Wertvariablen in der Deklaration und $a_1[\,]$, $a_2[\,]$, $\ldots$, $a_k[\,]$ alle Feldvariablen in der Deklaration. Die Idee der Eliminierung der rekursiven Selbstaufrufe besteht darin, bei jedem Aufruf von f die jeweilige Berechnung zu unterbrechen, um den durch den Aufruf geforderten Funktionswert zu berechnen. Ist diese Berechnung ausgeführt, so wird in der ursprünglichen Berechnung fortgefahren. Ein solches Vorgehen führt zu mehreren, ineinander verschachtelten Berechnungen, die wir durchnumerieren: Die Grundberechnung hat die Nummer 1, und eine durch einen Selbstaufruf gestartete Berechnung bekommt die kleinste Nummer $p \geq 1$, die noch nicht vergeben ist.

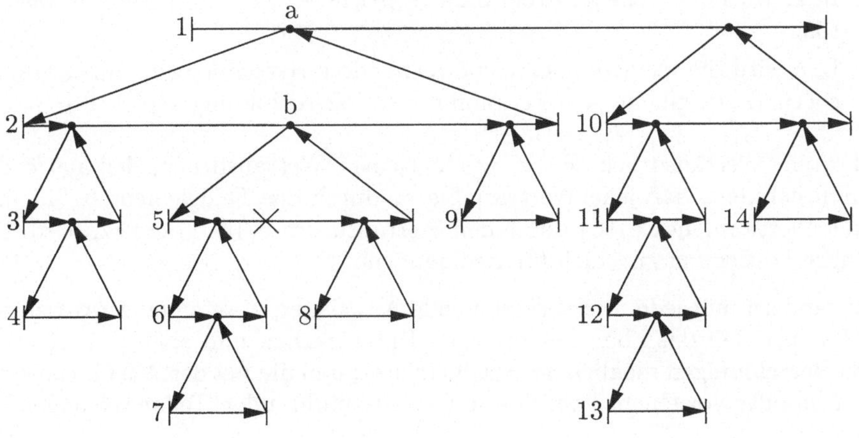

Die vorstehende Abbildung zeigt schematisch eine Berechnung mit 13 Selbstaufrufen, wobei die Punkte die Stellen in der Berechnung markieren, wo rekursive Selbstaufrufe stattfinden. Für jede wegen eines Funktionsaufrufs unterbrochene Berechnung müssen alle wichtigen Daten gespeichert bleiben. Das sind neben der derzeitigen Belegung aller Wertvariablen und Feldelemente alle Daten, die die korrekte „Verzahnung" mit den anderen Berechnungen sichern. Dazu verwenden wir die neuen Wertvariablen i, sr und p, die eindimensionalen Felder b_0[], b_1[], ..., b_m[], rs[], t[] und l[], sowie die zweidimensionalen Felder a_1[,], a_2[,], ..., a_k[,]:

- In b_j[i] wird der derzeitige Wert der Variablen b_j in der i-ten Berechnung gespeichert.

- In a_j[l,i] wird der derzeitige Wert des Feldelementes a_j[l] in der i-ten Berechnung gespeichert.

- In rs[i] wird die „Rücksprungadresse" gespeichert, d. h. die Stelle im Programm, wo die i-te Berechnung nach einer Unterbrechung durch einen Funktionsaufruf fortgesetzt werden muß. Gibt es gerade keine solche Unterbrechung, so ist der Wert von rs[i] gleich 0. (Z. B. gilt für den Zeitpunkt × in der Abbildung $I(\text{rs}[1]) = a$, $I(\text{rs}[2]) = b$ und $I(\text{rs}[3]) = I(\text{rs}[6]) = 0$.)

- In l[i] wird die Nummer derjenigen Berechnung gespeichert, die zuletzt während der i-ten Berechnung aufgerufen wurde. Gab es (noch) keinen Aufruf, so ist der Wert von l[i] gleich 0. (Z. B. gilt für den Zeitpunkt × in der Abbildung $I(\text{l}[1]) = 2$, $I(\text{l}[2]) = 5$, $I(\text{l}[3]) = 4$, $I(\text{l}[5]) = 6$, $I(\text{l}[6]) = 7$ und $I(\text{l}[4]) = I(\text{l}[7]) = 0$.)

- In t[i] wird die Nummer derjenigen Berechnung gespeichert, mit der nach Beendigung der i-ten Berechnung fortgefahren werden muß. Der Wert von t[1] ist 0. (Z. B. gilt für den Zeitpunkt × in der Abbildung $I(\text{t}[2]) = 1$, $I(\text{t}[3]) = 2$, $I(\text{t}[4]) = 3$, $I(\text{t}[5]) = 2$, $I(\text{t}[6]) = 5$ und $I(\text{t}[7]) = 6$.)

- In i wird die aktuelle Berechnungsnummer gespeichert.

- In sr wird die Stelle im Programm gespeichert, wo weitergerechnet werden soll.

- In p wird die kleinste noch nicht verwendete Berechnungsnummer gespeichert. (Z. B. gilt für den Zeitpunkt × in der Abbildung $I(\text{p}) = 8$.)

Ist c ein Wertausdruck, so sei (c) derjenige Wertausdruck, der aus c dadurch entsteht, daß jede Wertvariable b_j durch das Feldelement b_j[i] und jeder Wertausdruck a_j[d] durch den Wertausdruck a_j[d,i] ersetzt wird. Die gleiche Festlegung gilt auch für Bedingungen.

Wir ändern nun jede in s vorkommende Anweisung s' so zu einer Anweisung B(s') um, daß das oben beschriebene Unterbrechen und spätere Fortsetzen von Berechnungen möglich ist. Das bedeutet, daß die bei der Ausführung von s' nach oder vor einem Funktionsaufruf auszuführenden Teilanweisungen bei der Ausführung von B(s') gegebenenfalls auch ignoriert werden können. Dazu numerieren wir alle Wertzuweisungen in s in der Reihenfolge ihres Vorkommens durch, sagen wir mit $1, 2, \ldots, r$. Mit $\alpha(s')$ und $\omega(s')$ bezeichnen wir die niedrigste bzw. höchste Nummer einer in s' vorkommenden Wertzuweisung. Dabei betrachten wir an verschiedenen Stellen im Programm vorkommende „Exemplare" der gleichen Anweisung formal als verschiedene Anweisungen, um die Eindeutigkeit der Definition von $\alpha(s')$ und $\omega(s')$ zu sichern. Die Konstruktionsidee für B(s') besteht darin, daß s' nur dann ausgeführt wird, wenn $I(\mathtt{sr}) \leq \omega(s')$ gilt. Folglich werden im Falle $I(\mathtt{sr}) = 0$ alle Anweisungen ausgeführt, und im Falle $I(\mathtt{sr}) = r+1$ wird keine Anweisung ausgeführt. Wir definieren nun induktiv B(s'), wobei wir die schon unter 1. – 5. vorgenommenen Eliminierungen von RIES-Bestandteilen berücksichtigen.

(IA) Sind c, c_0, $\ldots$, c_n, d Wertausdrücke, in denen keine Funktionsaufrufe vorkommen, so definieren wir B(d := c) als

```
if (sr ≤ ω(d := c)) then (d) := (c)
```

und B(d := f(c_0, $\ldots$, c_n)) als

```
begin
    if (sr < ω(d := f(c_0, ... ,c_n))) then
        begin
            rs[i] := ω(d := f(c_0, ... ,c_n));
            l[i] := p; t[p] := i;
            b_0[p] := (c_0); ... ;b_n[p] := (c_n);
            rs[p] := 0; sr := (r + 1)
        end;
    if (sr = ω(d := f(c_0, ... ,c_n))) then
        begin d[i] := f[l[i]]; sr := 0 end
end
```

Im ersten if-Fall ist die $I(\mathtt{i})$-te Berechnung an einem Funktionsaufruf angelangt. Es wird die neue Berechnung mit der Nummer $I(\mathtt{p})$ vorbereitet, die diesen Funktionsaufruf realisieren soll, und mit sr := (r + 1) wird dafür gesorgt, daß der Rest der $I(\mathtt{i})$-ten Berechnung zunächst einmal übersprungen wird. Im zweiten if-Fall wird die vorher unterbrochene $I(\mathtt{i})$-te Berechnung mit dem Resultat des zu dieser Unterbrechung gehörigen Funktionsaufrufes fortgesetzt.

(IS) Sind s_1, s_2, $\ldots$,s_u Anweisungen, und ist d eine Wertvariable, so definieren wir B(begin s_1;s_2; $\ldots$;s_u end) als

```
begin B(s_1);B(s_2); ... ;B(s_u) end
```

und B(while (d $\neq$ 0) do s_1) als

```
if (sr ≤ ω(s₁)) then
    begin
        if (sr ≥ α(s₁)) then B(s₁);
        while ((d[i] ≠ 0) and (sr ≤ ω(s₁))) do B(s₁)
    end
```

Dabei wird in Zeile 3 ein eventuell unterbrochener Schleifendurchlauf fortgesetzt, und mit Zeile 4 werden die weiteren Schleifendurchläufe ausgeführt.

Nach diesen Vorbereitungen können wir ein RIES-Programm ohne Funktionsaufrufe angeben, das die Funktion f berechnet.

```
function f(b₀,b₁, ... ,bₙ);
begin i := 1; p := 2;
    b₀[1] := b₀; ... ;bₙ[1] := bₙ;
    while (i > 0) do
        begin
            sr := rs[i];
            B(s);
            if (sr = 0)
                then i := t[i];
                else begin i := p; p := (p + 1) end
        end;
        f := f[1]
end
```

Dabei bedeutet $I(\mathtt{sr}) = 0$ nach der Ausführung von $B(s)$, daß die $I(\mathtt{i})$-te Berechnung bis zum Ende ausgeführt wurde. Im Falle $I(\mathtt{sr}) > 0$ muß sogar $I(\mathtt{sr}) = r+1$ gelten. Das bedeutet, daß die $I(\mathtt{i})$-te Berechnung durch einen Funktionsaufruf unterbrochen wurde, und dieser Aufruf wird nun durch die Berechnung mit der Nummer $I(\mathtt{p})$ realisiert.

In den hier verwendeten Programmteilen haben wir zum Teil die in den Punkten 1. – 5. eliminierten RIES-Bestandteile wieder eingeführt. Durch erneute Anwendung von 1. – 5. können diese wieder eliminiert werden, ohne daß etwa wieder Funktionsaufrufe eingeführt werden.

Zu 7. Zur Eliminierung eines zweidimensionalen Feldes a[,] verwenden wir zwei sonst nicht verwendete eindimensionale Felder c[] und d[] sowie eine sonst nicht verwendete Wertvariable b. Im Verlaufe einer Berechnung soll sich eine Einteilung von c[] in Abschnitte ergeben, wobei in einem Abschnitt stets alle Feldelemente $\mathtt{a}[i,j]$ mit der gleichen Summe $i+j = k$ gespeichert sind. Beginnt der Abschnitt für die Summe k mit dem Feldelement c[l], so soll d[k] den Wert l und c[$l + j$] den Wert von a[$k - j$,j] besitzen $(j = 0, 1, \ldots, k)$. Die Abschnitte sollen ohne Lücke aufeinanderfolgen, und das Feldelement c[0] soll nicht zu einem Abschnitt gehören. Schließlich soll $I(\mathtt{b})$ die Nummer des ersten noch nicht zu einem Abschnitt gehörigen Feldelementes sein.

Diese Idee wird wie folgt verwirklicht: Am Anfang des Programmes wird b := 1 gesetzt. Ein Wertausdruck a[g,h] kann nach den bisher vorgenommenen Eliminierungen nur noch in einer Wertzuweisung r vorkommen. Im Programm wird die Wertzuweisung r äquivalent durch

```
begin
   if (d[(g + h)] = 0) then
      begin d[(g + h)] := b; b := ((b + (g + h)) + 1) end;
   t
end
```

ersetzt, wobei t diejenige Wertzuweisung ist, die aus r entsteht, wenn man dort das erwähnte Vorkommen von a[g,h] durch c[(d[(g + h)] + h)] ersetzt. Dieses Verfahren muß gegebenenfalls iteriert werden. Auch werden RIES-Bestandteile wieder eingeführt, die in den Punkten 3 und 4 bereits eliminiert wurden. Diese werden durch erneute Anwendung der Punkte 3 und 4 wieder eliminiert.

Zu 8. Der Wertausdruck a[b] kann nun nur noch in einer Wertzuweisung s vorkommen. Ist c eine sonst nicht verwendete Wertvariable, so kann s äquivalent durch begin c := b; s' end ersetzt werden, wobei s' aus s dadurch entsteht, daß jedes Vorkommen von a[b] durch a[c] ersetzt wird. Dieses Verfahren muß gegebenenfalls iteriert werden.

Zu 9. Im Falle a[b] := c, wo c keine Wertvariable ist, wird eine sonst nicht verwendete Wertvariable d gewählt und a[b] := c äquivalent durch

```
begin d := c;  a[b] := d end
```

ersetzt. Kommt nach diesen Ersetzungen a[b] in einer Wertzuweisung e := f auf der rechten Seite vor, so muß e eine Wertvariable sein. Es sei g eine sonst nicht verwendete Wertvariable, und es sei f' der Wertausdruck, der aus dem Wertausdruck f entsteht, wenn dort das a[b] durch g ersetzt wird. Nun kann e := f äquivalent durch

```
begin g := a[b]; e := f' end
```

ersetzt werden.

Zu 10. Die Wertzuweisung a := (c • d) mit • $\in \{+, -, *, :\}$ kann äquivalent ersetzt werden durch

```
begin e := c; f := d; a := (e • f) end
```

wobei e und f sonst nicht verwendete Wertvariable sind. Dieses Verfahren muß gegebenenfalls iteriert werden.

Zu 11. Die Wertzuweisung a := (c : d) kann äquivalent ersetzt werden durch

```
begin
    f := 1; b := (c + f); g := (f - d); e := (d + g); g := 0;
    while (b ≠ 0) do begin b := (b - e); g := (g + f) end;
    a := (g - f)
end
```

wobei b, e, f und g vorher nicht verwendete Wertvariable sind.

Zu 12. Die Wertzuweisung a := (c * d) kann äquivalent ersetzt werden durch

```
begin
    e := d; f := 1; g := 0;
    while (e ≠ 0) do
        begin g := (g + c); e := (e - f) end;
    a := g
end
```

wobei e, f und g vorher nicht verwendete Wertvariable sind.

Zu 13. Die Wertzuweisung a := b kann äquivalent ersetzt werden durch

```
begin c := 0; a := (b + c) end
```

wobei c eine bisher nicht verwendete Wertvariable ist.   □

Mit den Sätzen 2.10, 2.12 und 2.13 haben wir gezeigt, daß die Berechenbarkeitskonzepte der RAM und der Programmiersprachen RIES und MINI-RIES das Gleiche leisten; d. h. es gilt

$$\mathbf{RAM = RIES = MINI\text{-}RIES.}$$

2.3 Zur Geschichte des Algorithmenbegriffes

Das Wort *Algorithmus* ist vom Namen des im 9. Jahrhunderts lebenden persischen Mathematikers MUHAMAD IBN MUSA AL CHWARISMI abgeleitet, der ein für die damalige Entwicklung der Mathematik wichtiges Buch über Verfahren zur Behandlung algebraischer Gleichungen verfaßte. Diese und ähnliche Verfahren wurden später Algorithmen genannt. Was verstehen wir heute unter einem Algorithmus? *Intuitive Bestimmungen des Algorithmenbegriffes* finden sich in vielen Nachschlagewerken und Fachbüchern über Informatik und Mathematische Logik. Hier einige Zitate.

- *Unter einem Algorithmus versteht man eine genaue Vorschrift, nach der ein gewisses System von Operationen in einer bestimmten Reihenfolge auszuführen ist und mit der man alle Aufgaben eines gegebenen Typs lösen kann.* (B.A. Trachtenbrot, Algorithmen und Rechenautomaten, Deutscher Verlag der Wissenschaften 1977)

- *Ein Algorithmus ist eine mechanische Regel oder eine automatisierte Methode oder ein Programm für die Ausführung mathematischer Operationen.* (N.J. Cutland, Computability, Cambridge University Press 1980)

- *Ein Algorithmus ist ein Verfahren, welches mit Hilfe einer entsprechend konstruierten Maschine realisiert werden kann.* (J.R. Shoenfield, Mathematical Logic, Addison-Wesley 1967)

- *Algorithmus: Allgemeines (eindeutiges) Verfahren zur Lösung einer Klasse gleichartiger Probleme (z. B. zur Berechnung einer Funktion für verschiedene Argumente), gegeben durch einen aus elementaren Anweisungen an einen (menschlichen oder maschinellen) Rechner bestehenden Text.* (H.-J. Schneider, Hrsg., Lexikon der Informatik und Datenverarbeitung, Oldenbourg 1991)

In der ersten Hälfte des 20. Jahrhunderts, also bereits vor der stürmischen Entwicklung der Rechentechnik, kam es innerhalb der Mathematik zu einer interessanten Entwicklung, die schließlich zu einer *mathematisch exakten Definition des Algorithmenbegriffes* führte. Zunächst gab es unter den Mathematikern wohl eher die Auffassung, daß alle mathematisch exakt formulierten Probleme auch algorithmisch gelöst werden können. Ein berühmtes Beispiel ist das *10. Hilbertsche Problem*, das der deutsche Mathematiker DAVID HILBERT (1862-1943) im Jahre 1900 auf einem Mathematikerkongreß in Paris formulierte.

Gibt es einen Algorithmus, der zu jeder vorgegebenen diophantischen Gleichung entscheidet, ob sie lösbar ist? Mit anderen Worten: Gibt es einen Algorithmus, der für jedes Polynom $p(x_1, \ldots, x_n)$ mit ganzzahligen Koeffizienten feststellen kann, ob die Gleichung $p(x_1, \ldots, x_n) = 0$ ganzzahlige Lösungen besitzt?

HILBERT nahm (wie die meisten seiner Zeitgenossen) an, daß es nur eine Frage der Zeit sei, einen solchen Algorithmus zu finden. Weiter nahm man auch an, daß es für viele wichtige mathematische Theorien einen Entscheidungsalgorithmus gebe. Eine mathematische Theorie ist dabei, etwas vereinfacht ausgedrückt, die Menge aller wahren Aussagen, die sich über Objekte einer gegebenen Menge mit vorgegebenen formalen Mitteln formulieren lassen. Zum Beispiel bilden alle mit Hilfe der Addition und der Multiplikation formulierbaren wahren Aussagen wie $\forall a \forall b \exists c ((a + c = b) \vee (b + c = a))$ eine arithmetische Theorie. Ein Entscheidungalgorithmus für eine Theorie ist ein Algorithmus, der für jede mit den formalen Mitteln der Theorie formulierbare Aussage nach endlich vielen Schritten feststellt, ob diese wahr oder falsch ist.

Anfang der dreißiger Jahre wurde die Aussichtslosigkeit vieler dieser Bemühungen deutlich. Hier ist vor allem der von dem österreichischen Logiker KURT GÖDEL (1906-1978) bewiesene *Unvollständigkeitssatz* zu nennen, aus dem folgt, daß es für keine anspruchsvolle mathematische Theorie einen Entscheidungsalgorithmus gibt. Die für Aussagen dieser Art notwendige

Präzisierung des Algorithmenbegriffes wurde ab 1936 von verschiedenen Mathematikern mit ganz unterschiedlichen Zugängen ins Werk gesetzt. Wir nennen hier einige wichtige Beispiele.

Algebraisch-logische Definitionen:

- Allgemein-rekursive Funktionen
  (K. GÖDEL, J. HERBRAND, S.C. KLEENE 1936)

- λ-definierbare Funktionen (A. CHURCH 1936)

- μ-rekursive Funktionen und partiell-rekursive Funktionen
  (K. GÖDEL, S. C. KLEENE 1936)

Wortersetzungssysteme:

- Turingmaschinen (A.M. TURING 1936)

- Postsche kanonische Systeme (E.L. POST 1943)

- Markov-Algorithmen (A.A. MARKOV 1951)

Theoretische Rechnermodelle:

- Unbeschränkte Registermaschinen
  (J.C. SHEPERDSON, H.E. STURGIS 1963)

- Random-Access-Maschinen (1964)

Die ersten Algorithmenbegriffe wurden eingeführt, um zu zeigen, daß mit solchen Algorithmen die Arithmetik nicht entschieden werden kann. Übrigens wurde im Jahre 1970 durch J.V. MATIJASJEVIČ das 10. Hilbertsche Problem negativ gelöst, es wurde also gezeigt, daß es keinen Algorithmus zur Entscheidung der Lösbarkeit diophantischer Gleichungen gibt. Interessanterweise waren erst die Algorithmenbegriffe der sechziger Jahre durch die Rechentechnik geprägt, also durch das Bestreben, ein mathematisches Modell für die Arbeitsweise realer Computer zu definieren.

Es stellte sich heraus, daß alle oben genannten (und viele andere) Algorithmenbegriffe gleichwertig sind, d. h., daß jedes Problem, welches durch einen Algorithmus gemäß einer Definition gelöst werden kann, auch durch Algorithmen gemäß der anderen Definitionen gelöst werden kann. Die nach A. CHURCH benannte *These von Church* besagt nun, daß mit den bisher bekannten Algorithmenbegriffen schon alles erfaßt ist, was man *intuitiv* unter einem Algorithmus versteht (siehe Abschnitt 2.6). Da diese Aussage den nichtmathematischen Begriff des intuitiven Algorithmus enthält, kann sie prinzipiell nicht mathematisch bewiesen werden. Sie wird gewissermaßen als Axiom der Berechenbarkeitstheorie betrachtet und als solches auch akzeptiert.

Ähnlich wie bei der Definition der natürlichen Zahlen ging es bei der so gefundenen Definition des Algorithmenbegriffes darum, einen ganz bestimmten Gegenstand unserer nichtmateriellen Anschauung durch eine Definition zu erfassen. Der mathematisch präzisierte Algorithmenbegriff dient heute als

Grundlage der Mathematischen Logik (und damit der Grundlegung der Mathematik als Ganzes) und vieler Gebiete der Theoretischen Informatik. Es ist wohl nicht übertrieben, wenn man sagt, daß die Bedeutung des Algorithmenbegriffes für die Mathematik und Informatik nur mit der Bedeutung des Begriffes der natürlichen Zahlen verglichen werden kann. Die mathematische Präzisierung des Algorithmenbegriffes und die Erkenntnis der Grenzen des algorithmisch Machbaren gehören zu den wichtigsten intellektuellen Leistungen des 20. Jahrhunderts.

2.4 Turingmaschinen

2.4.1 Definition und Beispiele

Die *Turingmaschinen* wurden 1936 von dem britischen Mathematiker ALAN M. TURING (1912-1954) als Modell des „menschlichen Rechners" entworfen, d. h. Turings Idee war, sie so zu gestalten, daß sie die menschlichen Aktivitäten beim *algorithmischen* Lösen einer Aufgabe nachvollziehen. Eine Turingmaschine hat die folgenden Bestandteile.

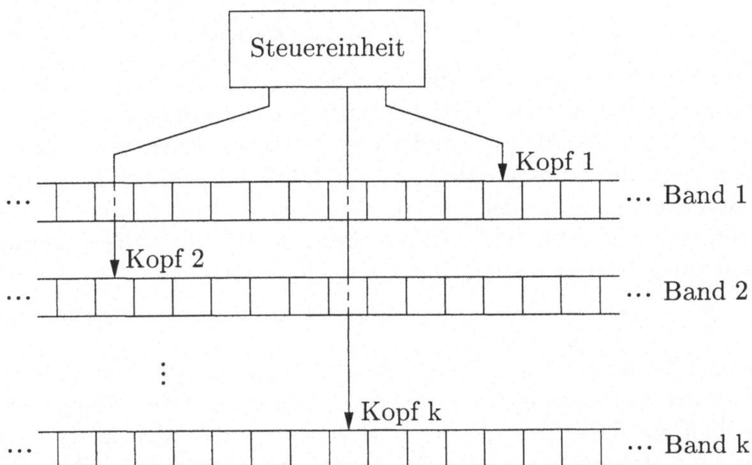

- Mehrere ($k \geq 1$) beidseitig unendliche, in *Felder* unterteilte *Bänder*. In jedem Feld steht ein Symbol (Buchstabe) aus einem endlichen *Bandalphabet* Σ. Das *Leerzeichen* $\square \in \Sigma$ deutet an, daß in einem Feld, wo es steht, eigentlich nichts steht.

- Ein *Lese- und Schreibkopf* für jedes Band (fortan kurz *Kopf* genannt), der sich von Feld zu Feld bewegen und den Inhalt des jeweils betrachteten Feldes lesen und ändern kann.

- Eine *Steuereinheit*, die sich in einem der *Zustände* aus einer endlichen Zustandsmenge Z befindet, Informationen über die von den Köpfen gelesenen Symbole bekommt und deren Aktivitäten steuert. Es sind zwei Zustände ausgezeichnet: der *Startzustand* und der *Stoppzustand*.

Eine Turingmaschine arbeitet taktweise. In einem *Arbeitstakt* kann sie in Abhängigkeit

- vom gegenwärtigen Zustand und
- von den durch die Köpfe gelesenen k Bandsymbolen

gleichzeitig

- einen neuen Zustand annehmen,
- die k gelesenen Bandsymbole verändern und
- jeden der Köpfe um maximal ein Feld bewegen.

Das Verhalten der Turingmaschine in einem Takt wird durch die (totale) *Überführungsfunktion*

$$f : Z \times \Sigma^k \longrightarrow Z \times \Sigma^k \times \{\text{L,O,R}\}^k$$

festgelegt. Für $z \in Z$, $a_1, \ldots, a_k \in \Sigma$ beschreibt

$$f(z, a_1, \ldots, a_k) = (z', a_1', \ldots, a_k', \sigma_1, \ldots, \sigma_k)$$

das Verhalten der Turingmaschine im Zustand z, falls auf dem Band i der Buchstabe a_i gelesen wird ($i = 1, \ldots, k$): Die Turingmaschine geht in den Zustand z' über, ersetzt auf Band i den gelesenen Buchstaben a_i durch a_i' und führt dort die Kopfbewegung $\sigma_i \in \{\text{L,O,R}\}$ aus ($i = 1, \ldots, k$). Dabei steht das Symbol L (das Symbol R) für eine Bewegung um ein Feld nach links (rechts) und O für das Nichtbewegen des Kopfes. Diese „Anweisung" schreiben wir gewöhnlich auch in Form des *Befehles*

$$z a_1 \ldots a_k \to z' a_1' \ldots a_k' \sigma_1 \ldots \sigma_k$$

Besitzt eine Turingmaschine M das Bandalphabet Σ, die Zustandsmenge Z, die Überführungsfunktion f, den Startzustand z_0 und den Stoppzustand z_1, so schreiben wir dafür kurz $M = (\Sigma, Z, f, z_0, z_1)$. Wir identifizieren eine Turingmaschine also mit dem Quintupel der sie definierenden Objekte. Natürlich muß nicht bei jeder Turingmaschine der Startzustand z_0, der Stoppzustand z_1, das Bandalphabet Σ usw. heißen, sondern diese werden jeweils durch das Quintupel festgelegt: Der Zustand in der vierten (fünften) Stelle des Quintupels ist unabhängig von seiner Bezeichnung stets der Startzustand (Stoppzustand); die Menge in der ersten Stelle des Quintupels ist unabhängig von ihrer Bezeichnung stets das Bandalphabet, usw.

Die Turingmaschine $M = (\Sigma, Z, f, z_0, z_1)$ beginnt ihre Arbeit mit dem Zustand z_0 und stoppt (hält), falls sie in den Zustand z_1 gelangt.

Beispiel 2.14 Eine Turingmaschine mit einem Band soll zu einer auf dem Band in dyadischer Darstellung stehenden natürlichen Zahl eine 1 addieren. Der Kopf steht beim Start auf deren ersten Symbol (von links) und soll beim Stopp auf dem ersten Symbol des Resultates stehen.

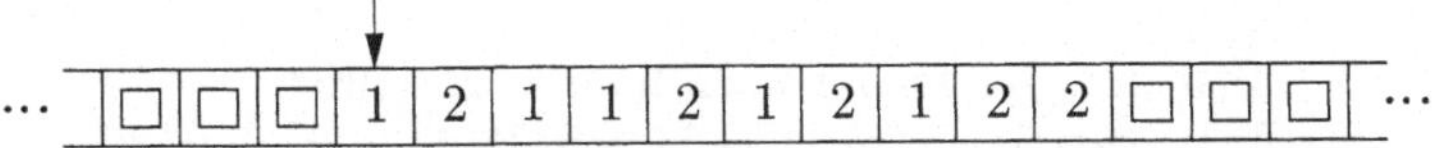

Wir konstruieren die Turingmaschine so, daß ihr Kopf zunächst zum rechten Ende der Eingabe läuft und dann beim Lauf nach links eine 1 addiert. Die verwendeten Zustände haben die folgende Bedeutung:

$$z_0 - \text{Start, Bewegung nach rechts}$$
$$z_1 - \text{Stopp}$$
$$z_2 - \text{Übertrag 0}$$
$$z_3 - \text{Übertrag 1}$$

Das folgende Programm leistet das Gewünschte.

$$\begin{array}{lll}
z_0\,1 \to z_0\,1\,\mathrm{R} & z_2\,1 \to z_2\,1\,\mathrm{L} & z_3\,1 \to z_2\,2\,\mathrm{L} \\
z_0\,2 \to z_0\,2\,\mathrm{R} & z_2\,2 \to z_2\,2\,\mathrm{L} & z_3\,2 \to z_3\,1\,\mathrm{L} \\
z_0\,\square \to z_3\,\square\,\mathrm{L} & z_2\,\square \to z_1\,\square\,\mathrm{R} & z_3\,\square \to z_1\,1\mathrm{O}
\end{array}$$

Beispiel 2.15 Eine Turingmaschine mit einem Band soll von einem auf dem Band stehenden Wort w aus $\{a, b\}^*$ feststellen, ob es *symmetrisch* ist, d. h. ob $w = w^R$ gilt, wie zum Beispiel bei *abba* und *babbabbab*. Solche Wörter nennt man auch *Palindrome*. (Bekannte Beispiele aus der deutschen Sprache sind die Wörter *otto, rentner* und *reliefpfeiler* oder die Sätze *lebensiemitimeisnebel* und *einnegermitgazellezagtimregennie*.)

Das Wort soll in jedem Fall gelöscht, d. h. durch lauter Leersymbole $\square$ ersetzt werden. Ist es symmetrisch, so soll beim Stopp nur ein a auf dem Band stehen, sonst ein b. Der Kopf steht beim Start auf dem ersten Buchstaben (von links) des Wortes und soll beim Stopp auf dem Ergebnisbuchstaben stehen.

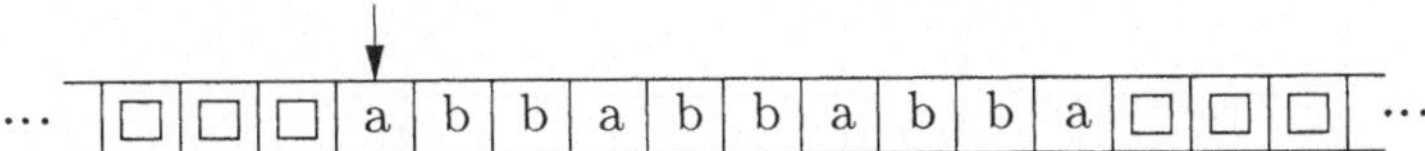

Die nachstehend angegebene Turingmaschine arbeitet wie folgt: Der erste Buchstabe links wird gelöscht, in den Zuständen „gemerkt" und mit dem ersten Buchstaben rechts verglichen. Bei Übereinstimmung wird dieser gelöscht und der Kopf läuft zum neuen ersten Buchstaben links, wo dann dieses Verfahren wiederholt wird. Bei Nichtübereinstimmung wird sofort alles gelöscht. Die verwendeten Zustände haben die folgende Bedeutung:

z_a — a gemerkt, nach rechts
z_b — b gemerkt, nach rechts
z_a' — ein Schritt nach links und a testen
z_b' — ein Schritt nach links und b testen
z_0 — Start, veranlaßt das „Merken" des ersten Buchstaben
z_1 — Stopp
z_2 — Test positiv, wieder nach links vorn laufen
z_3 — Test negativ, nach links laufen, löschen und stoppen

Hier nun das Programm der Turingmaschine:

$$
\begin{array}{lll}
z_0\square \to z_1\,a\,\mathrm{O} & z_a'\,b \to z_3\square\mathrm{L} & z_b'\square \to z_1\,a\,\mathrm{O} \\
z_0\,a \to z_a\square\mathrm{R} & z_a'\square \to z_1\,a\,\mathrm{O} & z_2\,a \to z_2\,a\,\mathrm{L} \\
z_0\,b \to z_b\square\mathrm{R} & z_b\,a \to z_b\,a\,\mathrm{R} & z_2\,b \to z_2\,b\,\mathrm{L} \\
z_a\,a \to z_a\,a\,\mathrm{R} & z_b\,b \to z_b\,b\,\mathrm{R} & z_2\square \to z_0\square\mathrm{R} \\
z_a\,b \to z_a\,b\,\mathrm{R} & z_b\square \to z_b'\square\mathrm{L} & z_3\,a \to z_3\square\mathrm{L} \\
z_a\square \to z_a'\square\mathrm{L} & z_b'\,b \to z_2\square\mathrm{L} & z_3\,b \to z_3\square\mathrm{L} \\
z_a'\,a \to z_2\square\mathrm{L} & z_b'\,a \to z_3\square\mathrm{L} & z_3\square \to z_1\,b\,\mathrm{O}
\end{array}
$$

2.4.2 Turing-Berechenbarkeit

Durch den Begriff der Turingmaschine ist eine weitere mathematische Präzisierung des intuitiven Algorithmenbegriffes möglich. Wir wollen nun auch hier definieren, wie durch Algorithmen dieses Typs Funktionen berechnet werden. Der Natur der Turingmaschinen entsprechend, werden wir das zunächst für *Wortfunktionen* $\varphi\colon (\Sigma_1^*)^n \to \Sigma_2^*$ tun. Dazu legen wir für Turingmaschinen als Anfangs- und Endsituation einer Berechnung normierte *Standard-Situationen* fest. Es sei $M = (\Sigma, Z, f, z_0, z_1)$ eine k-Band-Turingmaschine, $z \in Z$ und $a_1, a_2, \ldots, a_m \in \Sigma\setminus\{\square\}$ mit $m \geq 0$. Mit $\mathrm{Sit}(z, a_1 a_2 \ldots a_m)$ sei diejenige Situation (d.h. Gesamtzustand) von M bezeichnet, die durch den Zustand z und die folgenden Bandinhalte und Kopfpositionen (Pfeile) gegeben ist.

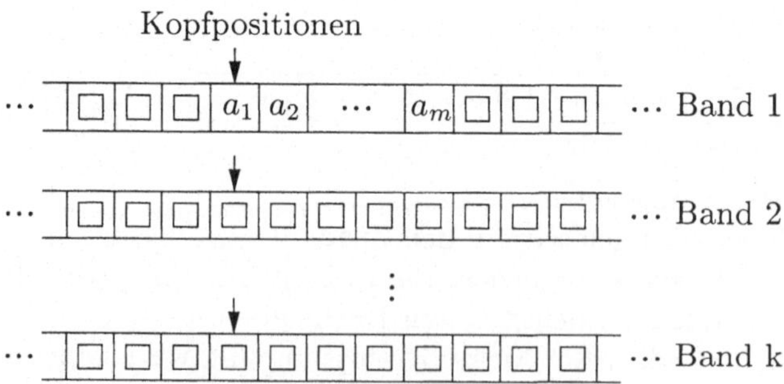

Definition 2.16 *(Turing-Berechenbarkeit)*

- *Es seien $M = (\Sigma, Z, f, z_0, z_1)$ eine Turingmaschine mit $* \in \Sigma$, $\Sigma_1 \subseteq \Sigma \setminus \{\square, *\}$, $\Sigma_2 \subseteq \Sigma \setminus \{\square\}$ und $n \geq 0$. Eine Funktion $\varphi\colon (\Sigma_1^*)^n \to \Sigma_2^*$ heißt von M berechnet, falls für alle $x_1, \ldots, x_n \in \Sigma_1^*$ gilt*

  - *Ist $\varphi(x_1, \ldots, x_n)$ definiert, so gilt: Startet M in der Situation $\mathrm{Sit}(z_0, x_1 * x_2 * \cdots * x_n)$, so stoppt M in der Situation $\mathrm{Sit}(z_1, \varphi(x_1, \ldots, x_n))$.*

  - *Ist $\varphi(x_1, \ldots, x_n)$ nicht definiert, so gilt: Startet M in der Situation $\mathrm{Sit}(z_0, x_1 * x_2 * \cdots * x_n)$, so stoppt M nicht oder nicht in einer Situation der Form $\mathrm{Sit}(z_1, y)$ mit $y \in (\Sigma \setminus \{\square\})^*$.*

- *Eine Funktion $\varphi\colon (\Sigma_1^*)^n \to \Sigma_2^*$ heißt Turing-berechenbar, falls es eine Turing-Maschine gibt, die φ berechnet.*

- *Eine Funktion $\varphi\colon \mathbb{N}^n \to \mathbb{N}$ heißt Turing-berechenbar, wenn sie bei dyadischer Codierung Turing-berechenbar ist, d. h. wenn die durch*

$$\psi(x_1, \ldots, x_n) =_{\mathrm{def}} \mathrm{dya}(\varphi(\mathrm{dya}^{-1}(x_1), \ldots, \mathrm{dya}^{-1}(x_n)))$$

  definierte Funktion $\psi\colon (\{1, 2\}^*)^n \to \{1, 2\}^*$ Turing-berechenbar ist.

- **TM** $=_{\mathrm{def}} \{\varphi : \varphi$ *ist eine Turing-berechenbare Funktion*$\}$

Im Punkt 1 dieser Definition wird das Verhalten der Turingmaschinen nicht festgelegt für Anfangssituationen, die nicht von der Form $\mathrm{Sit}(z_0, x_1 * x_2 * \cdots * x_n)$ mit $x_1, x_2, \ldots, x_n \in \Sigma_1^*$ sind. Die Maschine kann dann irgendetwas tun; das betrifft nicht ihre Eigenschaft, die Funktion φ zu berechnen. Man beachte weiter, daß jede Turingmaschine $M = (\Sigma, Z, f, z_0, z_1)$ für jedes $n \geq 0$ und jedes $\Sigma_1 \subseteq \Sigma \setminus \{\square, *\}$ genau eine Funktion $\varphi\colon (\Sigma_1^*)^n \to (\Sigma \setminus \{\square\})^*$ berechnet.

Daß wir uns bei der Definition von **TM** auf *Zahlenfunktionen* $\varphi\colon \mathbb{N}^n \to \mathbb{N}$ beschränken, ist wegen der Korrespondenz zwischen Wortmengen Σ^* und der Menge $\mathbb{N}$ (Abschnitt 1.2) gerechtfertigt. Es bedarf aber einer Begründung, warum wir uns auf Zahlenfunktionen beschränken, die bei *dyadischer* Codierung einer Turing-berechenbaren Wortfunktion entsprechen. Eine Zahlenfunktion $\varphi\colon \mathbb{N}^n \to \mathbb{N}$ kann auch durch die mit

$$\psi(x_1, \ldots, x_n) =_{\mathrm{def}} \mathrm{ad}_m(\varphi(\mathrm{ad}_k^{-1}(x_1), \ldots, \mathrm{ad}_k^{-1}(x_n)))$$

definierte Wortfunktion $\psi\colon (\{1, 2, \ldots, k\}^*)^n \to \{1, 2, \ldots, m\}^*$ codiert werden, und es läge nahe, auch im Falle der Turing-Berechenbarkeit von ψ zu sagen, daß φ Turing-berechenbar sei. Das wäre formal eine liberalere Definition als die oben angegebene, die ja verlangt, daß φ bei dyadischer Codierung Turing-berechenbar ist, daß also die durch

$$\varphi_{\mathrm{dya}}(x_1, \ldots, x_n) =_{\mathrm{def}} \mathrm{dya}(\varphi(\mathrm{dya}^{-1}(x_1), \ldots, \mathrm{dya}^{-1}(x_n)))$$
$$= (\mathrm{dya} \circ \mathrm{ad}_m^{-1})(\psi((\mathrm{ad}_k \circ \mathrm{dya}^{-1})(x_1), \ldots, (\mathrm{ad}_k \circ \mathrm{dya}^{-1})(x_n)))$$

definierte Funktion $\varphi_{\mathrm{dya}}\colon (\{1, 2\}^*)^n \to \{1, 2\}^*$ Turing-berechenbar ist. Da aber die Funktionen $\mathrm{dya} \circ \mathrm{ad}_m^{-1}$ und $\mathrm{ad}_k \circ \mathrm{dya}^{-1}$ einfach (auch durch eine Turingmaschine, siehe Aufgabe 2.24) berechnet werden können, folgt aus der Turing-Berechenbarkeit von ψ stets auch die Turing-Berechenbarkeit von

φ_{dya}. Also stellt es keine Einschränkung der Allgemeinheit dar, wenn wir die Turing-Berechenbarkeit von Zahlenfunktionen speziell mit Hilfe der dyadischen Darstellung natürlicher Zahlen definieren.

Beispiel 2.17 *Im Beispiel 2.14 wird eine Turingmaschine konstruiert, die die Funktion* S *mit* $\mathrm{S}(x) =_{\mathrm{def}} x + 1$ *berechnet. Damit haben wir bereits* $\mathrm{S} \in \mathbf{TM}$ *gezeigt.*

Im Beispiel 2.15 wird eine Turingmaschine konstruiert, die die folgende Funktion pal $: \{a, b\}^* \to \{a, b\}$ *berechnet:*

$$\mathrm{pal}(x) =_{\mathrm{def}} \begin{cases} a, & \textit{falls } x \textit{ symmetrisch} \\ b & \textit{sonst} \end{cases}$$

Berechnet eine Turingmaschine $M = (\Sigma, Z, f, z_0, z_1)$ eine n-stellige Funktion φ, so ist $\varphi(x_1, \ldots, x_n)$ auch dann nicht definiert, wenn M nach dem Start in der Situation $\mathrm{Sit}(z_0, x_1 * x_2 * \cdots * x_n)$ zwar nach endlich vielen Schritten hält, sich aber dann nicht in einer Situation $\mathrm{Sit}(z_1, x)$ für irgendein $x \in (\Sigma \backslash \{\square\})^*$ befindet. Das folgende Lemma zeigt, daß man stets auf Turingmaschinen zurückgreifen kann, bei denen dieser Fall nicht auftritt und die zudem nur ein einziges „Halbband" verwenden.

Lemma 2.18 *Jede Turing-berechenbare Funktion* φ *kann von einer 1-Turingmaschine* M *berechnet werden, das ist eine 1-Band-Turingmaschine, die folgende Eigenschaften besitzt:*

1. *Hält* M *bei der Eingabe* $(x_1, \ldots, x_m)$, *so ist* $\varphi(x_1, \ldots, x_m)$ *definiert.*
2. *Bei einem Stopp von* M *steht der Kopf im gleichen Feld wie beim Start.*
3. M *verwendet die Felder links von der Start-Kopfposition nicht.*

Beweis. Es werde die Funktion $\varphi : (\Sigma_1^*)^n \to \Sigma_2^*$ von einer k-Band-Turingmaschine $M' = (\Sigma, Z, f, z_0, z_1)$ berechnet. Wir konstruieren nun eine 1-Band-Turingmaschine M, die die Arbeit von M' Schritt für Schritt simuliert und damit ebenfalls die Funktion φ berechnet. Es seien $\triangleright, \oplus$ und $\otimes$ Symbole, die nicht zu Σ gehören.

Die Simulationsidee besteht darin, daß sich M jeweils nach der Simulation eines Schrittes von M' in einer Standard-Situation (siehe Seite 54)

$$\mathrm{Sit}(z, \otimes a_1^1 a_2^1 \ldots \triangleright a_{i_1}^1 \ldots a_{r_1}^1 \oplus a_1^2 a_2^2 \ldots \triangleright a_{i_2}^2 \ldots a_{r_2}^2 \oplus \ldots \oplus a_1^k a_2^k \ldots \triangleright a_{i_k}^k \ldots a_{r_k}^k \otimes)$$

befindet, die der Situation

$$\ldots \square\square\square a_1^1 a_2^1 \ldots \overset{\downarrow}{a_{i_1}^1} \ldots a_{r_1}^1 \square\square\square \ldots \qquad \text{Band 1}$$

$$\ldots \square\square\square a_1^2 a_2^2 \ldots \overset{\downarrow}{a_{i_2}^2} \ldots a_{r_2}^2 \square\square\square \ldots \qquad \text{Band 2}$$

$$\ldots\square\square\square a_1^k a_2^k \ldots \overset{\downarrow}{a_{i_k}^k} \ldots a_{r_k}^k \square\square\square\ldots \qquad \text{Band k}$$

von M' nach diesem Schritt entspricht. Dabei befindet sich das linke $\otimes$ stets in dem Feld, in dem der Kopf von M zu Beginn der Berechnung stand. Die 1-Band-Turingmaschine M muß nun in folgenden Etappen vorgehen:

1. Um auch am Anfang der Berechnung zur Simulation des ersten Schrittes von M bereits von einer solchen Standard-Situation ausgehen zu können, wird die eigentliche Startsituation mit der Eingabe $(x_1, x_2, \ldots x_m)$ in die Standard-Situation

$$\text{Sit}(z_0, \otimes \triangleright x_1 * x_2 * \ldots * x_m \oplus \triangleright \square \oplus \ldots \oplus \triangleright \square\otimes)$$

überführt.

2. Zur Simulation eines Schrittes von M', der die Situation S_1 in die Situation S_2 überführt, muß M eine zu S_1 gehörige Standard-Situation in eine zu S_2 gehörige Standard-Situation überführen. Die dabei eventuell notwendigen Verschiebungen werden stets nach rechts ausgeführt. Damit wird Eigenschaft 3 dieses Satzes gewährleistet. Diese Etappe muß für jeden Schritt der Turingmaschine M ausgeführt werden.

3. Bei einem Stopp von M' muß zunächst getestet werden, ob $\varphi(x_1, \ldots, x_m)$ überhaupt definiert ist, d.h., ob eine Standardsituation der Form

$$\text{Sit}(z_1, \otimes \square \ldots \square \triangleright b_1 \ldots b_s \square \ldots \square \oplus \square \ldots \square \triangleright \square \ldots \square \oplus \ldots \oplus \square \ldots \square \triangleright \square \ldots \square \otimes)$$

mit $b_1, \ldots, b_s \neq \square$ entstanden ist. Ist das nicht der Fall, so arbeitet M ohne Stopp weiter. Andernfalls gilt $b_1 \ldots b_s = \varphi(x_1, x_2, \ldots x_m)$, und M überführt diese Standard-Situation in die nach der Definition der Berechenbarkeit von Funktionen durch Turingmaschinen verlangte Situation

$$\ldots\square\square\square \overset{\downarrow}{\varphi} (x_1, x_2, \ldots, x_m)\square\square\square\ldots$$

wobei der Kopf von M im gleichen Feld steht wie beim Start.

Die Arbeit von M in allen diesen Etappen kann leicht aus den folgenden Einzeloperationen zusammengesetzt werden:

- Einfügen bzw. Löschen eines Symbols und dazu Verschieben des rechts davon befindlichen Bandinhaltes um ein Feld.

- „Merken" von k Symbolen durch Annehmen spezieller Zustände und Ändern von Symbolen in und neben den $\triangleright$-Feldern mit Hilfe dieser speziellen Zustände.

Diese Einzeloperationen können von einer 1-Band-Turingmaschine ausgeführt werden (Aufgabe 2.27). $\qquad\qquad\qquad\qquad\qquad\qquad\qquad\qquad\square$

2.4.3 Äquivalenz zu anderen Berechenbarkeitsbegriffen

Nachdem wir im Abschnitt 2.2 bereits gezeigt haben, daß mit den RAM die gleichen Funktionen berechnet werden können wie mit RIES, werden wir nun beweisen, daß genau diese Funktionen auch von Turingmaschinen berechnet werden können, daß also alle diese Berechenbarkeitskonzepte äquivalent sind. Zunächst zeigen wir, daß das Berechnungsvermögen von Turingmaschinen nicht geringer als das der RAM ist.

Satz 2.19 RAM $\subseteq$ TM.

Beweisidee. Es sei $\varphi\colon \mathbb{N}^n \to \mathbb{N}$ eine durch eine RAM M berechnete Funktion. Wir konstruieren eine 3-Band-Turingmaschine M', die die Arbeit von M Schritt für Schritt simuliert, wobei M' mit den dyadischen Darstellungen der Registerinhalte und -adressen arbeitet.

Die Simulationsidee besteht darin, daß sich M' jeweils nach der Simulation eines Schrittes von M in einer *Standard-Situation* (siehe Seite 54)

$$\mathrm{Sit}(z, \bullet\mathrm{dya}(i_1) * \mathrm{dya}(\langle \mathrm{R}i_1\rangle)) \bullet \mathrm{dya}(i_2) * \mathrm{dya}(\langle \mathrm{R}i_2\rangle)) \bullet \cdots \bullet \mathrm{dya}(i_r) * \mathrm{dya}(\langle \mathrm{R}i_r\rangle)\bullet)$$

für geeignetes $z \in Z$ befindet, wobei $\langle \mathrm{R}i\rangle$ der Registerinhalt von $\mathrm{R}i$ nach diesem Schritt von M ist und $i_j \neq i_k$ für $1 \leq j < k \leq r$ sowie $\langle \mathrm{R}i\rangle = 0$ für $i \notin \{i_1, i_2, \ldots, i_r\}$ gilt. Der Inhalt des Befehlsregisters, der ja bei s Befehlen nur bis zur Größe s relevant ist, wird mit den Zuständen von M' „gemerkt" (d. h. für verschiedene Inhalte des Befehlsregisters von M werden verschiedene Zustände von M' verwendet). Die Turingmaschine M' geht nun in den folgenden Etappen vor.

1. Um zu Beginn der Berechnung zur Simulation des ersten Schrittes von M bereits von einer solchen Standard-Situation ausgehen zu können, muß die Standard-Situation

$$\mathrm{Sit}(z_0, \mathrm{dya}(x_1) * \mathrm{dya}(x_2) * \cdots * \mathrm{dya}(x_n))$$

(die eigentliche Startsituation von M') in die Standard-Situation

$$\mathrm{Sit}(z, \bullet\mathrm{dya}(0) * \mathrm{dya}(x_1) \bullet \mathrm{dya}(1) * \mathrm{dya}(x_2) \bullet \cdots \bullet \mathrm{dya}(n-1) * \mathrm{dya}(x_n)\bullet)$$

für geeignetes $z \in Z$ überführt werden. (Zur Erinnerung: Zu Beginn der Berechnung der RAM M gilt $\langle \mathrm{R}i\rangle = x_{i+1}$ für $i = 0, \ldots, n-1$ und $\langle \mathrm{R}i\rangle = 0$ für $i \geq n$.)

2. Die Simulation eines Schrittes von M. Wir beschreiben den Fall, daß dieser Schritt in der Ausführung des Befehles $\mathrm{R}i \leftarrow \mathrm{R}j + \mathrm{R}k$ besteht. Alle anderen Typen von Befehlen werden in ähnlicher Weise simuliert.

1. M' sucht auf dem ersten Band, ob dort ein Teilwort $\bullet\mathrm{dya}(j) * \mathrm{dya}(a)\bullet$ vorkommt. Ist das der Fall, so wird $\mathrm{dya}(a) = \mathrm{dya}(\langle \mathrm{R}\,j\rangle)$ auf Band 2 kopiert. Kommt ein solches Teilwort nicht vor, so gilt $\langle \mathrm{R}\,j\rangle = 0$ und es wird $\mathrm{dya}(0) = \varepsilon$ auf Band 2 geschrieben. Analog wird $\mathrm{dya}(\langle \mathrm{R}\,k\rangle)$ auf Band 3 geschrieben.

2. Nun addiert M' die Inhalte $\mathrm{dya}(\langle \mathrm{R}\,j\rangle)$ und $\mathrm{dya}(\langle \mathrm{R}\,k\rangle)$ von Band 2 bzw. 3 und schreibt das Ergebnis $\mathrm{dya}(b)$ auf Band 3.

3. Schließlich sucht M' auf dem ersten Band, ob dort ein Teilwort $\bullet\mathrm{dya}(i) * \mathrm{dya}(a)\bullet$ vorkommt. Ist das der Fall, so wird dieses Teilwort durch $\bullet\mathrm{dya}(i) * \mathrm{dya}(b)\bullet$ ersetzt, andernfalls wird $\mathrm{dya}(i) * \mathrm{dya}(b)\bullet$ an das $\bullet$ ganz rechts auf Band 1 angehängt.

So entsteht eine Standard-Situation von M', die der Situation am Ende des zu simulierenden Schrittes von M entspricht. Diese Etappe muß für jeden Schritt der RAM M ausgeführt werden.

3. Bei einem Stopp von M wird die durch die Simulation schließlich entstandene Standard-Situation

$$\mathrm{Sit}(z, \bullet\mathrm{dya}(i_1) * \mathrm{dya}(\langle \mathrm{R}\,i_1\rangle) \bullet \mathrm{dya}(i_2) * \mathrm{dya}(\langle \mathrm{R}\,i_2\rangle) \bullet \ldots \bullet \mathrm{dya}(i_r) * \mathrm{dya}(\langle \mathrm{R}\,i_r\rangle)\bullet)$$

von M' in die Standard-Situation $\mathrm{Sit}(z_1, \mathrm{dya}(\langle \mathrm{R}\,i_1\rangle))$ überführt. Da bei allen während der Simulation entstandenen Standard-Situationen stets $i_1 = 0$ galt, haben wir

$$\mathrm{dya}(\langle \mathrm{R}\,i_1\rangle) = \mathrm{dya}(\langle \mathrm{R}\,0\rangle) = \mathrm{dya}(\varphi(x_1, \ldots, x_n)).$$

Die Arbeit von M' in allen diesen Etappen kann leicht aus den folgenden Einzeloperationen zusammengesetzt werden:

- Einfügen bzw. Löschen eines Symbols und dazu Verschieben des rechts davon befindlichen Bandinhaltes um ein Feld.

- Suchen eines bestimmten Teilwortes des Wortes auf Band 1 und Kopieren des rechts davon befindlichen Teilwortes auf ein anderes Band.

- Addieren und Subtrahieren zweier auf Band 2 und 3 befindlicher Zahlen in dyadischer Darstellung.

- Ersetzen eines Teilwortes $*w\bullet$ des Wortes auf Band 1 durch das auf Band 3 befindliche Wort.

Diese Einzeloperationen können von einer Turingmaschine ausgeführt werden (Aufgaben 2.27, 2.28 und 2.22). $\qquad\Box$

Schließlich zeigen wir, wie Turingmaschinen durch RIES-Programme simuliert werden können.

Satz 2.20 TM $\subseteq$ RIES.

Beweis. Es sei $\varphi\colon \mathbb{N}^n \to \mathbb{N}$ eine Turing-berechenbare Funktion. Nach Lemma 2.18 kann φ von einer 1-Turingmaschine $M = (\Sigma, Z, f, z_0, z_1)$ berechnet werden. Es seien $Z = \{z_0, \ldots, z_r\}$ und $\Sigma = \{a_0, \ldots, a_s\}$ mit $a_0 = \Box$, $a_1 = 1$, $a_2 = 2$ und $a_3 = *$.

Die Turingmaschine M besitze die Befehle

$$z_i\, a_j \rightarrow z_{u(i,j)}\, a_{v(i,j)}\, w(i,j)$$

für $i = 0, 1, \ldots, r$ und $j = 0, 1, \ldots, s$, wobei L, O und R durch 0, 1 bzw. 2 ersetzt sei. Die relevanten Felder von M denke man sich, beginnend mit dem Feld der Anfangskopfposition, nach rechts mit $0, 1, 2, \ldots$ numeriert.

Bei der Simulation von M durch ein RIES-Programm werden gespeichert

- der aktuelle Zustand (d. h. dessen Index) in der Wertvariablen `zust`,
- die aktuelle Kopfposition in der Wertvariablen `kopf` und
- das im Feld j des Bandes gespeicherte aktuelle Symbol (d. h. dessen Index) in dem Feldelement `band[j]`.

Als Hilfsfunktionen benötigen wir neben den oben erwähnten Funktionen u, v und w die Funktionen lg und ziff, die wie folgt definiert sind.

$$\mathrm{lg}(x) =_{\mathrm{def}} |\mathrm{dya}(x)|$$

$$\mathrm{ziff}(x, i) =_{\mathrm{def}} \begin{cases} i\text{-te Ziffer (von links) von } \mathrm{dya}(x),\ \text{falls } 1 \leq i \leq \mathrm{lg}(x) \\ 0 \text{ sonst} \end{cases}$$

Die Funktion φ wird durch das RIES-Programm

```
function phi(x1, ..., xn); begin start; schritt; stopp end
function u(i,j); s1
function v(i,j); s2
function w(i,j); s3
function lg(x); s4
function ziff(x,i); s5
```

berechnet, wobei *start*, *schritt*, *stopp*, s_1, s_2, s_3, s_4 und s_5 nachfolgend beschriebene Anweisungen sind.

Die Anweisungen s_1, s_2 und s_3 realisieren einfache, den Befehlen der Turingmaschine entsprechende Fallunterscheidungen. Für s_4 und s_5 verweisen wir auf die Aufgabe 2.15.

Durch die folgende Anweisung *start* bringt $\mathrm{dya}(x_1)3\mathrm{dya}(x_2)3\ldots3\mathrm{dya}(x_n)$ (das entspricht dem Anfangsbandinhalt von M) in die ersten Elemente des Feldes `band[]`. Damit sind die oben beschriebenen Inhalte von `zust`, `band[]` und `kopf` für die Startsituation von M hergestellt.

```
begin
   for i := 1 to lg(x1) do
       begin band[j] := ziff(x1,i); j := (j + 1) end;
   band[j] := 3; j := (j + 1);
   for i := 1 to lg(x2) do
       begin band[j] := ziff(x2,i); j := (j + 1) end;
   band[j] := 3; j := (j + 1);

          .
          .
          .

   band[j] := 3; j := (j + 1);
   for i := 1 to lg(xn) do
       begin band[j] := ziff(xn,i); j := (j + 1) end
end
```

Ein Schritt der Turingmaschine M wird durch die folgende Anweisung *schritt* simuliert:

```
while (zust ≠ 1) do
   begin
      z := zust; k := kopf; b := band[k];
      zust := u(z,b); kopf := ((k + w(z,b)) − 1); band[k] := v(z,b)
   end
```

Schließlich wird durch die folgende Anweisung *stopp* aus dem Inhalt des Feldes `band[]` der Wert $\varphi(x_1, \ldots, x_n)$ berechnet.

```
begin
   j := 0;
   while (band[j] ≠ 0) do
      begin ph := ((2 * ph) + band[j]); j := (j − 1) end;
   phi := ph
end                                                                □
```

Durch die Sätze 2.19 und 2.20 haben wir gezeigt, daß auch das Berechnungskonzept der Turingmaschine gleichwertig mit den bereits vorher untersuchten Konzepten ist. Insgesamt erhalten wir

$$\textbf{RAM} = \textbf{RIES} = \textbf{MINI-RIES} = \textbf{TM}.$$

2.5 Partiell-rekursive Funktionen

2.5.1 Primitiv-rekursive Funktionen

In diesem Abschnitt wollen wir die Menge aller berechenbaren Funktionen
algebraisch erzeugen, d. h. wir suchen

- einfache Operationen $O_1, \ldots, O_k$ auf **FUNK**$(\mathbb{N})$, mit denen aus berechenbaren Funktionen stets wieder berechenbare Funktionen erzeugt werden, und

- einfache berechenbare *Grundfunktionen* $f_1, \ldots, f_m \in$ **FUNK**$(\mathbb{N})$

mit der Eigenschaft

$$\Gamma_{O_1, \ldots, O_k}(\{f_1, \ldots, f_m\}) = \text{ Menge aller berechenbaren Funktionen.}$$

Mit anderen Worten: Aus den Funktionen $f_1, \ldots, f_m$ sollen durch wiederholtes
Anwenden der Operationen $O_1, \ldots, O_k$ genau die berechenbaren Funktionen
erzeugt werden.

Als einfache Grundfunktionen verwenden wir die durch $S(x) =_{\text{def}} x + 1$ für
alle $x \in \mathbb{N}$ definierte *Nachfolgerfunktion* S, die zweistellige Identität der ersten
Stelle I_1^2 und die 0-stellige 0-Konstante C_0^0. Offensichtlich sind diese Funktionen berechenbar.

Als einfache Operationen auf **FUNK**$(\mathbb{N})$ verwenden wir zunächst die Operationen ZV, LV, ID, FV und SUB der Superposition (siehe Satz 1.5). Offensichtlich werden so aus berechenbaren Funktionen ausschließlich wieder berechenbare Funktionen erzeugt. Man natürlich nicht erwarten, daß mit Hilfe der
Superposition aus sehr einfachen Funktionen alle berechenbaren Funktionen
erzeugt werden können (siehe Aufgabe 2.29). Wir müssen insbesondere noch
eine Operation hinzunehmen, deren Wirkung einem iterierten Berechnungs-
vorgang (Berechnungsschleife) entspricht, bei dem die Anzahl der Iterationen
(Schleifendurchläufe) variabel ist. Eine solche Operation ist die *Primitive Re-
kursion* PR, die wir für $\varphi \colon \mathbb{N}^m \to \mathbb{N}$ und $\psi \colon \mathbb{N}^{m+2} \to \mathbb{N}$ mit $m \geq 0$ wie folgt
induktiv definieren:

$$\text{PR}(\varphi, \psi)(x_1, \ldots, x_m, 0) =_{\text{def}} \varphi(x_1, \ldots, x_m)$$
$$\text{PR}(\varphi, \psi)(x_1, \ldots, x_m, y + 1) =_{\text{def}} \psi(x_1, \ldots, x_m, y, \text{PR}(\varphi, \psi)(x_1, \ldots, x_m, y)).$$

Die Funktion φ liefert also den *ersten* Funktionswert $\text{PR}(\varphi, \psi)(x_1, \ldots, x_m, 0)$.
Hat man bereits den Funktionswert $\text{PR}(\varphi, \psi)(x_1, \ldots, x_m, y)$, so kann man mit
Hilfe der Funktion ψ den *nächsten* Funktionswert $\text{PR}(\varphi, \psi)(x_1, \ldots, x_m, y + 1)$
berechnen. Um $\text{PR}(\varphi, \psi)(x_1, \ldots, x_m, y)$ vollständig zu berechnen, benötigt
man genau y Durchläufe dieser Berechnungsschleife. Die Wirkung der Operation PR entspricht damit etwa einer `for`-Schleife bei RIES (siehe auch Beweis
von Satz 2.33).

Durch das Induktionsprinzip ist gesichert, daß für jeden Wert y eine Festlegung für $PR(\varphi, \psi)(x_1, \ldots, x_m, y)$ vorliegt. Ob $PR(\varphi, \psi)(x_1, \ldots, x_m, y)$ auch wirklich definiert ist, hängt jedoch von den Funktionen φ und ψ ab. Sind φ und ψ jedoch total (berechenbar) so ist auch $PR(\varphi, \psi)$ total (berechenbar).

Wir definieren mit

$$\mathbf{PRIM} =_{\text{def}} \Gamma_{\text{ZV},\text{LV},\text{ID},\text{FV},\text{SUB},\text{PR}}(\{C_0^0, S\})$$

die Menge der *primitiv-rekursiven Funktionen*. Das sind also genau diejenigen Funktionen, die durch iterierte Anwendung der Superposition und der Primitiven Rekursion aus den Funktionen C_0^0 und S erzeugt werden können (vgl. Satz 1.5). Also besteht **PRIM** nur aus totalen und berechenbaren Funktionen.

Es sei angemerkt, daß die Menge $\{C_0^0, S\}$ der Grundfunktionen minimal ist, daß also bei Weglassen einer der Grundfunktionen nicht mehr alle primitiv-rekursiven Funktionen erzeugt werden können (Aufgabe 2.32).

Aus Lemma 1.5 folgt

Lemma 2.21 *Entsteht eine Funktion durch Superposition aus primitiv-rekursiven Funktionen, so ist primitiv-rekursiv.*

Wir zeigen jetzt von einigen wichtigen Funktionen, daß sie primitiv-rekursiv sind. Außer den bereits definierten Funktionen betrachten wir auch die Funktion prex, die für alle $x, y \in \mathbb{N}$ durch

$\quad \text{prex}(x, y) =_{\text{def}}$ die größte Zahl z, für die $\text{prim}(y)^z$ ein Teiler von x ist

definiert ist (vgl. Aufgabe 2.14).

Lemma 2.22 *Folgende Funktionen sind primitiv-rekursiv:*

1. I_m^n *für* $1 \leq m \leq n$,

2. C_m^n *für* $n, m \geq 0$,

3. $\text{sum}, \text{md}, \text{prod}, \text{div}$ *und*

4. $\exp, \text{prim}, \text{prex}$.

Beweis. Zu I_m^n. Es gilt $I_1^1 = PR(C_0^0, FV(S))$ wegen

$$\begin{aligned}
I_1^1(0) \quad &= 0 = C_0^0(x) \text{ und} \\
I_1^1(x+1) &= x + 1 = S(x) = FV(S)(x, I_1^1(x))
\end{aligned}$$

Aus Lemma 1.6 folgt $I_m^n \in \Gamma_{\text{ZV},\text{FV}}(\{I_1^1\}) \subseteq \Gamma_{\text{ZV},\text{FV},\text{PR}}(\{C_0^0, S\}) \subseteq \mathbf{PRIM}$ für $1 \leq m \leq n$.

Zu C_m^n. Es gilt $C_0^{n+1} = FV(C_0^n)$ für $n \geq 0$ und $C_{m+1}^n = SUB(S, C_m^n)$ für $m \geq 0$.

Zu sum. Es gilt $\text{sum} = PR(I_1^1, SUB(S, I_3^3))$ wegen

$$\begin{aligned}
\text{sum}(x, 0) \quad &= x = I_1^1(x) \text{ und} \\
\text{sum}(x, y+1) &= x + (y+1) = (x+y) + 1 = I_3^3(x, y, \text{sum}(x,y)) + 1 = \\
&= S(I_3^3(x, y, \text{sum}(x,y))) = SUB(S, I_3^3)(x, y, \text{sum}(x,y)).
\end{aligned}$$

Zu md. Für die durch $P(x) =_{\mathrm{def}} x \dot- 1$ definierte Funktion gilt $P = \mathrm{PR}(C_0^0, I_1^2)$ wegen

$$\begin{aligned}
P(0) &= 0 = C_0^0 \\
P(y+1) &= (y+1) \dot- 1 = y = I_1^2(y, P(y)).
\end{aligned}$$

Dann gilt $\mathrm{md} = \mathrm{PR}(I_1^1, \mathrm{SUB}(P, I_3^3))$ wegen

$$\begin{aligned}
\mathrm{md}(x,0) &= x = I_1^1(x) \text{ und} \\
\mathrm{md}(x, y+1) &= x \dot- (y+1) = (x \dot- y) \dot- 1 = I_3^3(x, y, \mathrm{md}(x,y)) \dot- 1 = \\
&= P(I_3^3(x, y, \mathrm{md}(x,y))) = \mathrm{SUB}(P, I_3^3)(x, y, \mathrm{md}(x,y)).
\end{aligned}$$

Zu prod. Die durch $f(x, y, z) =_{\mathrm{def}} x + y + z$ definierte Funktion f entsteht durch Superposition aus sum. Nun gilt $\mathrm{prod} = \mathrm{PR}(C_0^1, f)$ wegen

$$\begin{aligned}
\mathrm{prod}(x, 0) &= x \cdot 0 = 0 = C_0^1(x) \text{ und} \\
\mathrm{prod}(x, y+1) &= x \cdot (y+1) = x \cdot y + x = f(x, y, \mathrm{prod}(x, y)).
\end{aligned}$$

Zu div. Offensichtlich gilt $\mathrm{div}(x, y) = \#\{z \colon z \leq x \text{ und } z \cdot y \leq x\} - 1$. Definiert man nun

$$d(x, y, u) =_{\mathrm{def}} \#\{z \colon z \leq u \text{ und } z \cdot y \leq x\} - 1,$$

so erhält man $\mathrm{div}(x, y) = d(x, y, x)$, also entsteht div durch Superposition aus d. Die durch $g(x, y, u, v) =_{\mathrm{def}} v + (1 \dot- (((u+1) \cdot y) \dot- x))$ definierte Funktion g entsteht durch mehrfache Anwendung der Superposition aus den Funktionen sum, md, prod und C_1^0. Für d gilt nun $d = \mathrm{PR}(C_0^2, g)$ wegen

$$\begin{aligned}
d(x, y, 0) &= 0 = C_0^2(x, y) \\
d(x, y, u+1) &= d(x, y, u) + \begin{cases} 1 & \text{falls } (u+1) \cdot y \leq x \\ 0 & \text{sonst} \end{cases} \\
&= d(x, y, u) + (1 \dot- (((u+1) \cdot y) \dot- x)) \\
&= g(x, y, u, d(x, y, u)).
\end{aligned}$$

Der Nachweis, daß die Funktionen exp, prim und prex primitiv-rekursiv sind, verbleibt als Übungsaufgabe (siehe Aufgaben 2.36 und 2.37). $\square$

Oft werden Funktionen durch Fallunterscheidung definiert. Wir sagen, daß die durch

$$\varphi(x) =_{\mathrm{def}} \begin{cases} \psi_0(x), & \text{falls } \xi(x) = 0 \\ \psi_1(x), & \text{falls } \xi(x) = 1 \\ \ \vdots \\ \psi_{r-1}(x), & \text{falls } \xi(x) = r - 1 \\ \psi_r(x), & \text{falls } \xi(x) \geq r \end{cases}$$

für alle $x \in \mathbb{N}^n$ definierte Funktion $\varphi \colon \mathbb{N}^n \to \mathbb{N}$ *durch Fallunterscheidung aus den Funktionen* $\psi_0, \psi_1, \dots, \psi_r, \xi \colon \mathbb{N}^n \to \mathbb{N}$ *entsteht.*

Lemma 2.23 *Entsteht eine Funktion durch Fallunterscheidung aus primitiv-rekursiven Funktionen, so ist sie primitiv-rekursiv.*

Beweis. Aufgabe 2.38.   □

2.5.2 Die Ackermannfunktion

Wir hatten uns schon überlegt, daß jede primitiv-rekursive Funktion total und berechenbar ist. Da es auch nicht totale, aber berechenbare Funktionen gibt, kann nicht jede berechenbare Funktion primitiv-rekursiv sein. Ist aber wenigstens jede totale und berechenbare Funktion primitiv-rekursiv? Zur Beantwortung dieser Frage definieren wir induktiv für $k \geq 0$ die Folge a_k von einstelligen Funktionen.

(IA) $a_0(x) =_{\text{def}} x + 1$

(IS) Die Definition von a_{k+1} mit Hilfe von a_k erfolgt durch Induktion über x:

$\quad$ (IA) $a_{k+1}(0) =_{\text{def}} a_k(1)$

$\quad$ (IS) $a_{k+1}(x + 1) =_{\text{def}} a_k(a_{k+1}(x))$

Für die ersten dieser Funktionen gilt:

$$\begin{aligned} a_1(x) &= x + 2, \\ a_2(x) &= 2x + 3, \\ a_3(x) &= 2^{x+3} - 3, \\ a_4(x) &\geq \left. 2^{2^{2^{\cdot^{\cdot^{\cdot^2}}}}} \right\} x. \end{aligned}$$

Die Funktionen a_k wachsen für größere k zwar exorbitant, sind aber wegen $a_0 = S$ und $a_{k+1} = \text{PR}(C^0_{a_k(1)}, \text{SUB}(a_k, I^2_2))$ alle primitiv-rekursiv. Das folgende Lemma gibt einige Eigenschaften der Funktionen a_k wieder.

Lemma 2.24 *Für $k \geq 0$ und $x \geq 0$ gilt*

1. $x < a_k(x)$,

2. $a_k(x) < a_k(x + 1)$,

3. $a_k(x + 1) \leq a_{k+1}(x)$ und

4. $a_k(2x) < a_{k+2}(x)$

Beweis. Zu 1. Wir führen eine Induktion über k (Induktion 1).

(IA) $a_0(x) = x + 1 > x$

(IS) Wir führen eine Induktion über x (Induktion 2).

$\quad$ (IA) Nach Definition von a_{k+1} und der IV gilt $a_{k+1}(0) = a_k(1) > 1 > 0$.

(IS) Wir schließen

$$a_{k+1}(x+1) \;=\; a_k(a_{k+1}(x)) \quad \text{(Definition von } a_{k+1})$$
$$\;>\; a_{k+1}(x) \qquad \text{(IV von Induktion 1)}$$
$$\;\geq\; x+1 \qquad \text{(IV von Induktion 2)}$$

Zu 2. Für $k = 0$ gilt $a_0(x) = x + 1 < x + 2 = a_0(x + 1)$. Für $k > 0$ gilt $a_k(x+1) = a_{k-1}(a_k(x)) > a_k(x)$ nach Definition von a_k und wegen Aussage 1.

Zu 3. Wir führen eine Induktion über x.

(IA) Nach Definition von a_k gilt $a_k(1) = a_{k+1}(0)$

(IS) Wir schließen

$$a_k(x+2) \;\leq\; a_k(a_k(x+1)) \quad \text{(Aussage 1, Aussage 2)}$$
$$\;=\; a_k(a_{k+1}(x)) \qquad \text{(IV)}$$
$$\;=\; a_{k+1}(x+1) \qquad \text{(Definition von } a_{k+1})$$

Zu 4. Für $k = 0$ gilt nach Definition $a_0(2x) = 2x + 1 < 2x + 3 = a_2(x)$. Es sei $k \geq 1$. Im Fall $x = 0$ gilt

$$a_k(2 \cdot 0) \;<\; a_k(1) \qquad \text{(Aussage 2)}$$
$$\;=\; a_{k+1}(0) \quad \text{(Definition von } a_{k+1})$$
$$\;\leq\; a_{k+2}(0) \quad \text{(Aussage2, Aussage 3)}$$

Im Fall $x > 0$ gilt

$$a_k(2x) \;<\; a_k(2x + 1) \qquad \text{(Aussage 2)}$$
$$\;=\; a_k(a_2(x-1)) \qquad \text{(Definition von } a_2)$$
$$\;\leq\; a_k(a_{k+1}(x-1)) \quad \text{(Aussage 3, Aussage 2)}$$
$$\;=\; a_{k+1}(x) \qquad \text{(Definition von } a_{k+1})$$
$$\;\leq\; a_{k+2}(x) \qquad \text{(Aussage 3, Aussage 2)} \qquad \square$$

Wir zeigen nun, daß jede primitiv-rekursive Funktion durch eine der Funktionen a_k nach oben beschränkt werden kann.

Lemma 2.25 *Für jede n-stellige primitiv-rekursive Funktion f mit $n \geq 1$ gibt es ein k, mit dem für alle $x_1, x_2, \ldots, x_n \in \mathbb{N}$ gilt*

$$f(x_1, x_2, \ldots, x_n) < a_k(x_1 + x_2 + \cdots + x_n).$$

Beweis. Wir führen eine Induktion über die Erzeugung der primitiv-rekursiven Funktionen.

(IA) Für den Induktionsanfang haben wir die Aussage des Lemmas für die nicht-nullstellige Grundfunktion S zu zeigen. Es gilt

$$S(x) = x + 1 < x + 2 = a_1(x).$$

(IS) Für den Induktionsschritt nehmen wir als Induktionsvoraussetzung an, daß es für die Funktionen $f : \mathbb{N}^n \to \mathbb{N}$ und $g : \mathbb{N}^m \to \mathbb{N}$ natürliche Zahlen k

und l gibt mit

$$f(x_1,\ldots,x_n) \ < \ \mathrm{a}_k(x_1 + \cdots + x_n) \qquad \text{und}$$
$$g(x_1,\ldots,x_m) \ < \ \mathrm{a}_l(x_1 + \cdots + x_m).$$

1. Ist $h = \mathrm{ZV}(f)$, so gilt

$$h(x_1,\ldots,x_n) = f(x_2,\ldots,x_n,x_1) < \mathrm{a}_k(x_1 + \cdots + x_n).$$

2. Ist $h = \mathrm{LV}(f)$, so gilt

$$h(x_1,\ldots,x_n) = f(x_1,\ldots,x_{n-2},x_n,x_{n-1}) < \mathrm{a}_k(x_1 + \cdots + x_n).$$

3. Ist $h = \mathrm{ID}(f)$, so gilt

$$
\begin{aligned}
h(x_1,\ldots,x_{n-1}) \ &= \ f(x_1,\ldots,x_{n-1},x_{n-1}) && \text{(Definition von } h) \\
&< \ \mathrm{a}_k(x_1 + \cdots + x_{n-1} + x_{n-1}) && \text{(IV)} \\
&\leq \ \mathrm{a}_k(2\cdot(x_1 + \cdots + x_{n-1})) && \text{(Lemma 2.24. 2)} \\
&\leq \ \mathrm{a}_{k+2}(x_1 + \cdots + x_{n-1}) && \text{(Lemma 2.24. 4)}
\end{aligned}
$$

4. Ist $h = \mathrm{FV}(f)$, so gilt

$$
\begin{aligned}
h(x_1,\ldots,x_{n+1}) \ &= \ f(x_1,\ldots,x_n) && \text{(Definition von } h) \\
&< \ \mathrm{a}_k(x_1 + \cdots + x_n) && \text{(IV)} \\
&\leq \ \mathrm{a}_k(x_1 + \cdots + x_n + x_{n+1})) && \text{(Lemma 2.24. 2)}
\end{aligned}
$$

5. Ist $h = \mathrm{SUB}(f,g)$, so gilt

$$
\begin{aligned}
h(x_1,&\ldots,x_{n-1},y_1,\ldots,y_m) = \\
= \ &f(x_1,\ldots,x_{n-1},g(y_1,\ldots,y_m)) && \text{(Definition von } h) \\
< \ &\mathrm{a}_k(x_1 + \cdots + x_{n-1} + g(y_1,\ldots,y_m)) && \text{(IV)} \\
\leq \ &\mathrm{a}_k(x_1 + \cdots + x_{n-1} + \mathrm{a}_l(y_1 + \cdots + y_m)) && \text{(IV, Lemma 2.24. 2)} \\
\leq \ &\mathrm{a}_k(x_1 + \cdots + x_{n-1} + y_1 + \cdots + y_m + \\
&\quad +\mathrm{a}_l(x_1 + \cdots + x_{n-1} + y_1 + \cdots + y_m)) && \text{(Lemma 2.24. 2)} \\
\leq \ &\mathrm{a}_k(2\cdot \mathrm{a}_l(x_1 + \cdots + x_{n-1} + y_1 + \cdots + y_m)) && \text{(Lemma 2.24. 1 und 2)} \\
\leq \ &\mathrm{a}_{k+2}(\mathrm{a}_l(x_1 + \cdots + x_{n-1} + y_1 + \cdots + y_m)) && \text{(Lemma 2.24. 4)} \\
\leq \ &\mathrm{a}_{k+l+2}(\mathrm{a}_{k+l+3}(x_1 + \cdots + x_{n-1} + y_1 + \cdots + y_m)) && \text{(Lemma 2.24. 2 und 3)} \\
\leq \ &\mathrm{a}_{k+l+3}(x_1 + \cdots + x_{n-1} + y_1 + \cdots + y_m + 1) && \text{(Definition von } \mathrm{a}_{k+l+3}) \\
\leq \ &\mathrm{a}_{k+l+4}(x_1 + \cdots + x_{n-1} + y_1 + \cdots + y_m) && \text{(Lemma 2.24. 3)}
\end{aligned}
$$

6. Sind $m = n + 2$ und $h = \mathrm{PR}(f,g)$, so zeigen wir durch Induktion über y:

$$h(x_1,\ldots,x_n,y) < \mathrm{a}_{k+l+3}(x_1 + \cdots + x_n + y)$$

(IA)
$$
\begin{aligned}
h(x_1,\ldots,x_n,0) \ &= \\
= \ &f(x_1,\ldots,x_n) && \text{(Definition von } h) \\
< \ &\mathrm{a}_k(x_1 + \cdots + x_n) && \text{(IV)} \\
= \ &\mathrm{a}_k(x_1 + \cdots + x_n + 0) \\
\leq \ &\mathrm{a}_{k+l+3}(x_1 + \cdots + x_n + 0) && \text{(Lemma 2.24. 2 und 3)}
\end{aligned}
$$

$$(\text{IS})\ h(x_1, \ldots, x_n, y+1) =$$

$$
\begin{aligned}
&= g(x_1, \ldots, x_n, y, h(x_1, \ldots, x_n, y)) && (\text{Definition von } h) \\
&< a_l(x_1 + \cdots + x_n + y + h(x_1, \ldots, x_n, y)) && (\text{IV}) \\
&\le a_l(x_1 + \cdots + x_n + y + \\
&\qquad\qquad a_{k+l+3}(x_1 + \cdots + x_n + y)) && (\text{IV, Lemma 2.24. 2}) \\
&\le a_l(2 \cdot a_{k+l+3}(x_1 + \cdots + x_n + y)) && (\text{Lemma 2.24. 1 und 2}) \\
&\le a_{l+2}(a_{k+l+3}(x_1 + \cdots + x_n + y)) && (\text{Lemma 2.24. 4}) \\
&\le a_{k+l+2}(a_{k+l+3}(x_1 + \cdots + x_n + y)) && (\text{Lemma 2.24. 2 und 3}) \\
&= a_{k+l+3}(x_1 + \cdots + x_n + y + 1) && (\text{Definition von } a_{k+l+3})
\end{aligned}
$$
$\qquad\qquad\qquad\qquad\qquad\qquad\qquad\qquad\qquad\qquad\qquad\qquad\qquad\qquad\square$

Von der durch $a(x) =_{\text{def}} a_x(x)$ definierten *Ackermann-Funktion* a können wir nun nachweisen, daß sie nicht primitiv-rekursiv ist.

Satz 2.26 *Die Ackermannfunktion* a *ist berechenbar, aber nicht primitiv-rekursiv.*

Beweis. Folgendes RIES-Programm berechnet offensichtlich die Ackermann-Funktion:

```
function a(x); a := aa(x,x)
function aa(k,x);
if (k = 0) then aa := (x+1)
           else if (x = 0) then aa := aa((k-1),1)
                           else aa := aa((k-1),aa(k,(x-1)))
```

Also ist a berechenbar. Wir nehmen nun an, daß a primitiv-rekursiv ist. Nach Lemma 2.25 gibt es dann ein k mit $a(x) < a_k(x)$ für alle $x \ge 0$. Für $x = k$ erhalten wir mit $a(k) < a_k(k) = a(k)$ einen Widerspruch. $\qquad\square$

Daß wir mit **PRIM** noch nicht alle berechenbaren Funktionen haben, liegt daran, daß die Anzahl der Berechnungsschleifendurchläufe bei der Primitiven Rekursion (genau wie bei den `for`-Schleifen in RIES) vorgegeben ist. Es gilt sogar die folgende Äquivalenz, die wir ohne Beweis angeben (siehe Aufgabe 2.39).

Satz 2.27 *Eine Funktion ist genau dann primitiv-rekursiv, wenn sie von einem RIES-Programm ohne Funktionsaufrufe und ohne* `while`*-Schleifen berechnet werden kann.*

2.5.3 Partiell-rekursive Funktionen

Wir benötigen also noch eine Operation auf **FUNK**($\mathbb{N}$), die in ihrer Wirkung einer Berechnungsschleife entspricht, bei der die Anzahl der Schleifendurchläufe sich erst durch Tests während der Berechnung ergibt (also wie etwa bei der `while`-Schleife in RIES). Dieses leistet die Operation MIN der

Minimisierung. Ist E eine Eigenschaft, so verwenden wir die Schreibweise $\mu y(E(y))$ für: das kleinste y mit „y besitzt die Eigenschaft E". Für eine Funktion $\varphi\colon \mathbb{N}^n \to \mathbb{N}$ definieren wir im Falle $n > 0$

$$\mathrm{MIN}(\varphi)(x_1,\ldots,x_{n-1}) =_{\mathrm{def}} \begin{cases} \mu y(\varphi(x_1,\ldots,x_{n-1},y) = 0),\text{ falls es ein solches}\\ \quad y \text{ gibt und } \varphi(x_1,\ldots,x_{n-1},z) \text{ für alle } z < y\\ \quad \text{definiert ist}\\ \text{nicht definiert sonst}\end{cases}$$

für alle $x_1,\ldots,x_{n-1} \in \mathbb{N}$. Offensichtlich erzeugt MIN aus totalen Funktionen nicht notwendigerweise wieder solche. Ist jedoch φ berechenbar, so ist es auch $\mathrm{MIN}(\varphi)$. Dies ist nur deswegen richtig, weil für die Definiertheit von $\mathrm{MIN}(\varphi)(x_1,\ldots,x_{n-1})$ gefordert wird, daß vor dem ersten y mit der Eigenschaft $\varphi(x_1,\ldots,x_{n-1},y) = 0$ der Wert $\varphi(x_1,\ldots,x_{n-1},z)$ für alle $z < y$ definiert ist. Denn nur so ist man in der Lage, dieses y durch sukzessives Berechnen von $\varphi(x_1,\ldots,x_{n-1},z)$ für $z = 0,1,2,\ldots$ auch zu finden. Betrachtet man diesen Suchvorgang als wiederholtes Durchlaufen einer Berechnungsschleife, so ist es auch plausibel, daß die Anzahl der Schleifendurchläufe nicht im voraus gegeben ist, d.h., daß sich diese Anzahl erst durch den Suchvorgang (die Berechnung) ergibt. Das ist ein wesentlicher Unterschied zur Primitiven Rekursion.

Wir definieren mit

$$\mathbf{PART} =_{\mathrm{def}} \Gamma_{\mathrm{ZV,LV,ID,FV,SUB,PR,MIN}}(\{\mathrm{C}_0^0, \mathrm{S}\})$$

die Menge der *partiell-rekursiven Funktionen.* Das sind also genau diejenigen Funktionen, die durch iterierte Anwendung der Superposition, der Primitiven Rekursion und der Minimisierung aus den Funktionen C_0^0 und S erzeugt werden können (vgl. Satz 1.5). Es sei angemerkt, daß die Menge $\{\mathrm{C}_0^0, \mathrm{S}\}$ der Grundfunktionen minimal ist, daß also bei Weglassen einer der Grundfunktionen nicht mehr alle partiell-rekursiven Funktionen erzeugt werden können (Aufgabe 2.40). Erweitert man andererseits die Menge der Grundfunktionen etwas, so kann die Primitive Rekursion vollständig durch die Minimisierung ersetzt werden. Es gilt

$$\mathbf{PART} =_{\mathrm{def}} \Gamma_{\mathrm{ZV,LV,ID,FV,SUB,MIN}}(\{\mathrm{C}_0^0, \mathrm{S}, \mathrm{sum}, \mathrm{md}, \mathrm{prod}\}).$$

Zunächst einige Beispiele.

Beispiel 2.28 Für die durch

$$\mathrm{wurz}(x) =_{\mathrm{def}} \begin{cases} \sqrt{x},\text{ falls } x \text{ eine Quadratzahl ist}\\ \text{nicht definiert sonst}\end{cases}$$

definierte Funktion wurz gilt

$$\mathrm{wurz}(x) \;=\; \begin{cases} \mu y(y^2 = x), \text{ falls } x \text{ eine Quadratzahl ist} \\ \text{nicht definiert sonst} \end{cases}$$

$$=\; \begin{cases} \mu y((x \dot- y^2) + (y^2 \dot- x) = 0), \text{ falls es ein solches } y \text{ gibt} \\ \quad \text{und } (x \dot- z^2) + (z^2 \dot- x) \text{ für alle } z < y \text{ definiert ist} \\ \text{nicht definiert sonst} \end{cases}$$

Also ist wurz $=$ MIN(h), wobei $h(x,y) =_{\text{def}} (x \dot- y^2) + (y^2 \dot- x)$. Die Funktion h ist primitiv-rekursiv, da sie durch mehrfache Superposition aus den Funktionen sum, und md entsteht. Damit ist wurz partiell-rekursiv. Da die Funktion wurz nicht überall definiert ist, kann sie natürlich nicht primitiv-rekursiv sein. Allerdings ist die durch $\mu y((y+1)^2 > x)$ definierte Fortsetzung der Funktion wurz auf ganz $\mathbb{N}$ primitiv-rekursiv. Das liegt daran, daß die nichtdefinierten Stellen leicht zu bestimmen sind. $\qquad\square$

Beispiel 2.29 Es ist gar nicht so einfach, eine anschauliche berechenbare Funktion zu finden, von der man nicht auch gleich nachweisen kann, daß sie oder eine einfache Fortsetzung von ihr (wie gerade bei wurz) primitiv-rekursiv ist. Wir diskutieren folgendes interessante und bekannte Beispiel: Es gibt die (unbewiesene) Vermutung, daß die folgende Umformungsregel aus einer beliebigen natürlichen Zahl $x \geq 1$ nach endlich vielen Anwendungen schließlich eine 1 erzeugt:

Ist x gerade, so bilde $\frac{x}{2}$; ansonsten bilde $3x + 1$.

Mit U bezeichnen wir die Menge aller natürlichen Zahlen x, für die diese Vermutung richtig ist oder für die $x = 0$ gilt. Die einmalige Anwendung der Regel entspricht der Anwendung der durch

$$f(x) =_{\text{def}} \begin{cases} \frac{x}{2}, \text{ falls } x \text{ gerade} \\ 3x + 1, \text{ falls } x \text{ ungerade} \end{cases}$$

für alle $x \in \mathbb{N}$ definierten Funktion f. Wegen Lemma 2.23 ist f primitiv-rekursiv. Die t-malige Anwendung der Regel auf ein $x \in \mathbb{N}$ wird durch die Funktion g realisiert, die wir mit

$$\begin{aligned} g(x, 0) &=_{\text{def}} x \\ g(x, t+1) &=_{\text{def}} f(g(x,t)) \end{aligned}$$

für alle $x, t \in \mathbb{N}$ definieren. Wegen $g = \mathrm{PR}(\mathrm{I}_1^1, \mathrm{SUB}(f, \mathrm{I}_3^3))$ ist g primitiv-rekursiv. Die durch $g'(x,t) =_{\text{def}} g(x,t) \dot- 1$ definierte Funktion entsteht durch Superposition aus md, g und C_1^0 und ist deshalb ebenfalls primitiv-rekursiv. Nun definieren wir mit

$$h(x) =_{\text{def}} \begin{cases} \mu t(g'(x,t) = 0), & \text{falls es ein solches } t \text{ gibt} \\ \text{nicht definiert sonst} \end{cases}$$

eine Funktion h, die wegen $h = \text{MIN}(g')$ partiell-rekursiv ist, und für die offensichtlich $D_h = \text{U}$ gilt. Wäre nun h primitiv-rekursiv, so gälte $U = D_h = \mathbb{N}$, und das oben genannte Problem wäre gelöst. $\square$

Beispiel 2.30 Die einstellige nirgends definierte Funktion ν^1 ist für kein Argument $x \in \mathbb{N}$ definiert. Wegen $\nu^1(x) = \mu y(x + y + 1 = 0)$ gilt $\nu^1 = \text{MIN}(\text{SUB}(\text{S}, \text{sum}))$, und folglich ist $\nu^1 \in \textbf{PART}$. $\square$

Lemma 2.31 *Entsteht eine Funktion durch Superposition oder Fallunterscheidung aus partiell-rekursiven Funktionen, so ist sie partiell-rekursiv.*

Beweis. Siehe Beweise der Lemmata 2.21 und 2.23.

2.5.4 Äquivalenz zu anderen Berechenbarkeitsbegriffen

Wir zeigen nun, daß jede RAM-berechenbare Funktion partiell-rekursiv ist.

Satz 2.32 RAM $\subseteq$ **PART**.

Beweis. Es sei $\varphi \colon \mathbb{N}^n \to \mathbb{N}$ durch eine RAM M berechnet, die die Befehle mit den Nummern $0, 1, \ldots, r$ besitzt, wobei ohne Beschränkung der Allgemeinheit der Befehl r der einzige STOP -Befehl ist. Wir nutzen nun die Tatsache, daß die Zerlegung einer natürlichen Zahl in Primzahlen eindeutig ist. Sind nur endlich viele Registerinhalte von M verschieden von 0, so können wir sie durch die Zahl

$$R = 2^{\langle \text{BR} \rangle} \cdot 3^{\langle \text{R}0 \rangle} \cdot 5^{\langle \text{R}1 \rangle} \cdot 7^{\langle \text{R}2 \rangle} \cdot \ldots \cdot \text{prim}(i+1)^{\langle \text{R}i \rangle} \cdot \ldots$$

in eineindeutiger Weise codieren. Dann gilt

$$\left. \begin{array}{l} \langle \text{BR} \rangle = \text{prex}(R, 0), \\ \langle \text{R}i \rangle = \text{prex}(R, i+1) \text{ und} \\ \langle \text{R}\langle \text{R}i \rangle \rangle = \text{prex}(R, \langle \text{R}i \rangle + 1) = \text{prex}(R, \text{prex}(R, i+1) + 1). \end{array} \right\} \quad (*)$$

Die Veränderung von R durch den aktuellen Befehl (d. h. den Befehl mit der Nummer $\langle \text{BR} \rangle = \text{prex}(R, 0)$) wird durch die Funktion Schritt beschrieben:

$$\text{Schritt}(R) =_{\text{def}} \begin{cases} g_0(R) & , \text{ falls } \text{prex}(R, 0) = 0 \\ g_1(R) & , \text{ falls } \text{prex}(R, 0) = 1 \\ \vdots & \\ g_{r-1}(R) & , \text{ falls } \text{prex}(R, 0) = r - 1 \\ R & , \text{ falls } \text{prex}(R, 0) \geq r, \end{cases}$$

wobei wir für $m = 0, 1, \ldots, r - 1$ definieren:

ist der m-te Befehl	so ist $g_m(R) =_{\text{def}}$
$\mathrm{R}i \leftarrow \mathrm{R}j$	$2 \cdot \operatorname{div}(R, \operatorname{prim}(i + 1)^{\langle \mathrm{R}i \rangle}) \cdot \operatorname{prim}(i + 1)^{\langle \mathrm{R}j \rangle}$
$\mathrm{R}i \leftarrow \mathrm{RR}j$	$2 \cdot \operatorname{div}(R, \operatorname{prim}(i + 1)^{\langle \mathrm{R}i \rangle}) \cdot \operatorname{prim}(i + 1)^{\langle \mathrm{R}\langle \mathrm{R}j \rangle \rangle}$
$\mathrm{RR}i \leftarrow \mathrm{R}j$	$2 \cdot \operatorname{div}(R, \operatorname{prim}(\langle \mathrm{R}i \rangle + 1)^{\langle \mathrm{R}\langle \mathrm{R}i \rangle \rangle}) \cdot \operatorname{prim}(\langle \mathrm{R}i \rangle + 1)^{\langle \mathrm{R}j \rangle}$
$\mathrm{R}i \leftarrow k$	$2 \cdot \operatorname{div}(R, \operatorname{prim}(i + 1)^{\langle \mathrm{R}i \rangle}) \cdot \operatorname{prim}(i + 1)^{k}$
$\mathrm{R}i \leftarrow \mathrm{R}j + \mathrm{R}k$	$2 \cdot \operatorname{div}(R, \operatorname{prim}(i + 1)^{\langle \mathrm{R}i \rangle}) \cdot \operatorname{prim}(i + 1)^{\langle \mathrm{R}j \rangle + \langle \mathrm{R}k \rangle}$
$\mathrm{R}i \leftarrow \mathrm{R}j - \mathrm{R}k$	$2 \cdot \operatorname{div}(R, \operatorname{prim}(i + 1)^{\langle \mathrm{R}i \rangle}) \cdot \operatorname{prim}(i + 1)^{\langle \mathrm{R}j \rangle \,\dot{-}\, \langle \mathrm{R}k \rangle}$
$\texttt{GOTO } k$	$\operatorname{div}(R, 2^{\langle \mathrm{BR} \rangle}) \cdot 2^{k}$
$\texttt{IF R}i = 0 \texttt{ GOTO } k$	$\begin{cases} \operatorname{div}(R, 2^{\langle \mathrm{BR} \rangle}) \cdot 2^{k} & \text{, falls } \langle \mathrm{R}i \rangle = 0 \\ 2 \cdot R & \text{, falls } \langle \mathrm{R}i \rangle \geq 1 \end{cases}$
$\texttt{IF R}i > 0 \texttt{ GOTO } k$	$\begin{cases} 2 \cdot R & \text{, falls } \langle \mathrm{R}i \rangle = 0 \\ \operatorname{div}(R, 2^{\langle \mathrm{BR} \rangle}) \cdot 2^{k} & \text{, falls } \langle \mathrm{R}i \rangle \geq 1 \end{cases}$

Die Registerinhalte $\langle \mathrm{BR} \rangle, \langle \mathrm{R}i \rangle$ usw. denken wir uns gemäß $(*)$ mit Hilfe der Funktion prex ersetzt. Da die Funktionen $g_0, g_1, \ldots, g_{r-1}$ durch Superposition aus den Funktionen sum, md, prod, div, exp, prim und prex erzeugt werden können und diese Funktionen primitiv-rekursiv sind (Lemma 2.22), so sind dies auch alle Funktionen $g_0, g_1, \ldots, g_{r-1}$. Dann ist auch die Funktion Schritt gemäß Lemma 2.23 primitiv-rekursiv.

Die Funktion Start beschreibt die Situation von M beim Start mit der Eingabe $\overline{x} =_{\text{def}} (x_1, \ldots, x_n)$ und wird definiert durch

$$\text{Start}(\overline{x}) =_{\text{def}} 3^{x_1} \cdot 5^{x_2} \cdot 7^{x_3} \cdot \ldots \cdot \operatorname{prim}(n)^{x_n}.$$

Die Funktion Takt beschreibt die Situation von M nach dem t-ten Takt bei Eingabe von $\overline{x}$ und wird definiert durch

$$\text{Takt}(\overline{x}, t) =_{\text{def}} 2^{\langle \mathrm{BR} \rangle} \cdot 3^{\langle \mathrm{R}0 \rangle} \cdot 5^{\langle \mathrm{R}1 \rangle} \cdot 7^{\langle \mathrm{R}2 \rangle} \cdot \ldots \cdot \operatorname{prim}(i + 1)^{\langle \mathrm{R}i \rangle} \cdot \ldots$$

wobei $\langle \mathrm{BR} \rangle$, $\langle \mathrm{R}0 \rangle$, $\langle \mathrm{R}1 \rangle$, $\langle \mathrm{R}2 \rangle$, $\ldots$ die Registerinhalte nach dem t-ten Schritt sind.

Es gilt

$$\text{Takt}(\overline{x}, 0) = \text{Start}(x_1, \ldots, x_n) \text{ und}$$

$$\text{Takt}(\overline{x}, t + 1) = \text{Schritt}(\text{Takt}(\overline{x}, t))$$

und folglich Takt $= \text{PR}(\text{Start}, \text{SUB}(\text{Schritt}, \mathrm{I}_{n+2}^{n+2}))$. Da mit prod und exp auch Start primitiv-rekursiv ist, gilt dies schließlich auch für Takt. Für die nachfolgend definierte Rechenzeitfunktion Zeit gilt

$$\mathrm{Zeit}(\overline{x}) \quad =_{\mathrm{def}} \quad \begin{cases} \text{Anzahl der Takte von } M \text{ bei Eingabe } \overline{x}, \\ \qquad \text{falls } M \text{ bei dieser Eingabe hält} \\ \text{nicht definiert sonst} \end{cases}$$

$$= \quad \begin{cases} \mu t(\text{nach } t \text{ Takten von } M \text{ auf } \overline{x} \text{ gilt } \langle \mathrm{BR} \rangle \geq r), \\ \qquad \text{falls es solche } t \text{ gibt} \\ \text{nicht definiert sonst} \end{cases}$$

$$= \quad \begin{cases} \mu t(\mathrm{prex}(\mathrm{Takt}(\overline{x}, t), 0) \geq r), \text{ falls es solche } t \text{ gibt} \\ \text{nicht definiert sonst} \end{cases}$$

$$= \quad \begin{cases} \mu t(f(\overline{x}, t) = 0), \text{ falls es solche } t \text{ gibt} \\ \text{nicht definiert sonst.} \end{cases}$$

Die durch $f(\overline{x}, t) =_{\mathrm{def}} r \doteq \mathrm{prex}(\mathrm{Takt}(\overline{x}, t), 0)$ definierte Funktion f entsteht durch mehrfache Superposition aus den Funktionen Takt, prex, md, C_0^0 und C_r^0 und ist folglich primitiv-rekursiv. Damit ist die Funktion Zeit partiell-rekursiv. Nun gilt

$$\varphi(\overline{x}) = \begin{cases} \langle \mathrm{R0} \rangle \text{ nach dem Takt } \mathrm{Zeit}(\overline{x}), \text{ falls } M \text{ bei Eingabe } \overline{x} \text{ hält} \\ \text{nicht definiert sonst} \end{cases}$$

$$= \mathrm{prex}(\mathrm{Takt}(\overline{x}, \mathrm{Zeit}(\overline{x})), 1).$$

Folglich entsteht φ durch mehrfache Superposition aus den Funktionen prex, Takt, Zeit und C_1^0. Also ist φ partiell-rekursiv. $\qquad \square$

Schließlich zeigen wir, daß jede partiell-rekursive Funktion durch ein RIES-Programm berechnet werden kann.

Satz 2.33 PART $\subseteq$ RIES.

Beweis. Wir führen eine Induktion über die Erzeugung von **PART** durch. (IA) Die Funktionen C_0^0 und S werden deklariert durch

```
function null(); null := 0
function s(x); s := x+1
```

(IS) Es seien die Deklarationen der Funktionen ψ und η durch

```
function psi(x1,...,xn); s1
function eta(y1,...,ym); s2
```

bereits gegeben. Die Funktion

$\varphi =$	wird deklariert durch
$ZV(\psi)$	`function phi(x`$_1$`,...,x`$_n$`);` `phi := psi(x`$_2$`,...,x`$_n$`,x`$_1$`)`
$LV(\psi)$	`function phi(x`$_1$`,...,x`$_n$`);` `phi := psi(x`$_1$`,...,x`$_{n-2}$`,x`$_n$`,x`$_{n-1}$`)`
$ID(\psi)$	`function phi(x`$_1$`,...,x`$_{n-1}$`);` `phi := psi(x`$_1$`,...,x`$_{n-2}$`,x`$_{n-1}$`,x`$_{n-1}$`)`
$FV(\psi)$	`function phi(x`$_1$`,...,x`$_{n+1}$`);` `phi := psi(x`$_1$`,...,x`$_n$`)`
$SUB(\psi,\eta)$	`function phi(x`$_1$`,...,x`$_{n-1}$`,y`$_1$`,...,y`$_m$`);` `phi := psi(x`$_1$`,...,x`$_{n-1}$`,eta(y`$_1$`,...,y`$_m$`))`

$PR(\psi,\eta)$	`function phi(x`$_1$`,...,x`$_n$`,y);`
	`begin`
	`    ph := psi(x`$_1$`,...,x`$_n$`);`
	`    for i := 1 to y do ph :=`
	`eta(x`$_1$`,...,x`$_n$`,(i-1),ph);`
	`    phi := ph`
	`end`

$MIN(\psi)$	`function phi(x`$_1$`,...,x`$_{n-1}$`);`
	`begin`
	`    while (psi(x`$_1$`,...,x`$_{n-1}$`,y) `$\neq$` 0) do y :=(y+1);`
	`    phi := y`
	`end`

In dieser Tabelle stehen x_i und y_j für die Wertvariablen $\underbrace{\texttt{xaa...a}}_{i\text{-mal}}$ bzw. $\underbrace{\texttt{yaa...a}}_{j\text{-mal}}$.

Damit haben wir gezeigt, daß jede partiell-rekursive Funktion durch ein RIES-Programm berechnet werden kann. $\square$

2.6 Der Hauptsatz der Algorithmentheorie

In den Kapiteln 2 und 3 haben wir die Äquivalenz verschiedener Berechenbarkeitsbegriffe nachgewiesen. Die von uns konstruierten „Compiler" sind in der folgenden Abbildung durch Pfeile dargestellt:

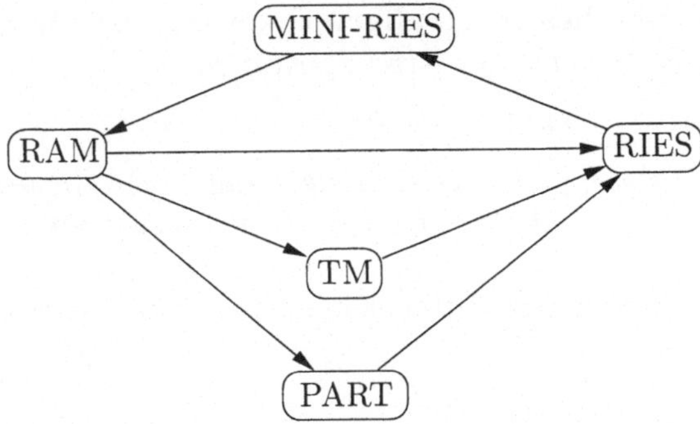

Wir fassen dies nochmals in einem Satz zusammen.

Satz 2.34 (Hauptsatz der Algorithmentheorie)
RAM = RIES = MINI-RIES = TM = PART
oder in anderer Formulierung:
Die folgenden Aussagen sind für eine Funktion $\varphi\colon \mathbb{N}^n \to \mathbb{N}$ *äquivalent:*

1. *φ ist RAM-berechenbar*
2. *φ ist RIES-berechenbar*
3. *φ ist MINI-RIES-berechenbar*
4. *φ ist Turing-berechenbar*
5. *φ ist partiell-rekursiv*

Die Tatsache, daß alle diese (und noch viele andere) Berechenbarkeitsbegriffe das gleiche leisten, hat die Gewißheit entstehen lassen, daß mit diesen Begriffen bereits alles erfaßt ist, was man im intuitiven Sinne als berechenbar ansehen kann. Dies wird in der folgenden, nach A. CHURCH benannten These formuliert.

These von Church:
Jede im intuitiven Sinne berechenbare Funktion ist partiell-rekursiv.

Da „im intuitiven Sinne" kein mathematisch präzisierter Begriff ist, kann man diese These prinzipiell nicht beweisen. Da sie aber so viel Evidenz besitzt, werden wir sie fortan als *Axiom* verwenden. Das bedeutet, daß wir stets davon ausgehen, daß eine Funktion, für deren Berechnung wir einen verbal formulierten Algorithmus angeben können, partiell-rekursiv ist. Wir werden eine partiell-rekursive Funktion im Folgenden auch einfach eine *berechenbare* Funktion nennen.

Wir beenden diesen Abschnitt mit einer Beobachtung, die wir beim Beweis von **RAM $\subseteq$ RIES** (Satz 2.10) machen konnten. Dort wurde nämlich eine Simulation einer RAM durch ein RIES-Programm angegeben, das keine `for`-Schleife und nur eine `while`-Schleife aufwies.

Satz 2.35 (Kleenesches Normalformtheorem) *Jede berechenbare Funktion* $\varphi\colon \mathbb{N}^n \to \mathbb{N}$ *kann durch ein RIES-Programm*

```
function phi(x1,...,xn); while (y = 0) do s
```

berechnet werden, wobei y *eine Wertvariable und* s *eine Anweisung ohne* for*-Schleifen, ohne* while*-Schleifen und ohne Funktionsaufrufe ist.*

Beweis. Im Beweis von Satz 2.10 bekommen wir für φ eine Deklaration der Form

```
function phi(x1,...,xn);
begin
    s1;
    while (a < k) do s2;
    phi := b
end
```

wobei `a,b` Wertvariablen, `k` eine Wertkonstante und s_1, s_2 Anweisungen ohne `for`-Schleifen, ohne `while`-Schleifen und ohne Funktionsaufrufe sind. Sind `y` und `z` sonst nicht verwendete Wertvariable, so kann φ auch deklariert werden durch

```
function phi(x1,...,xn);
while (y = 0) do
  if (z = 0) then begin s1; z:= 1 end
            else if (a < k) then s2
                           else begin y := 1; phi := b end   □
```

Ganz analog folgt auch aus dem Beweis von Satz 2.32, daß jede berechenbare Funktion $\varphi\colon \mathbb{N}^n \to \mathbb{N}$ in der Form

$$\varphi(x_1,\ldots,x_n) = f(x_1,\ldots,x_n,\mu t(g(x_1,\ldots,x_n,t) = 0))$$

geschrieben werden kann, wobei f und g einfache primitiv-rekursive Funktionen sind.

2.7 Entscheidbarkeit und Aufzählbarkeit

2.7.1 Definitionen und einfache Resultate

Bisher haben wir nur die Berechnung von Funktionen betrachtet. In diesem Abschnitt wollen wir untersuchen, wie *Mengen* algorithmisch beherrscht werden können. Wir verweisen auf die Korrespondenz von Wort- und Zahlenmengen (Abschnitt 1.2) und beschränken uns deshalb hier auf Zahlenmengen. Aus der Sicht der Berechenbarkeitstheorie besteht die strengste Form der algorithmischen Beherrschbarkeit einer Menge $A \subseteq \mathbb{N}^n$ mit $n \geq 1$ in der Existenz eines

Algorithmus, der die Zugehörigkeit von $(x_1, \ldots, x_n) \in \mathbb{N}^n$ zu A entscheidet, d. h. der bei der Eingabe von $(x_1, \ldots, x_n)$ stets stoppt und als Ergebnis 1 (gehört zu A) oder 0 (gehört nicht zu A) liefert. Dies bedeutet aber nichts anderes, als daß der Algorithmus die *charakteristische Funktion c_A von A* berechnet, die durch

$$c_A(x_1, \ldots, x_n) =_{\text{def}} \begin{cases} 1, \text{ falls } (x_1, \ldots, x_n) \in A \\ 0 \text{ sonst} \end{cases}$$

für alle $x_1, \ldots, x_n \in \mathbb{N}$ definiert ist.

Definition 2.36 *Eine Menge $A \subseteq \mathbb{N}^n$ mit $n \geq 1$ heißt genau dann entscheidbar, wenn ihre charakteristische Funktion c_A berechenbar ist.*

Beispiel 2.37 Die folgenden Mengen sind entscheidbar, da sich leicht Algorithmen zur Berechnung ihrer charakteristischen Funktion finden lassen:

- die Menge $\{n^2 : n \geq 0\}$ der Quadratzahlen,
- die Menge $\{2^n : n \geq 0\}$ der Zweierpotenzen,
- die Menge aller Primzahlen und
- die Menge $\{n : n \geq 2$ und es existieren Primzahlen p und q mit $2n = p + q\}$ (Die *Goldbachsche Vermutung* besteht darin, daß jede Zahl $n \geq 2$ zu dieser Menge gehört.) □

Wir beweisen nun einige allgemeine Aussagen über die Entscheidbarkeit von Mengen.

Satz 2.38

1. *Jede endliche Menge, einschließlich der leeren Menge, ist entscheidbar.*
2. *Das Komplement einer entscheidbaren Menge ist entscheidbar.*
3. *Die Vereinigung und der Durchschnitt entscheidbarer Mengen sind entscheidbar.*
4. *Ist A entscheidbar und ist f eine berechenbare und totale Funktion, so ist $f^{-1}(A) =_{\text{def}} \{x : f(x) \in A\}$ entscheidbar.*

Beweis. Ist $A = \{a_1, \ldots, a_k\}$ für $k \geq 0$ eine endliche Menge, so kann ein Algorithmus zur Entscheidung der Frage „$x \in A$?" (d. h. zur Berechnung von $c_A(x)$) so arbeiten, daß er nacheinander $x = a_1$, $x = a_2, \ldots, x = a_k$ überprüft und eine 1 genau dann ausgibt, wenn eine der Gleichungen richtig ist. Die Richtigkeit der anderen Aussagen ergibt sich aus den Beziehungen

$$\left. \begin{array}{rcl} c_{\overline{A}}(x) &=& 1 - c_A(x), \\ c_{A \cup B}(x) &=& \max\{c_A(x), c_B(x)\}, \\ c_{A \cap B}(x) &=& \min\{c_A(x), c_B(x)\} \text{ und} \\ c_{f^{-1}(A)}(x) &=& c_A(f(x)) \end{array} \right\} \quad (*)$$

für alle $x \in \mathbb{N}^n$. Sind nämlich A und B entscheidbar, so sind c_A und c_B berechenbar. Wegen der Beziehungen (∗) sind dann auch $c_{\overline{A}}$, $c_{A \cup B}$, $c_{A \cap B}$ und $c_{f^{-1}(A)}$ berechenbar, und damit sind $\overline{A}$, $A \cup B$, $A \cap B$ und $f^{-1}(A)$ entscheidbar.

$\square$

Wir definieren jetzt eine andere Form der algorithmischen Beherrschbarkeit einer Menge.

Definition 2.39 *Eine Menge $A \subseteq \mathbb{N}$ heißt genau dann* aufzählbar, *wenn es eine einstellige, berechenbare und totale Funktion $f \colon \mathbb{N} \to \mathbb{N}$ mit $W_f = A$ gibt oder wenn A die leere Menge ist.*

Man nennt eine solche Menge A deshalb aufzählbar, weil ein Algorithmus durch das Berechnen von $f(0), f(1), f(2), \ldots$ nacheinander genau die Elemente von A produziert, also „aufzählt". Ist $x \in A$, so gibt es ein $z \in \mathbb{N}$ mit $f(z) = x$, und der Algorithmus kann nach der Berechnung von $f(z)$ definitiv die Antwort 1 auf die Frage „$x \in A$?" geben. Ist $x \notin A$, so kann der Algorithmus zu keinem Zeitpunkt eine definitive Antwort auf die Frage „$x \in A$?" geben, da ja nicht bekannt ist, welche Funktionswerte $f(z)$ noch später berechnet werden. Die Aufzählbarkeit einer Menge ist also nur eine „halbe Entscheidbarkeit". Das wird durch den folgenden Satz bestätigt.

Satz 2.40 *Eine Menge $A \subseteq \mathbb{N}$ ist genau dann entscheidbar, wenn A und $\overline{A}$ aufzählbar sind.*

Beweis. 1. Es sei A entscheidbar. Ist $A = \emptyset$ oder $A = \mathbb{N}$, so sind A und $\overline{A}$ aufzählbar, denn die leere Menge ist nach Definition aufzählbar und $\mathbb{N}$ ist wegen $\mathbb{N} = W_{I_1^1}$ aufzählbar.

Ist jedoch $A \neq \emptyset$ und $A \neq \mathbb{N}$, so existieren $a_1 \in A$ und $a_2 \in \overline{A}$. Wir definieren die Funktionen f und g mit

$$f(x) =_{\mathrm{def}} \begin{cases} x, & \text{falls } c_A(x) = 1 \\ a_1 & \text{sonst} \end{cases} \qquad \text{und}$$

$$g(x) =_{\mathrm{def}} \begin{cases} x, & \text{falls } c_A(x) = 0 \\ a_2 & \text{sonst.} \end{cases}$$

Offensichtlich sind f und g berechenbar und total, und es gilt $W_f = A$ und $W_g = \overline{A}$. Mithin sind A und $\overline{A}$ aufzählbar.

2. Es seien A und $\overline{A}$ aufzählbar. Ist $A = \emptyset$ oder $\overline{A} = \emptyset$, so ist A nach Satz 2.38 entscheidbar.

Ist aber $A \neq \emptyset$ und $\overline{A} \neq \emptyset$, so existieren einstellige, berechenbare und totale Funktionen f und g mit $W_f = A$ und $W_g = \overline{A}$. Offensichtlich kommt in der Folge

$$f(0), g(0), f(1), g(1), f(2), g(2), f(3), g(3), \ldots$$

jede Zahl $x \in \mathbb{N}$ vor, und ein Algorithmus zur Entscheidung der Frage „$x \in A$?" kann wie folgt arbeiten: Es werden nacheinander die Funktionswerte $f(0), g(0), f(1), g(1), f(2), g(2), \ldots$ in dieser Reihenfolge berechnet. Tritt x als Wert von f auf, so ist $x \in A$; tritt jedoch x als Wert von g auf, so ist $x \notin A$.

$\square$

Satz 2.40 legt die Vermutung nahe, daß die Aufzählbarkeit eine schwächere Eigenschaft als die Entscheidbarkeit ist. Wir werden am Ende dieses Kapitels sehen, daß es in der Tat Mengen gibt, die zwar aufzählbar, aber nicht entscheidbar sind.

Es zeigt sich, daß nicht nur die Wertebereiche der einstelligen, berechenbaren und totalen Funktionen aufzählbar sind, sondern daß dies auch für mehrstellige Funktionen gilt (siehe Aufgabe 2.46). Wir zeigen das hier für zweistellige Funktionen.

Lemma 2.41 *Der Wertebereich einer jeden zweistelligen, berechenbaren und totalen Funktion ist aufzählbar.*

Beweis. Sei $f : \mathbb{N}^2 \to \mathbb{N}$ berechenbar und total. Wir nutzen die Tatsache, daß es für jede Zahl $x \in \mathbb{N}$ ein eindeutig bestimmtes Paar $(y, z) \in \mathbb{N}^2$ gibt mit $x = 2^y \cdot (2z + 1) - 1$ (Aufgabe 2.44). Wir setzten nun $\mathrm{l}(x) =_{\mathrm{def}} y$ und $\mathrm{r}(x) =_{\mathrm{def}} z$, und definieren $f'(x) =_{\mathrm{def}} f(\mathrm{l}(x), \mathrm{r}(x))$. Offenbar gilt

$$
\begin{aligned}
u \in W_f &\iff \exists (y, z)(f(y, z) = u) \\
&\iff \exists x(f(\mathrm{l}(x), \mathrm{r}(x)) = u) \\
&\iff \exists x(f'(x) = u) \\
&\iff u \in W_{f'}.
\end{aligned}
$$

Da die Funktionen f, l und r berechenbar und total sind, trifft das auch auf f' zu. Wegen der Einstelligkeit von f' ist damit $W_{f'} = W_f$ aufzählbar. $\square$

Beispiel 2.42 Im Beispiel 2.29 hatten wir mit Hilfe einer primitiv-rekursiven Funktion g durch

$$
h(x) =_{\mathrm{def}} \begin{cases} \mu t(g'(x, t) = 0), & \text{falls es ein solches } t \text{ gibt} \\ \text{nicht definiert sonst} \end{cases}
$$

eine berechenbare Funktion h definiert, und wir hatten die Vermutung wiedergegeben, daß die Menge $\mathrm{U} = D_h$ die Menge aller natürlichen Zahlen ist. Es ist noch nicht einmal bekannt, ob U entscheidbar ist; aber es ist leicht einzusehen, daß U aufzählbar ist. Die durch

$$
f(x, t) =_{\mathrm{def}} \begin{cases} x, & \text{falls } g'(x, t) = 0 \\ 1 & \text{sonst} \end{cases}
$$

definierte Funktion f ist berechenbar und total, und wegen $1 \in U$ gilt $W_f = D_h = \mathrm{U}$. Nach Lemma 2.41 ist dann U aufzählbar. $\square$

Der folgende Satz zeigt, daß sowohl die Wertebereiche als auch die Definitionsbereiche von einstelligen, berechenbaren Funktionen genau die aufzählbaren Mengen definieren.

Satz 2.43 *Für eine Menge $A \subseteq \mathbb{N}$ sind folgende Aussagen äquivalent:*

(1) A ist aufzählbar.

(2) A ist Wertebereich einer einstelligen, berechenbaren Funktion.

(3) A ist Definitionsbereich einer einstelligen, berechenbaren Funktion.

Beweis. Sei φ eine einstellige, berechenbare Funktion. Sind D_φ und W_φ leer, so sind sie aufzählbar. Ansonsten gibt es ein $a_0 \in D_\varphi$. Es sei M eine Turingmaschine, die φ berechnet. Wir definieren

$$f(x,t) \ =_{\text{def}} \ \begin{cases} x, & \text{falls } M \text{ bei Eingabe } x \text{ nach } t \text{ Takten anhält} \\ a_0 & \text{sonst} \end{cases}$$

$$g(x,t) \ =_{\text{def}} \ \begin{cases} \varphi(x), & \text{falls } M \text{ bei Eingabe } x \text{ nach } t \text{ Takten anhält} \\ \varphi(a_0) & \text{sonst} \end{cases}$$

Offensichtlich sind f und g berechenbare, totale Funktionen, und es gilt $D_\varphi = W_f$ und $W_\varphi = W_g$. Nach Lemma 2.41 sind D_φ und W_φ aufzählbar.

Damit ist gezeigt, daß (1) sowohl aus (2) als auch aus (3) folgt. Da (1) ein Spezialfall von (2) ist, folgt (2) aus (1). Somit bleibt noch zu zeigen, daß (3) aus (1) folgt.

Die leere Menge ist Definitionsbereich der einstelligen, nirgends definierten Funktion ν^1, von der wir in Beispiel 2.30 gezeigt haben, daß sie berechenbar ist. Ist A nicht leer, so gibt es eine einstellige, totale und berechenbare Funktion f mit $A = W_f$. Wir definieren die Funktion φ durch

$$\varphi(x) \ =_{\text{def}} \ \mu y(f(y) = x).$$

Offensichtlich ist φ berechenbar, und es gilt $D_\varphi = W_f = A$. $\square$

Mit dem nun erreichten Wissen ist es leicht, die folgenden wichtigen Abschlußeigenschaften der Klasse der aufzählbaren Mengen zu beweisen.

Satz 2.44

1. *Die Vereinigung und der Durchschnitt aufzählbarer Mengen sind aufzählbar.*

2. *Ist A aufzählbar und ist φ eine berechenbare Funktion, so sind $\varphi(A) =_{\text{def}} \{\varphi(x) : x \in A\}$ und $\varphi^{-1}(A) =_{\text{def}} \{x : \varphi(x) \in A\}$ aufzählbar.*

Beweis. Siehe Aufgabe 2.52. $\square$

Die beiden nächsten Sätze bringen weitere interessante Beziehungen zwischen aufzählbaren und entscheidbaren Mengen. Eine totale Funktion $f \colon \mathbb{N} \to \mathbb{N}$ heißt streng monoton wachsend, falls aus $x < y$ stets $f(x) < f(y)$ folgt.

Satz 2.45 *Eine Menge $A \subseteq \mathbb{N}$ ist genau dann entscheidbar, wenn sie endlich oder der Wertebereich einer einstelligen, streng monoton wachsenden, berechenbaren und totalen Funktion f ist.*

Beweis. 1. Es sei A entscheidbar, d. h. c_A ist berechenbar. Ist A endlich, so ist die Aussage des Satzes erfüllt. Ist A unendlich, so definieren wir

$$f(x) =_{\text{def}} \text{das } x\text{-te } z \text{ mit } c_A(z) = 1.$$

Offensichtlich ist die Funktion f streng monoton wachsend, berechenbar und total, und es gilt $W_f = A$.

2. Ist A endlich, so ist A nach Satz 2.38.1 entscheidbar. Ist A unendlich, so gibt es eine einstellige, streng monoton wachsende, berechenbare und totale Funktion f mit $W_f = A$. Dann kann A durch folgenden Algorithmus entschieden werden: Ist der erste Wert in der Folge $f(0) < f(1) < f(2) < f(3) < \dots$, der nicht kleiner als x ist, sogar gleich x, so gilt $x \in A$; ansonsten gilt $x \notin A$.
$$\qquad\qquad\qquad\qquad\qquad\qquad\qquad\qquad\qquad\qquad\qquad\square$$

Für eine Menge $B \subseteq \mathbb{N} \times \mathbb{N}$ definieren wir die *Projektion* von B als

$$\mathrm{Pr}(B) =_{\text{def}} \{x \colon \exists y((x,y) \in B)\}.$$

Satz 2.46 *Eine Menge ist genau dann aufzählbar, wenn sie die Projektion einer entscheidbaren Menge ist.*

Beweis. 1. Es sei A aufzählbar. Dann existiert nach Folgerung 2.43 eine einstellige, berechenbare Funktion φ mit $A = D_\varphi$. Es sei M eine Turingmaschine, die φ berechnet. Offensichtlich ist die Menge

$$B =_{\text{def}} \{(x,t) \colon M \text{ hält bei Eingabe } x \text{ nach } t \text{ Schritten}\}$$

entscheidbar, und wir erhalten folgende Äquivalenzkette:

$$
\begin{aligned}
x \in A \;&\Longleftrightarrow\; x \in D_\varphi \\
&\Longleftrightarrow\; M \text{ hält bei Eingabe } x \\
&\Longleftrightarrow\; \exists t(M \text{ hält bei Eingabe } x \text{ nach } t \text{ Schritten}) \\
&\Longleftrightarrow\; \exists t((x,t) \in B) \\
&\Longleftrightarrow\; x \in \mathrm{Pr}(B).
\end{aligned}
$$

2. Es sei B entscheidbar und $A = \mathrm{Pr}(B)$. Die durch $\varphi(x) =_{\text{def}} \mu y((x,y) \in B)$ definierte Funktion φ ist berechenbar, und es gilt die Äquivalenzkette:

$$x \in D_\varphi \;\Longleftrightarrow\; \exists y((x,y) \in B) \;\Longleftrightarrow\; x \in \mathrm{Pr}(B) \;\Longleftrightarrow\; x \in A.$$

Also ist A aufzählbar. $\qquad\qquad\qquad\qquad\qquad\qquad\qquad\qquad\qquad\square$

2.7.2 Das Halteproblem

Noch wissen wir nicht, ob es überhaupt Mengen gibt, die zwar aufzählbar, aber nicht entscheidbar sind. Diese Frage wollen wir jetzt beantworten. Dazu betrachten wir eine Codierung der RAM durch natürliche Zahlen. Zunächst codieren wir einzelne RAM-Befehle durch Wörter über dem Alphabet $\{\mathrm{R},\mathrm{G},\oplus,\leftarrow,+,-,=,\neq\}$:

der Befehl	wird codiert durch
$\mathrm{R}i \leftarrow \mathrm{R}j$	$\mathrm{R}\underbrace{\oplus\oplus\cdots\oplus}_{i+1} \leftarrow \mathrm{R}\underbrace{\oplus\oplus\cdots\oplus}_{j+1}$
$\mathrm{R}i \leftarrow \mathrm{RR}j$	$\mathrm{R}\underbrace{\oplus\oplus\cdots\oplus}_{i+1} \leftarrow \mathrm{RR}\underbrace{\oplus\oplus\cdots\oplus}_{j+1}$
$\mathrm{RR}i \leftarrow \mathrm{R}j$	$\mathrm{RR}\underbrace{\oplus\oplus\cdots\oplus}_{i+1} \leftarrow \mathrm{R}\underbrace{\oplus\oplus\cdots\oplus}_{j+1}$
$\mathrm{R}i \leftarrow k$	$\mathrm{R}\underbrace{\oplus\oplus\cdots\oplus}_{i+1} \leftarrow \underbrace{\oplus\oplus\cdots\oplus}_{k+1}$
$\mathrm{R}i \leftarrow \mathrm{R}j + \mathrm{R}k$	$\mathrm{R}\underbrace{\oplus\oplus\cdots\oplus}_{i+1} \leftarrow \mathrm{R}\underbrace{\oplus\oplus\cdots\oplus}_{j+1} + \mathrm{R}\underbrace{\oplus\oplus\cdots\oplus}_{k+1}$
$\mathrm{R}i \leftarrow \mathrm{R}j - \mathrm{R}k$	$\mathrm{R}\underbrace{\oplus\oplus\cdots\oplus}_{i+1} \leftarrow \mathrm{R}\underbrace{\oplus\oplus\cdots\oplus}_{j+1} - \mathrm{R}\underbrace{\oplus\oplus\cdots\oplus}_{k+1}$
$\mathtt{GOTO}\ k$	$\mathrm{G}\underbrace{\oplus\oplus\cdots\oplus}_{k+1}$
$\mathtt{IF}\ \mathrm{R}i = 0\ \mathtt{GOTO}\ k$	$\mathrm{R}\underbrace{\oplus\oplus\cdots\oplus}_{i+1} = \mathrm{G}\underbrace{\oplus\oplus\cdots\oplus}_{k+1}$
$\mathtt{IF}\ \mathrm{R}i \neq 0\ \mathtt{GOTO}\ k$	$\mathrm{R}\underbrace{\oplus\oplus\cdots\oplus}_{i+1} \neq \mathrm{G}\underbrace{\oplus\oplus\cdots\oplus}_{k+1}$
$\mathtt{STOP}$	GR

Die Symbole R, G, $\oplus$, $\leftarrow$, $+$, $-$, $=$ und $\neq$ codieren wir folgendermaßen über dem Alphabet $\{1,2\}$:

a	R	G	$\oplus$	$\leftarrow$	$+$	$-$	$=$	$\neq$
$c(a)$	111	112	121	122	211	212	221	222

Nun wird jeder Befehl $b = a_1 a_2 \ldots a_r$ durch $c(b) = c(a_1)c(a_2)\ldots c(a_r)$ und jede Maschine M mit den Befehlen $b_1, b_2, \ldots, b_s$ durch $c(M) = c(b_1)c(b_2)\ldots c(b_s)$ codiert. Wir definieren nun für jedes $i \in \mathbb{N}$ eine RAM M_i durch

$$M_i =_{\text{def}} \begin{cases} M, & \text{falls } \mathrm{dya}(i) = c(M) \text{ für eine RAM } M \text{ gilt} \\ M^\star, & \text{falls } \mathrm{dya}(i) \text{ nicht der Code einer RAM ist,} \end{cases}$$

wobei $M^\star$ die RAM mit dem einzigen Befehl $\mathtt{STOP}$ ist. Da $W_{\text{dya}} = \{1,2\}^\star$ gilt, kommt jede RAM in der Folge $M_0, M_1, M_2, \ldots$ vor. Diese Aufzählung aller RAM hat folgende Eigenschaften:

- Es gibt einen Algorithmus, der aus einer Nummer i die RAM M_i (d. h. ihr Programm) berechnet: Berechne dya(i); ist das der Code einer RAM, so ist M_i diese RAM, ansonsten ist $M_i = M^\star$.

- Es gibt einen Algorithmus, der aus einer RAM M eine Nummer i mit $M = M_i$ berechnet: Codiere gemäß obiger Tabellen das Programm von M und interpretiere das Ergebnis als dyadische Darstellung einer Zahl i.

Eine Aufzählung aller RAM, die diese beiden Eigenschaften besitzt, nennt man nach K. GÖDEL eine *Gödelisierung*. Ähnlich wie hier für die RAM kann man auch Gödelisierungen für Turingmaschinen und RIES-Programme konstruieren.

Nun können wir die Menge definieren, von der wir nachweisen, daß sie zwar aufzählbar, aber nicht entscheidbar ist. Die Menge

$$\mathrm{K}_0 =_{\mathrm{def}} \{x \colon M_x \text{ hält bei Eingabe } x\}$$

nennen wir das *spezielle Halteproblem*. Als das *allgemeine Halteproblem*, das wir aber hier nicht untersuchen wollen, bezeichnet man die Menge

$$\mathrm{K} =_{\mathrm{def}} \{(x,y) \colon M_x \text{ hält bei Eingabe } y\}.$$

Satz 2.47 *Das spezielle Halteproblem* K_0 *ist aufzählbar, aber nicht entscheidbar.*

Beweis. 1. Der Algorithmus, der bei Eingabe x zunächst das Programm M_x konstruiert und dann M_x auf Eingabe x simuliert, berechnet eine einstellige, berechenbare Funktion φ, für die offensichtlich $D_\varphi = \mathrm{K}_0$ gilt. Also ist K_0 aufzählbar.

2. Angenommen, K_0 sei entscheidbar. Dann ist $\overline{\mathrm{K}_0}$ aufzählbar, also $\overline{\mathrm{K}_0} = D_\varphi$ für eine geeignete berechenbare Funktion φ. Es sei M eine Maschine, die φ berechnet, und i sei eine natürliche Zahl mit $M = M_i$. Nun gilt folgende Äquivalenzkette:

$$
\begin{aligned}
i \in \overline{\mathrm{K}_0} \quad &\Longleftrightarrow \quad i \in D_\varphi \\
&\Longleftrightarrow \quad M \text{ hält bei Eingabe } i \\
&\Longleftrightarrow \quad M_i \text{ hält bei Eingabe } i \\
&\Longleftrightarrow \quad i \in \mathrm{K}_0
\end{aligned}
$$

Dies ist ein Widerspruch; also ist $\overline{\mathrm{K}_0}$ nicht aufzählbar, und nach Satz 2.40 ist K_0 nicht entscheidbar. $\qquad\Box$

Folgerung 2.48 *Die Klasse der aufzählbaren Mengen ist nicht abgeschlossen unter Komplementbildung, d. h. es gibt aufzählbare Mengen, deren Komplement nicht aufzählbar ist.*

Beweis. Das spezielle Halteproblem K_0 ist aufzählbar, sein Komplement ist es aber nicht. $\qquad\square$

Zum Schluß dieses Kapitels seien noch einige weitere Probleme genannt, die nicht entscheidbar sind.

Folgende Mengen sind nicht entscheidbar

- $\{i\colon M_i$ berechnet die Funktion $\varphi\}$ für jede Funktion $\varphi\colon \mathbb{N}^n \to \mathbb{N}$
- $\{(i,j)\colon M_i$ und M_j berechnen die gleiche Funktion$\}$
  (D. h., die Äquivalenz von Programmen ist nicht entscheidbar.)
- $\{i\colon M_i$ hält bei Eingabe $j\}$ für jedes $j \in \mathbb{N}$
- $\{i\colon M_i$ liefert bei mindestens einer Eingabe das Ergebnis $j\}$ für jedes $j \in \mathbb{N}$
- $\{p\colon p$ ist ein Polynom mit ganzzahligen Koeffizienten und
  es gibt ganze Zahlen $x_1,\ldots,x_n$ mit $p(x_1,\ldots,x_n) = 0\}$
  (Die Frage der Entscheidbarkeit dieses Problems war als *10. Hilbertsches Problem* lange Zeit ungelöst. Erst im Jahre 1970 wurde die Unentscheidbarkeit von J.V. MATIJASJEVIČ bewiesen.)

2.8 Aufgaben

2.1 Man gebe eine RAM an, die die durch

$$\mathrm{ggT}(x,y) =_{\mathrm{def}} \text{größter gemeinsamer Teiler von } x \text{ und } y$$

definierte Funktion ggT berechnet.

Hinweis: Man bilde die Folge von Zahlen $a_0, a_1, a_2, \ldots$ wie folgt:

$$
\begin{aligned}
a_0 &:= x \\
a_1 &:= y \\
&\ \vdots \\
a_{i+2} &:= \max(a_i, a_{i+1}) - \min(a_i, a_{i+1}).
\end{aligned}
$$

Das letzte von 0 verschiedene a_i ist gleich $\mathrm{ggT}(x,y)$.

2.2 Man konstruiere eine RAM, die die Summe aller Zahlen

$$\langle R10\rangle, \langle R11\rangle, \ldots, \langle R\langle R1\rangle + 10\rangle$$

berechnet und in das Register R0 bringt.

2.3 Welche einstellige Funktion wird durch das folgende RAM-Programm berechnet?

```
0  R2 ← 1
1  R1 ← R0
2  R0 ← 0
3  IF R1 = 0 GOTO 8
4  R1 ← R1 − R0
5  R0 ← R0 + R2
6  R1 ← R1 − R0
7  GOTO 3
```

2.4 Man gebe eine RAM an, die die durch

$$\mathrm{wurzel}(x) =_{\mathrm{def}} \text{ das größte } z \in \mathbb{N} \text{ mit } z^2 \leq x$$

definierte Funktion wurzel berechnet.

Hinweis: Man verwende, daß $\sum_{i=1}^{k} (2i − 1) = k^2$ für alle $k \geq 0$ gilt.

2.5 Man gebe eine RAM an, die die Funktion div berechnet.

2.6 Geben Sie eine (kommentierte) RAM an, die die Funktion f mit

$$f(x,y) =_{\mathrm{def}} \begin{cases} \mu z\left(z \geq \frac{x}{y}\right), & \text{falls } y > 0, \\ 0 & \text{sonst} \end{cases}$$

berechnet.

2.7 Man gebe eine RAM an, die die durch

$$\mathrm{par}(x) =_{\mathrm{def}} \begin{cases} 0, \text{ falls } x \text{ gerade} \\ 1 \text{ sonst} \end{cases}$$

definierte Funktion par berechnet.

2.8 Man gebe eine RAM mit maximal 5 Befehlen an, die eine einstellige Funktion mit möglichst großen Werten berechnet.

2.9 Jede RAM kann in eine äquivalente (d.h. die gleichen Funktionen berechnende) RAM umgeformt werden, die keinen Stoppbefehl verwendet.

2.10 Jede RAM kann in eine äquivalente (d.h. die gleichen Funktionen berechnende) RAM umgeformt werden, bei der der Stopp stets durch einen Stoppbefehl eintritt.

2.11 Jede RAM kann in eine äquivalente (d.h. die gleichen Funktionen berechnende) RAM umgeformt werden, die Befehle der Art „IF Ri > 0 GOTO m" nicht verwendet.

2.12 Jede RAM kann in eine äquivalente (d.h. die gleichen Funktionen berechnende) RAM umgeformt werden, die als arithmetische Befehle nur die Befehle der Art Ri ← Ri + 1 und Ri ← Ri − 1 verwendet.

2.13 Man zeige, daß die Funktion log (siehe Aufgabe 2.36) RIES-berechenbar ist.

2.14 Man gebe ein RIES-Programm an, das die durch

$$\text{prex}(x, y) =_{\text{def}} \text{ die größte Zahl } z, \text{ für die prim}(y)^z \text{ ein Teiler von } x \text{ ist}$$

definierte Funktion prex berechnet. Hinweis: Man verwende die im Beispiel 2.8 bereits deklarierten Funktionen.

2.15 Man zeige, daß die durch $\lg(x) =_{\text{def}} |\text{dya}(x)|$ und

$$\text{ziff}(x, i) =_{\text{def}} \begin{cases} i\text{-te Ziffer (von links) von dya}(x), \text{ falls } 1 \leq i \leq \lg(x) \\ 0 \text{ sonst} \end{cases}$$

definierten Funktionen lg und ziff RIES-berechenbar sind.

2.16 Es sei $c : \{0, 1\}^* \to \{1, 2\}^*$ diejenige Funktion, die jede 0 in eine 1 und jede 1 in eine 2 umwandelt; also $c(a_1 a_2 \ldots a_n) =_{\text{def}} (a_1 + 1)(a_2 + 1) \ldots (a_n + 1)$ für alle $n \geq 0$ und $a_1, a_2, \ldots, a_n \in \{0, 1\}$. Man gebe ein RIES-Programm an, das die Funktion $\text{dya}^{-1} \circ c \circ$ bin berechnet.

2.17 Man zeige durch Induktion über die Anzahl der Schleifendurchläufe, daß bei einer Berechnung mit dem RIES-Programm

```
function exp(x,y);
begin z := 1;  u := y;
   while (u ≠ 0) do
      begin u := (u − 1);  z := (z * x) end;
   exp := z
end
```

vor jedem Schleifendurchlauf die Beziehung $z \cdot x^u = x^y$ gilt, und daß das Programm mithin die Funktion exp berechnet.

2.18 Man zeige durch Induktion: Liest man ein RIES-Programm von links nach rechts und zählt dabei die Klammern, so ist die Anzahl der öffnenden Klammern „(" zu keinem Zeitpunkt kleiner als die Anzahl der schließenden Klammern „)". Insgesamt sind beide Anzahlen gleich. Gleiches gilt für den Vergleich der Vorkommen der Wörter „begin" und „end".

2.19 Man zeige, daß sich jede RIES-berechenbare Funktion durch ein RIES-Programm berechnen läßt, das keine Felder verwendet.

Hinweis: Ein Feld $a[\,]$, bei dem nur endlich viele Feldelemente einen Wert größer als 0 besitzen, kann (wegen der Eindeutigkeit der Primzahlzerlegung) in eineindeutiger Weise durch die natürliche Zahl

$$2^{a[0]} \cdot 3^{a[1]} \cdot 5^{a[2]} \cdots \cdots \text{prim}(i)^{a[i]} \cdots$$

codiert werden. Man verwende, daß in den Aufgaben 2.14 und 2.17 für die Funktionen prex und exp bereits RIES-Programme angegeben wurden.

2.20 Man zeige, daß sich jede RIES-berechenbare Funktion durch ein RIES-Programm berechnen läßt, das weder `for`-Schleifen noch `while`-Schleifen besitzt.

Hinweis: Man muß die Schleifen durch Funktionsaufrufe „simulieren". Das Hauptproblem dabei ist die Tatsache, daß nach einem Funktionsaufruf nur *ein* Wert zurückgegeben wird, nach einem Schleifendurchlauf jedoch sich der Wert *mehrerer* Wertvariablen und Feldelemente verändert haben kann. Man muß also alle Wertvariablen und relevanten Feldelemente in einer Variablen codieren. Man verwende hier, daß das RIES-Programm ohne Beschränkung der Allgemeinheit keine Felder verwendet (Aufgabe 2.19).

2.21 Man wende den im Beweis von Satz 2.13 beschriebenen Compiler auf das erste im Beispiel 2.9 angegebene RIES-Programm für die Fibonaccifolge an, um ein äquivalentes MINI-RIES-Programm zu erzeugen.

2.22 Man gebe die (kommentierten) Befehlstabellen von Turingmaschinen an, die die Funktionen P, sum, md und trick berechnen, wobei wir für $x \in \mathbb{N}$ definieren:

$$P(x) \quad =_{\mathrm{def}} \quad x \doteq 1,$$
$$\mathrm{trick}(x) \quad =_{\mathrm{def}} \quad 2^{\lg(x)} + x.$$

2.23 Man gebe die (kommentierte) Befehlstabelle einer Turingmaschine an, die die Funktion $\mathrm{bin} \circ \mathrm{dya}^{-1} : \{1,2\}^* \to \{0,1\}^*$ berechnet.

2.24 Man beschreibe die Arbeitsweise einer Turingmaschine (im Stil des Beweises von Satz 2.19), die die Funktion $\mathrm{ad}_3 \circ \mathrm{dya}^{-1} : \{1,2\}^* \to \{1,2,3\}^*$ berechnet.

2.25 Wieviele k-Band-Turingmaschinen mit genau $r \geq 2$ Zuständen (inklusive Start- und Stopzustand) und genau $s \geq 2$ Bandsymbolen (inklusive Leersymbol $\square$) gibt es?

2.26 Man zeige: Jede Turing-berechenbare Funktion kann so durch eine Turingmaschine berechnet werden, daß in jedem Zeitpunkt ihrer Arbeit auf jedem Band nur ein Block von Nicht-$\square$-Symbolen steht und der Kopf sich dort befindet, d. h. jeder Bandinhalt hat die Form

$$\ldots \square\square\,\underbrace{\square a_1 a_2 \cdots a_m \square}_{\text{Kopfposition}}\,\square\square$$

mit $a_i \neq \square$ für $i = 1, 2, \ldots, m$.

2.27 Man gebe die (kommentierten) Befehlstabellen von 1-Band-Turingmaschinen an, die die Funktionen $f_1, f_2 : \{a,b\}^* \to \{a,b\}^*$, $f_3 : \{a,b,c\}^* \to \{a,b,c\}^*$ berechnen mit

$$f_1(x) \;=_{\text{def}}\; \begin{cases} a^n bbz, & \text{falls } x = a^n bz \text{ mit } n \geq 0 \text{ und } z \in \{a,b\}^* \\ x & \text{sonst (d. h. falls } x \text{ kein } b \text{ enthält)} \end{cases}$$

$$f_2(x) \;=_{\text{def}}\; \begin{cases} a^n z, & \text{falls } x = a^n bz \text{ mit } n \geq 0 \text{ und } z \in \{a,b\}^* \\ x & \text{sonst (d. h. falls } x \text{ kein } b \text{ enthält)} \end{cases}$$

$$f_3(x) \;=_{\text{def}}\; \begin{cases} a^n \beta a^m \alpha z, & \text{falls } \; x = a^n \alpha a^m \beta z \text{ mit } n \geq 0, \\ & \qquad \alpha, \beta \in \{b,c\} \text{ und } z \in \{a,b,c\}^* \\ x & \text{sonst (d. h. falls in } x \text{ höchstens ein von} \\ & \qquad a \text{ verschiedener Buchstabe vorkommt)} \end{cases}$$

Die Funktionen f_1, f_2 und f_3 entsprechen den Operationen „Einfügen eines Symbols mit Verschieben", „Löschen eines Symbols mit Verschieben" bzw. „Merken eines Symbols und entsprechende Änderung an anderer Stelle" (siehe Beweis von Satz 2.19).

2.28 Man beschreibe die Arbeitsweise zweier Turingmaschinen (im Stil des Beweises von Satz 2.19), die die Funktionen $g_1 : (\{a,b,c\}^*)^2 \to \{a,b,c\}^*$ und $g_2 : (\{a,b\}^*)^3 \to \{a,b\}^*$ berechnen mit

$$g_1(z,x) \;=_{\text{def}}\; \begin{cases} y, & \text{falls } \; x \in \{a,b\}^* \text{ und } z = ucxcycv \text{ mit} \\ & \qquad y \in \{a,b\}^*, u,v \in \{a,b,c\}^* \text{ und falls} \\ & \qquad cxc \text{ nicht weiter links in } z \text{ vorkommt} \\ \varepsilon & \text{sonst (d. h. falls } z \text{ nicht die Form } ucxcycv \text{ hat)} \end{cases}$$

$$g_2(z,x,y) \;=_{\text{def}}\; \begin{cases} uyv, & \text{falls } \; z = uxv \text{ mit } u,v \in \{a,b\}^* \text{ und falls} \\ & \qquad x \text{ nicht weiter links in } z \text{ vorkommt} \\ z, & \text{sonst (d. h. falls } x \text{ nicht in } z \text{ vorkommt)} \end{cases}$$

Die Funktionen g_1 und g_2 entsprechen den Operationen „Suchen eines Teilwortes und Kopieren des rechts davon stehenden Teilwortes" bzw. „Suchen eines Teilwortes und Ersetzen durch ein anderes Wort" (siehe Beweis von Satz 2.19).

2.29 Es sei $\mathrm{S}^n_{m,k}(x_1,\ldots,x_n) =_{\text{def}} x_m + k$ für $n \geq m \geq 1$ und $k \geq 0$. Man zeige durch Induktion

1. $\Gamma_{\text{ZV,LV,ID,FV,SUB}}(\{\mathrm{C}^0_0, \mathrm{S}\}) = \{\mathrm{S}^n_{m,k} : n \geq m \geq 1, k \geq 0\} \cup \{\mathrm{C}^n_k : n, k \geq 0\}$

2. $\Gamma_{\text{ZV,LV,ID,FV,SUB}}(\{\mathrm{S}\}) = \{\mathrm{S}^n_{m,k} : n \geq m \geq 1, k \geq 1\}$

3. $\Gamma_{\text{ZV,LV,ID,FV,SUB}}(\{\mathrm{C}^0_0\}) = \{\mathrm{C}^n_0 : n \geq 0\}$

2.30 Welches ist die Funktion $\mathrm{PR}(\mathrm{C}^0_0, \mathrm{ZV}(\mathrm{SUB}(\mathrm{sum}, \mathrm{SUB}(\mathrm{s}, \mathrm{ID}(\mathrm{sum})))))$?

2.31 Welches ist die Funktion $\mathrm{PR}(\mathrm{C}^1_0, \mathrm{SUB}(\mathrm{ID}(\mathrm{sum}), \mathrm{I}^2_2))$?

2.32 Die Menge $\{\mathrm{C}^0_0, \mathrm{S}\}$ der bei der Definition der primitiv-rekursiven Funktionen verwendeten Grundfunktionen ist minimal, d. h. bei Weglassen einer der Grundfunktionen können nicht mehr alle primitiv-rekursiven Funktionen erzeugt werden. Dies zeige man durch den Beweis der folgenden Aussagen (durch Induktion):

1. Für jede n-stellige ($n \geq 1$) Funktion $f \in \Gamma_{\mathrm{ZV,LV,ID,FV,SUB,PR}}(\{C_0^0\})$ gilt $f(x_1, \ldots, x_n) \leq \max\{x_1, \ldots, x_n\}$ für alle $x_1, \ldots, x_n \in \mathbb{N}$.

2. In $\Gamma_{\mathrm{ZV,LV,ID,FV,SUB,PR}}(\{S\})$ gibt es keine nullstelligen Funktionen.

2.33 Zeigen Sie, daß die durch

$$\mathrm{wurzel}(x) =_{\mathrm{def}} \text{ das größte } z \in \mathbb{N} \text{ mit } z^2 \leq x$$

definierte Funktion wurzel primitiv-rekursiv ist.

2.34 Die Funktionen min, geq und eq sind primitiv-rekursiv, wobei wir für $x, y \in \mathbb{N}$ definieren:

$$\mathrm{geq}(x,y) =_{\mathrm{def}} \begin{cases} 1, & \text{falls } x \geq y \\ 0 & \text{sonst} \end{cases} \quad \text{und} \quad \mathrm{eq}(x,y) =_{\mathrm{def}} \begin{cases} 1, & \text{falls } x = y \\ 0 & \text{sonst} \end{cases}$$

2.35 Ist $g : \mathbb{N}^{n+1} \to \mathbb{N}$ primitiv-rekursiv, so sind auch die durch

$$\begin{aligned} f_1(x_1, \ldots, x_n, y) &=_{\mathrm{def}} \#\{z : z \leq y \text{ und } g(x_1, \ldots, x_n, z) = 0\}, \\ f_2(x_1, \ldots, x_n, y) &=_{\mathrm{def}} \sum_{z=0}^{y} g(x_1, \ldots, x_n, z) \text{ und} \\ f_3(x_1, \ldots, x_n, y) &=_{\mathrm{def}} \prod_{z=0}^{y} g(x_1, \ldots, x_n, z) \end{aligned}$$

definierten Funktionen $f_1, f_2, f_3 : \mathbb{N}^{n+1} \to \mathbb{N}$ primitiv-rekursiv.

2.36 (Lemma 2.22) Die Funktion exp und die durch

$$\log(x,y) =_{\mathrm{def}} \begin{cases} \text{das größte } z \text{ mit } x^z \leq y, & \text{falls } x \geq 2, y \geq 1 \\ y & \text{sonst} \end{cases}$$

definierte Funktion log sind primitiv-rekursiv.

Hinweis: Für log verwende man (ähnlich wie für div im Beweis von Lemma 2.22) Aufgabe 2.35.

2.37 (Lemma 2.22) Die Funktionen mod, teil, pr_1, pr_2, prim und prex sind primitiv-rekursiv, wobei wir definieren

$$\mathrm{pr}_1(n) =_{\mathrm{def}} \begin{cases} 1, & \text{falls } n \text{ eine Primzahl ist} \\ 0 & \text{sonst} \end{cases}$$

$$\mathrm{pr}_2(n) =_{\mathrm{def}} \text{ Anzahl der Primzahlen, die nicht größer als } n \text{ sind.}$$

Hinweis: Man gehe in der angegebenen Reihenfolge vor. Für teil, pr_2 und prex verwende man Aufgabe 2.35.

2.38 (Lemma 2.23) Sind $g_0, g_1, \ldots, g_r, h : \mathbb{N}^n \to \mathbb{N}$ primitiv-rekursiv, so auch die durch

$$f(x) =_{\mathrm{def}} \begin{cases} g_0(x), & \text{falls } h(x) = 0 \\ g_1(x), & \text{falls } h(x) = 1 \\ \vdots & \\ g_{r-1}(x), & \text{falls } h(x) = r - 1 \\ g_r(x), & \text{falls } h(x) \geq r \end{cases}$$

für alle $x \in \mathbb{N}^n$ definierte Funktion $f : \mathbb{N}^n \to \mathbb{N}$.

2.39 (Satz 2.27) Eine Funktion ist genau dann primitiv-rekursiv, wenn sie von einem RIES-Programm ohne Funktionsaufrufe und ohne `while`-Schleifen berechnet werden kann.

2.40 In der Menge $\{C_0^0, S\}$ der bei der Definition der partiell-rekursiven Funktionen verwendeten Grundfunktionen ist minimal, d.h. bei Weglassen einer der Grundfunktionen können nicht mehr alle partiell-rekursiven Funktionen erzeugt werden. Dies zeige man durch den Beweis der folgenden Aussagen (durch Induktion):

1. $\Gamma_{\text{ZV,LV,ID,FV,SUB,PR,MIN}}(\{C_0^0\}) = \{C_0^n : n \geq 0\}$

2. Für jede Funktion $f \in \Gamma_{\text{ZV,LV,ID,FV,SUB,PR,MIN}}(\{S\})$ und alle natürliche Zahlen $x_1, \ldots, x_n$ gilt $f(x_1, \ldots, x_n) \neq 0$.

2.41 Sind $g : \mathbb{N}^{n+1} \to \mathbb{N}$ und $h : \mathbb{N}^n \to \mathbb{N}$ primitiv-rekursiv und gilt für die Funktion $f =_{\text{def}} \text{MIN}(g)$ stets $f(x_1, \ldots, x_n) \leq h(x_1, \ldots, x_n)$, so ist auch f primitiv-rekursiv.

2.42 Für ein Polynom p mit ganzzahligen Koeffizienten und einer Variablen definieren wir die Funktion $p_+ : \mathbb{N} \to \mathbb{N}$ mit

$$p_+(x) =_{\text{def}} \begin{cases} p(x), & \text{falls } p(x) \geq 0 \\ 0 & \text{sonst} \end{cases}$$

Man zeige, daß W_{p_+} entscheidbar ist.

2.43 Für beliebige $a \in \mathbb{N}$ ist der Wertebereich der durch $f_a(x) =_{\text{def}} x \dotdiv (2a \dotdiv x)$ definierten Funktion f_a entscheidbar.

2.44 1. Die durch $c(x,y) =_{\text{def}} 2^x \cdot (2y+1) - 1$ definierte Funktion $c : \mathbb{N}^2 \to \mathbb{N}$ ist eineindeutig, und es gilt $W_c = \mathbb{N}$. Dazu zeige man, daß sich jede Zahl z in genau einer Weise in der Form $z = 2^x \cdot (2y+1) - 1$ darstellen läßt.

2. Für die durch $l(2^x \cdot (2y+1) - 1) =_{\text{def}} x$ und $r(2^x \cdot (2y+1) - 1) =_{\text{def}} y$ definierten Umkehrfunktionen $l, r : \mathbb{N} \to \mathbb{N}$ von c gilt

$$c(l(z), r(z)) = z, \quad l(c(x,y)) = x \quad \text{und} \quad r(c(x,y)) = y$$

für alle $x, y, z \in \mathbb{N}$.

2.45 1. Wir definieren die Funktionen $c^1, c^2, c^3, c^4, \ldots$ induktiv wie folgt:

$$\begin{aligned} c^1(x_1) &=_{\text{def}} x_1 & \text{und} \\ c^n(x_1, \ldots, x_n) &=_{\text{def}} c(x_1, c^{n-1}(x_2, \ldots, x_n)) \quad (n > 1). \end{aligned}$$

Man zeige, daß für jedes $n \geq 1$ die Funktion $c^n : \mathbb{N}^n \to \mathbb{N}$ eineindeutig ist und daß $W_{c^n} = \mathbb{N}$ gilt.

2. Man zeige, daß für die durch

$$c_1^2(z) \;=_{\text{def}}\; l(z) \quad \text{und} \quad c_2^2(z) \;=_{\text{def}}\; r(z)$$
$$c_1^n(z) \;=_{\text{def}}\; l(z) \quad \text{und} \quad c_m^n(z) \;=_{\text{def}}\; c_{m-1}^{n-1}(r(z)) \quad (1 < m \leq n)$$

für $n \geq 2$ definierten Umkehrfunktionen $c_m^n : \mathbb{N} \to \mathbb{N}$ die folgenden Beziehungen gelten.

$$c^n(c_1^n(z), c_2^n(z), \ldots, c_n^n(z)) \;=\; z \quad \text{und}$$
$$c_m^n(c^n(x_1, \ldots, x_n)) \;=\; x_m \quad (1 \leq m \leq n).$$

3. Man zeige, daß die Funktionen c^n und c_m^n primitiv-rekursiv sind.

2.46 Man zeige, daß für jedes $n \geq 2$ folgende Aussagen für eine Menge $A \subseteq \mathbb{N}$ äquivalent sind:

(1) A ist aufzählbar

(2) A ist Wertebereich einer n-stelligen, totalen und berechenbaren Funktion oder $A = \emptyset$

(3) A ist Wertebereich einer n-stelligen, berechenbaren Funktion

2.47 Eine Funktion $\varphi : \mathbb{N}^n \to \mathbb{N}$ mit $n \geq 2$ läßt sich mit Hilfe der Funktion c^n und deren Umkehrfunktionen $c_1^n, \ldots, c_n^n$ durch die einstellige Funktion φ' mit $\varphi'(x) =_{\text{def}} \varphi(c_1^n(x), \ldots, c_n^n(x))$ codieren. Man zeige:

1. $\varphi(x_1, \ldots, x_n) = \varphi'(c^n(x_1, \ldots, x_n))$ für alle $x_1, \ldots, x_n \in \mathbb{N}$

2. φ berechenbar $\Longleftrightarrow$ φ' berechenbar

3. φ primitiv-rekursiv $\Longleftrightarrow$ φ' primitiv-rekursiv

Für den Beweis von Aussage 3 verwende man die Aufgabe 2.45.3.

2.48 Für eine Menge $A \subseteq \mathbb{N}^n$ mit $n \geq 2$ definiert man: A ist aufzählbar genau dann, wenn die Menge $c^n(A) =_{\text{def}} \{c^n(x_1, \ldots, x_n) : (x_1, \ldots, x_n) \in A\}$ aufzählbar ist. Man zeige, daß folgende Aussagen äquivalent sind:

(1) A ist aufzählbar.

(2) Es existiert eine berechenbare Funktion $f : \mathbb{N}^n \to \mathbb{N}$ mit $D_f = A$.

2.49 Gemäß Definition ist eine Funktion $\varphi : \mathbb{N}^n \to \mathbb{N}$ nichts anderes als die Menge $\varphi = \{(x_1, \ldots, x_n, \varphi(x_1, \ldots, x_n)) : (x_1, \ldots, x_n) \in D_\varphi\}$. Man zeige, daß die Funktion φ genau dann berechenbar ist, wenn sie als Menge aufzählbar ist.

2.50 Man zeige, daß jede unendliche aufzählbare Menge eine unendliche entscheidbare Teilmenge besitzt.

2.51 Man zeige, daß die folgenden Mengen aufzählbar sind:

1. $\{n : n \geq 3 \wedge \exists a \exists b \exists c(a, b, c \geq 1 \wedge a^n + b^n = c^n)\}$

2. $\{n : n \in \mathbb{N} \wedge \exists p \exists q(p, q \text{ Primzahlen} \wedge n = p - q)\}$

3. $\{p : p \text{ Polynom mit ganzzahligen Koeffizienten und mehreren Variablen und es existieren } x_1 \ldots, x_n \in \mathbb{N} \text{ mit } p(x_1 \ldots, x_n) = 0 \}$

4. $\{i : i \in \mathbb{N} \wedge M_i \text{ hält bei Eingabe } 17\}$

5. $\{i : i \in \mathbb{N} \wedge M_i \text{ liefert bei mindestens einer Eingabe das Resultat } 5\}$

6. $\{i : i \in \mathbb{N} \wedge M_i \text{ berechnet nicht } \nu^1\}$

7. $\{i : i \in \mathbb{N} \wedge M_i \text{ hält auf mindestens 3 Eingaben aus } \mathbb{N}\}$

2.52 (Satz 2.44)

1. Sind A und B aufzählbar, so sind $A \cup B$ und $A \cap B$ aufzählbar. Hinweis: Man verwende Folgerung 2.43.

2. Ist A aufzählbar und ist φ eine berechenbare Funktion, so sind $\varphi(A) =_{\mathrm{def}} \{\varphi(x) : x \in A\}$ und $\varphi^{-1}(A) =_{\mathrm{def}} \{x : \varphi(x) \in A\}$ aufzählbar.

2.53 Man zeige, daß das allgemeine Halteproblem K aufzählbar, aber nicht entscheidbar ist.
Hinweis: Man verwende, daß das spezielle Halteproblem K_0 nicht entscheidbar ist.

2.54 Wir gehen von unserer Gödelisierung der RAM aus und definieren

$$\varphi_i =_{\mathrm{def}} \text{ die von } M_i \text{ berechnete einstellige Funktion}$$

für $i \in \mathbb{N}$. Man zeige, daß die durch $\mathrm{u}(i, x) =_{\mathrm{def}} \varphi_i(x)$ definierte *universelle Funktion* $\mathrm{u} : \mathbb{N}^2 \to \mathbb{N}$ berechenbar ist.

2.55 Es zeigt sich, daß man effektiv ausführbare Operationen mit berechenbaren Funktionen auch „mit ihren Nummern berechnen" kann. Als Beispiel zeige man, daß es zweistellige, berechenbare und totale Funktionen r, s und t gibt mit

$$\begin{aligned}
\varphi_{r(i,j)} &= \varphi_i \circ \varphi_j, \\
\varphi_{s(i,j)} &= \varphi_i + \varphi_j \text{ und} \\
\varphi_{t(i,j)} &= \varphi_i \cdot \varphi_j.
\end{aligned}$$

wobei wir $(\varphi_i + \varphi_j)(x) =_{\mathrm{def}} \varphi_i(x) + \varphi_j(x)$ und $(\varphi_i \cdot \varphi_j)(x) =_{\mathrm{def}} \varphi_i(x) \cdot \varphi_j(x)$ für alle $x \in \mathbb{N}$ definieren.

2.56 Nach Satz 2.46 läßt sich jede aufzählbare Menge A durch eine geeignete entscheidbare Menge B in der Form $A = \{x : \exists y((x, y) \in B)\}$ darstellen.

1. Man forme die Definition des speziellen Halteproblems zu einer solchen Darstellung um.

2. Man stelle die Menge $\{i : i \in \mathbb{N} \text{ und } \varphi_i \text{ ist total}\}$ in einer solchen Form dar, wobei auch die Verwendung mehrerer *Quantoren* $\exists$ und $\forall$ erlaubt ist.

3

Komplexität

Im Kapitel 2 haben wir uns überlegt, welche Funktionen überhaupt berechenbar sind bzw. welche Probleme überhaupt algorithmisch lösbar sind. In diesem Abschnitt geht es uns um die Effizienz bei der Berechnung von Funktionen bzw. bei der Entscheidung von Problemen. „Effizienz" bezieht sich hier stets auf die zugrundeliegenden Algorithmen und kann Laufzeit, Speicherplatzbedarf oder eine andere Ressource bedeuten. Ein Algorithmus, der effizient bezüglich seines Laufzeitverhaltens ist, muß nicht auch effizient bezüglich seines Speicherplatzbedarfes sein und umgekehrt. Wir werden uns hier vorrangig mit der Laufzeit, aber auch mit dem Speicherplatzbedarf von Algorithmen befassen.

3.1 Die Laufzeit von Algorithmen

Einem Algorithmus M, der eine totale Funktion $f\colon (\Sigma^*)^m \to \Sigma^*$ berechnet, wollen wir eine *Laufzeitfunktion* $t_M\colon (\Sigma^*)^m \to \mathbb{N}$ zuordnen, die informell wie folgt definiert sein soll:

$$t_M(x_1, \ldots, x_m) =_{\text{def}} \text{„Rechenzeit" von } M \text{ bei Eingabe } (x_1, \ldots, x_m).$$

Was „Rechenzeit" im einzelnen bedeutet, muß für jedes Algorithmenmodell speziell definiert werden. Wir werden dies für Turingmaschinen, Random-Access-Maschinen und für RIES tun. Nehmen wir zunächst einmal an, wir hätten durch die Präzisierung von „Rechenzeit" die Laufzeitfunktion t_M für einen Algorithmus bereits exakt festgelegt. Wir betrachten nun Berechnungen, bei denen die Laufzeitfunktion durch eine gegebene Funktion in der Länge der Eingabe beschränkt ist.

Definition 3.1 *Es sei* $t\colon \mathbb{N} \to \mathbb{N}$ *eine totale Funktion.*

- *Ein Algorithmus M berechnet eine totale Funktion* $f\colon (\Sigma^*)^m \to \Sigma^*$ *in der Zeit t, falls gilt*

- *M berechnet die Funktion f*

- *Es gilt $t_M(x_1, \ldots, x_m) \leq t(|x_1| + \cdots + |x_m|)$ für alle $x_1, \ldots, x_m \in \Sigma^*$, d. h. die Laufzeit wird auf die* Eingabelänge $n = |x_1| + \cdots + |x_m|$ *bezogen. Wir werden die Eingabelänge stets mit n bezeichnen.*

- *Ein Algorithmus M berechnet eine totale Funktion f in der Zeit $O(t)$, falls es eine Konstante $c > 0$ so gibt, daß M die Funktion f in der Zeit $c \cdot t(n) + c$ berechnet.*

- *Ein Algorithmus M entscheidet eine Menge A in der Zeit t (in der Zeit $O(t)$), falls er die charakteristische Funktion c_A von A in der Zeit t (in der Zeit $O(t)$) berechnet.*

Wegen der Korrespondenz zwischen Wörtern und natürlichen Zahlen gelten die Festlegungen dieser Definition natürlich auch für totale Funktionen $f : \mathbb{N}^m \to \mathbb{N}$, wobei wir $|x| =_{\mathrm{def}} |\mathrm{dya}(x)|$ für $x \in \mathbb{N}$ definieren. Durch eine einfache Induktion zeigt man, daß zwischen $x \in \mathbb{N}$ und $|x|$ die Beziehungen

$$2^{|x|} - 1 \leq x \leq 2^{|x|+1} - 2 \qquad \text{und} \qquad \log_2(x+1) - 1 \leq |x| \leq \log_2(x+1)$$

bestehen (siehe Aufgabe 1.2). Wir werden dies häufig für Abschätzungen der Rechenzeit verwenden.

Nun zur konkreten Festlegung der Laufzeitfunktionen. Bei einer *Turingmaschine* oder *RAM M* liegt folgende Definition nahe:

$$t_M(x_1, \ldots, x_m) =_{\mathrm{def}} \quad \text{Anzahl der Schritte, die } M \text{ bei Eingabe von} \\ (x_1, \ldots, x_m) \text{ bis zum Stop benötigt.}$$

Beispiel 3.2 Die Turingmaschine M, die wir in Beispiel 2.15 für die Entscheidung der Menge

$$\mathrm{PAL} =_{\mathrm{def}} \{w : w \in \{a, b\}^* \wedge w = w^R\}$$

der Palindrome oder symmetrischen Wörter konstruiert haben, führt auf einer symmetrischen Eingabe die folgenden Kopfbewegungen aus:

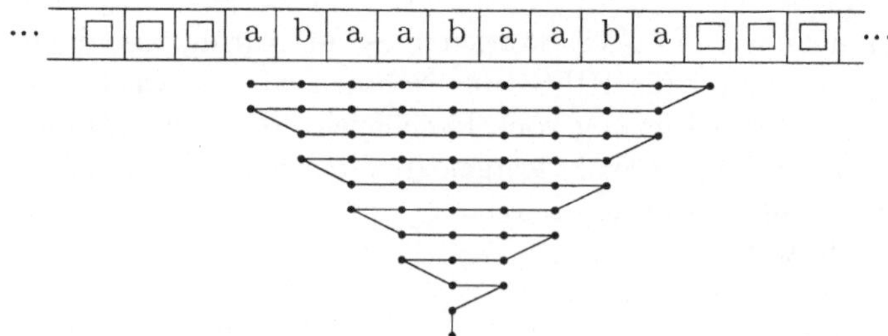

Allgemein gilt also für symmetrische Wörter $w \in \{a, b\}^*$

$$t_M(w) = \sum_{i=1}^{|w|+1} i = \frac{1}{2}(|w|+1)(|w|+2) = \frac{1}{2}|w|^2 + \frac{3}{2}|w| + 1.$$

Für nichtsymmetrische Wörter durchläuft der Kopf von M den oben darge-stellten Weg nicht vollständig. Es gilt also für alle Wörter $w \in \{a,b\}^*$ die Ungleichung

$$t_M(w) \le \frac{1}{2}|w|^2 + \frac{3}{2}|w| + 1 = \frac{1}{2}n^2 + \frac{3}{2}n + 1 \le 2n^2 + 2,$$

wobei mit n hier, wie auch in allen anderen Fällen, die Länge der Eingabe bezeichnet sei. Die Turingmaschine M entscheidet also die Menge der sym-metrischen Wörter in der Zeit $O(n^2)$. $\square$

Beispiel 3.3 Für die Multiplikation hatten wir im Beispiel 2.1 die folgende RAM M konstruiert:

```
0   R3 ← 1
1   IF R1 = 0 GOTO 5  ⎤
2   R2 ← R2 + R0      ⎥
3   R1 ← R1 − R3      ⎥  Schleife
4   GOTO 1            ⎦
5   R0 ← R2
6   STOP
```

Zur Bestimmung der Laufzeit einer RAM ist es wichtig, die Schleifenstruktur des Programmes zu erkennen und zu analysieren, wie oft die Schleifen durch-laufen werden. Im vorliegenden Programm wird die aus 4 Befehlen bestehende Schleife genau y-mal durchlaufen, wenn zu Beginn der Arbeit $\langle R1 \rangle = y$ gilt. Zusätzlich gibt es noch 4 weitere Schritte. Also gilt

$$t_M(x,y) = 4y + 4 < 4 \cdot 2^{|y|+1} \le 8 \cdot 2^{|x|+|y|} = 8 \cdot 2^n + 8.$$

Die RAM M berechnet also die Funktion prod in der Zeit $O(2^n)$. $\square$

Beispiel 3.4 Eine Laufzeitanalyse der im Beispiel 2.2 angegebenen RAM M, die die Exponentialfunktion $\exp(x,y) = x^y$ berechnet, ergibt: Es gibt eine äußere Schleife (Befehle 2–15) und 4 weitere Befehle. Die äußere Schleife wird $\langle R1 \rangle$-mal durchlaufen mit $\langle R1 \rangle = y$. Sie beeinhaltet eine innere Schleife (Befehle 8–11) und 11 weitere Befehle. Die innere Schleife wird $\langle R5 \rangle$-mal durchlaufen mit $\langle R5 \rangle = x$. Also gilt

$$\begin{aligned}
t_M(x,y) &= y \cdot (4x+11) + 4 \le 2^{|y|+1} \cdot (4 \cdot 2^{|x|+1} + 11) + 4 \\
&\le 2^{|y|+1} \cdot (15 \cdot 2^{|x|+1}) + 4 \le 15 \cdot 2^{|x|+|y|+2} + 4 \\
&\le 60 \cdot 2^{|x|+|y|} + 4 \le 60 \cdot 2^n + 60
\end{aligned}$$

d. h. auch die Exponentialfunktion wird auf diese Weise in der Zeit $O(2^n)$ berechnet. $\square$

Etwas schwieriger verhält es sich mit den Laufzeitfunktionen für RIES-Programme, da hier keine elementaren Rechenschritte vorgegeben sind. Wir legen fest, daß bei der Ausführung eines RIES-Programmes (einschließlich der Ausführung der aufgerufenen „Unterprogramme") als ein elementarer Rechenschritt zählen:

- die Ausführung einer arithmetischen Operation $+, -$
- die Ausführung eines Vergleiches $\leq, <, \geq, >, =, \neq$
- die Ausführung einer logischen Operation not, and, or
- eine Wertzuweisung := (wobei bei einem jeden Durchlauf einer for-Schleife die Erhöhung der „Schleifenvariablen" als eine Wertzuweisung gerechnet wird).

Die arithmetischen Operationen $*$ und : gelten als aufwendiger. Bei der Multiplikation liegt das daran, daß bei ihrer Ausführung die Länge der Zahlen viel stärker wächst als bei der Addition. Zum Beispiel entsteht bei der Ausführung der Anweisung x := (x $*$ x) die Länge der Zahl $I(\mathrm{x})$ etwa verdoppelt, während bei der Ausführung der Anweisung x := (x $+$ x) die Länge der Zahl $I(\mathrm{x})$ um maximal 1 vergrößert wird. Für die Ausführung der Multiplikation und der Division mit den Zahlen x und y zählen wir deshalb nicht einen, sondern $|x| + |y|$ elementare Rechenschritte. Daß dies eine angemessene Wichtung dieser Operationen ist, wird auch durch das nachfolgende Beispiel (Programm P_3) und die Aufgabe 3.2 deutlich.

Beispiel 3.5 Wir betrachten verschiedene Programme für die Multiplikation, d. h. für die Berechnung der Funktion prod.

Das Programm P_1 verwendet die spracheigene Operation $*$:

```
function prod(x,y); prod := (x * y)
```

Für die Laufzeit dieses Programmes gilt

$$t_{P_1}(x,y) = |x| + |y| + 1 = n + 1,$$

d. h. P_1 berechnet die Multiplikation in der Zeit $O(n)$.

Das folgende RIES-Programm P_2 für die Multiplikation verwendet die Operation $*$ nicht und ist dem im Beispiel 3.3 betrachteten RAM-Programm ähnlich.

```
function prod(x,y);
begin
    while (y > 0) do
       begin
          z := (z + x);
          y := (y - 1)
       end;
    prod := z
end
```

Die Schleife wird genau y-mal durchlaufen, wobei jeweils $>, +, :=, -, :=$ in dieser Reihenfolge ausgeführt werden. Schließlich werden noch $>$ und $:=$ ausgeführt. Es gilt also

$$t_{P_2}(x, y) = 5y + 2 < 5 \cdot 2^{|y|+1} \leq 10 \cdot 2^{|x|+|y|} = 10 \cdot 2^n.$$

Erwartungsgemäß ist die Laufzeit von P_2 mit $O(2^n)$ ähnlich wie beim RAM-Programm im Beispiel 3.3.

Diese Laufzeit ist jedoch im Vergleich mit der „Schulmethode", wo für die Multiplikation zweier Binärzahlen x und y nicht mehr als $|y|$ Additionen verwendet werden, sehr hoch. Unser drittes Programm P_3 lehnt sich an die Schulmethode an, wozu die Binärdarstellung $\mathrm{bin}(y) = a_m a_{m-1} \ldots a_1 a_0$ von y in Form der Ziffern $a_0, a_1, \ldots, a_m \in \{0, 1\}$ verwendet wird. Wegen der Beziehung $y = \sum_{i=0}^m a_i \cdot 2^i$ können wir dann $x \cdot y = \sum_{i=0}^m a_i \cdot (x \cdot 2^i)$ rechnen. Dazu erzeugen wir in der ersten while-Schleife in einem Feld A alle relevanten $A[i] = 2^i$ und in einem Feld B die dazugehörigen $B[i] = x \cdot 2^i$. In der zweiten while-Schleife werden durch den Test ($A[i] \leq y$) festgestellt, ob $a_i = 1$ gilt, und in diesem Falle $x \cdot 2^i$ zum Resultat addiert.

```
begin
    A[0] := 1;
    B[0] := x;
    while (A[i] ≤ y) do
        begin
            A[(i+1)] := (A[i]+A[i]);
            B[(i+1)] := (B[i]+B[i]);
            i := (i+1)
        end;
    while (i > 0) do
        begin
            i := (i-1);
            if (A[i] ≤ y) then
                begin
                    y := (y-A[i]);
                    z := (z+B[i])
                end
        end;
    prod := z
end
```

Die erste Schleife wird höchstens $(|y| + 1)$-mal ausgeführt und beinhaltet 9 elementare Rechenschritte. Die zweite Schleife wird genausooft ausgeführt und beinhaltet 8 elementare Rechenschritte. Dazu kommen noch 5 einzelne Schritte. Also gilt:

$$t_{P_3}(x, y) \leq 17|y| + 5 \leq 17(|x| + |y|) + 5 = 17n + 5,$$

d. h. das Programm P_3 berechnet die Multiplikation in der Zeit $O(n)$. $\qquad\square$

3.2 Die Klasse P

3.2.1 Polynomialzeit ist vom Maschinentyp unabhängig

In den Kapiteln 2 und 3 wurde die Äquivalenz verschiedener Berechenbarkeitsbegriffe nachgewiesen, d. h. es wurde gezeigt, wie sich ein beliebiger Algorithmus des einen Typs durch einen geeigneten Algorithmus eines anderen Typs simulieren läßt. Wir interessieren uns nun für die Effizienz dieser Simulationen. Wenn also ein Algorithmus des einen Typs mit einer Laufzeit t arbeitet, welche Laufzeit hat dann der ihn simulierende Algorithmus des anderen Typs?

Satz 3.6 *Wird eine Funktion von einem Algorithmus von Typ A in der Zeit t mit $t(n) \geq n$ berechnet, so kann sie auch von einem geeigneten Algorithmus von Typ B in der aus der folgenden Tabelle zu entnehmenden Zeit C berechnet werden.*

	A	B	C
1	RAM	RIES	$O(t)$
2	RIES	MINI-RIES	$O(t)$
3	MINI-RIES	RAM	$O(t)$
4	RAM	TM	$O(t^4)$
5	TM	1-TM	$O(t^2)$
6	1-TM	RIES	$O(t^2)$

Beweis. Zu 1. Folgt direkt aus der im Beweis von Satz 2.10 angegebenen Simulation.

Zu 2. Folgt aus den Eigenschaften des im Satz 2.13 angegebenen Compilers. Man überzeugt sich, daß das bei der Eliminierung der Funktionsaufrufe nötige Überspringen von Anfangs- oder Endstücken des Programmes jeweils nur konstant viele Schritte kostet. Bei der Eliminierung der Multiplikation $(x * y)$ und der Division $(x : y)$ wurden ineffiziente Programme mit Laufzeit $O(2^{|x|+|y|})$ verwendet. Diese ersetzen wir durch das im Beispiel 3.5 behandelte $O(n)$-Multiplikationsprogramm und ein ganz ähnliches Programm für die Division (siehe Aufgabe 3.2), die die Funktionen prod und div ohne Verwendung von $*$ und : in der Zeit $O(n)$ berechnen. Bei den anderen im Beweis von Satz 2.13 durchgeführten Eliminierungen von RIES-Konstrukten ist offensichtlich, daß aus einem Rechenschritt nur konstant viele Schritte des neuen Programmes werden.

Zu 3. Folgt direkt aus der im Beweis von Satz 2.12 angegebenen Simulation.

Zu 4. Folgt aus der im Beweis von Satz 2.19 angegebenen Simulation: Die größte Zahl in einem Register kann nur durch einen Additionsbefehl vergrößert, d. h. maximal verdoppelt werden. Damit wird die dyadische Darstellung dieser Zahl um höchstens eine Stelle verlängert. Also kann die Länge der dyadischen Darstellung eines Registerinhaltes in $t(n)$ Schritten maximal von n (Eingabelänge) auf $n+t(n)$ vergrößert werden. Das gilt wegen der Möglichkeit der indirekten Adressierung auch für die Länge der dyadischen Darstellung der Adresse eines verwendeten Registers. Da bei anfänglich k (Stellenzahl der berechneten Funktion) belegten Registern und maximal drei neuen Registern bei jedem ausgeführten Befehl in $t(n)$ Schritten höchstens $3t(n) + k$ Register verwendet werden, kann die Länge des bei einer Standard-Situation auf Band 1 Gespeicherten durch $2(n + t(n) + 1)(3t(n) + k) = O(t^2)$ beschränkt werden. Die bei der Simulation eines Schrittes der RAM auszuführenden Operationen der Suche nach einer Adresse und des Kopierens bzw. Einfügens eines Registerinhaltes auf Band 1 benötigen somit $O(t^3)$ Schritte. Die arithmetischen Operationen auf Band 2 und 3 kosten $O(t)$ Schritte. Die Simulation aller $t(n)$ Schritte der RAM wird also durch die Turingmaschine in der Zeit $O(t^4)$ ausgeführt. Für die Anfangsetappe und die Endetappe benötigt die Turingmaschine $O(n)$ bzw. $O(t^2)$ Schritte, wodurch die $O(t^4)$-Abschätzung nicht verändert wird.

Zu 5. Folgt aus der im Beweis von Lemma 2.18 angegebenen Simulation: Nach $t(n)$ Schritten kann sich der Inhalt eines jeden Bandes der simulierten Maschine um höchstens $t(n)$ Symbole vergrößert haben. Also kann die Länge des Bandinhaltes bei einer Standard-Situation der simulierenden 1-Turingmaschine nach $t(n)$ simulierten Schritten durch $O(t)$ beschränkt werden. Die bei der Simulation eines Schrittes nötigen Operationen werden durch die 1-Turingmaschine in der Zeit $O(t)$ ausgeführt. Folglich wird die Simulation aller $t(n)$ Schritte der Turingmaschine von der 1-Turingmaschine in der Zeit $O(t^2)$ ausgeführt. Für die Anfangsetappe und die Endetappe benötigt die 1-Band-Turingmaschine $O(n)$ bzw. $O(t)$ Schritte, wodurch die $O(t^2)$-Abschätzung nicht verändert wird.

Zu 6. Folgt aus der im Satz 2.20 angegebenen Simulation: Ein Schritt der 1-Turingmaschine wird durch konstant viele Schritte des RIES-Programms simuliert. In der Anfangsphase werden für die Eingabe $(x_1, \ldots, x_m)$ neben $O(n)$ anderen Schritten m-mal die Funktion lg und $O(n)$-mal die Funktion ziff aufgerufen; und zwar stets mit Eingaben der Länge $O(n)$. Da die Funktionen lg und ziff von geeigneten RIES-Programmen in der Zeit $O(n)$ berechnet werden können (siehe Aufgabe 3.8), ergibt sich eine Rechenzeit von $O(n^2)$ für die Anfangsphase. In der Endphase wird die `while`-Schleife sooft durchlaufen, wie es der Anzahl der beschriebenen Felder der Turingmaschine beim Stopp entspricht. Nach $t(n)$ Takten können das höchstens $O(t)$ Felder sein. In der Schleife gibt es neben $O(1)$ anderen Schritten die Operation $(2 * \text{ph})$, die jedoch durch das nur einen Schritt zählende $(\text{ph} + \text{ph})$ ersetzt werden kann. Die Endphase kann also in $O(t)$ Schritten ausgeführt werden. Das ergibt wegen $t(n) \geq n$ eine Gesamtrechenzeit von $O(t^2)$ Schritten. $\qquad\square$

Wir bemerken, daß die hier beschriebenen Simulationen RAM $\to$ TM und TM $\to$ RIES nicht besonders zeiteffizient sind; es sind Simulationen in der Zeit $O(t^3)$ bzw. $O(t)$ möglich.

Die Aussage dieses Satzes wird durch das folgende Diagramm veranschaulicht.

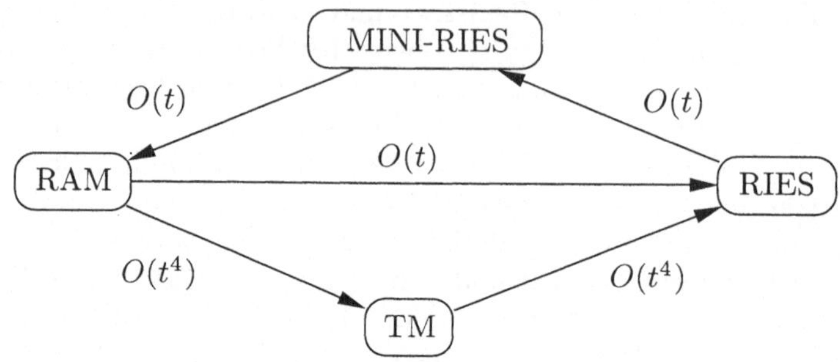

Folgerung 3.7 *Es sei* $t\colon \mathbb{N} \to \mathbb{N}$ *eine totale Funktion mit* $t(n) \geq n$. *Dann sind die folgenden Aussagen äquivalent für eine Funktion* f:

(1) Die Funktion f *kann von einer RAM in der Zeit* $O(t)$ *berechnet werden.*

(2) Die Funktion f *kann von einem RIES-Programm in der Zeit* $O(t)$ *berechnet werden.*

(3) Die Funktion f *kann von einem MINI-RIES-Programm in der Zeit* $O(t)$ *berechnet werden.*

Der von uns angegebene Compiler von der Programmiersprache RIES zur maschinennahen RAM-Sprache erzeugt also sehr effiziente RAM-Programme.

Aus Satz 3.6 läßt sich aber noch ein anderer interessanter Schluß ziehen. Dazu die folgende Definition.

Definition 3.8 *Ein Algorithmus* M *berechnet eine Funktion* f *in Polynomialzeit, wenn es ein Polynom* $p(n) = \sum_{i=0}^{m} a_i n^i$ *mit* $m, a_0, a_1, \ldots, a_m \in \mathbb{N}$ *gibt, so daß* f *von* M *in der Zeit* p *berechnet wird.*

Man sieht leicht, daß man in dieser Definition die Menge der Polynome auf solche der Form $n^k + k$ einschränken kann, wobei $k \in \mathbb{N}$ eine beliebige Konstante ist (siehe Aufgabe 3.13).

Aus Satz 3.6 erhalten wir das folgende Polynomialzeit-Analogon des Satzes 2.34.

Folgerung 3.9 *Die folgenden Aussagen sind äquivalent für eine Funktion* f:

(1) Die Funktion f *kann von einer RAM in Polynomialzeit berechnet werden.*

(2) Die Funktion f *kann von einem RIES-Programm in Polynomialzeit berechnet werden.*

(3) Die Funktion f kann von einem MINI-RIES-Programm in Polynomialzeit berechnet werden.

(4) Die Funktion f kann von einer Turingmaschine in Polynomialzeit berechnet werden.

(5) Die Funktion f kann von einer 1-Band-Turingmaschine in Polynomialzeit berechnet werden.

Analoges gilt für die Entscheidbarkeit von Mengen, da die Entscheidung einer Menge A nichts anderes als die Berechnung ihrer charakteristischen Funktion c_A ist.

Aus dieser Folgerung ergibt sich unmittelbar, daß die Klassen

$$\textbf{FP} =_{\text{def}} \{f\colon \text{ die Funktion } f \text{ ist in Polynomialzeit berechenbar}\}$$
$$\textbf{P} =_{\text{def}} \{A\colon \text{ die Menge } A \text{ ist in Polynomialzeit entscheidbar}\}$$

unabhängig von der Wahl des Berechnungsmodells sind. Das gilt auch für viele Berechnungsmodelle, die wir bisher noch nicht betrachtet haben. Wir werden von nun an zum Beispiel bei der Verwendung von RIES auch zulassen, daß mehrdimensionale Felder verwendet werden, Variablen und Feldelemente als Wert ein Wort über einem gegebenen Alphabet haben, Felder als Eingaben verwendet werden, und vieles andere mehr, ohne den durch Folgerung 3.9 gegebenen Rahmen zu verlassen.

Wir weisen darauf hin, daß wegen der Korrespondenz von Wörtern und natürlichen Zahlen die Klasse **FP** sowohl totale Funktionen $f\colon (\Sigma^*)^m \to \Sigma^*$ für endliche Alphabete Σ als auch totale Funktionen $f\colon \mathbb{N}^m \to \mathbb{N}$ enthält, bzw. jede Funktion aus **FP** in beiderlei Gestalt betrachtet werden kann. Gleiches gilt für die Klasse **P**, die (je nach Betrachtungsweise) sowohl Teilmengen von $(\Sigma^*)^m$ für endliche Alphabete Σ als auch Teilmengen von $\mathbb{N}^m$ enthält.

Klassen von Funktionen oder Mengen, die durch eine maximale vorgegebene Berechnungskomplexität definiert sind, heißen *Komplexitätsklassen*. Im folgenden nennen wir Mengen auch oft *Probleme*, und den Ausdruck *ein Problem lösen* verwenden wir gleichbedeutend zu *eine Menge entscheiden*.

Aus der Definition der Klassen **P** und **FP** ergibt sich sofort:

Eigenschaft 3.10 *Eine Menge A ist genau dann in **P**, wenn ihre charakteristische Funktion c_A in **FP** ist.*

3.2.2 Abschlußeigenschaften der Klassen P und FP

Zunächst sehen wir, daß die arithmetischen Grundfunktionen in Polynomialzeit berechenbar sind.

Eigenschaft 3.11 *Die arithmetischen Grundfunktionen* sum, md, prod *und* div *sind in* **FP**.

Beweis. Die Funktionen sum und md können in RIES mit je einer nur einen Schritt zählenden Anweisung berechnet werden. Die Funktionen prod und div können in RIES mit je einer $O(n)$ Schritte zählenden Anweisung berechnet werden. $\qquad\square$

Der folgende Satz formuliert einige Abschlußeigenschaften der Klassen **P** und **FP**, deren sehr einfache Beweise wir hier nicht wiedergeben (siehe auch Aufgabe 3.6). Für Funktionen $f, g\colon \mathbb{N}^m \to \mathbb{N}$ definieren wir die Funktionen $f + g$, $f - g$, $f \cdot g$ und $f : g$ mit $(f + g)(x) =_{\text{def}} f(x) + g(x)$, $(f - g)(x) =_{\text{def}} f(x) \doteq g(x)$, $(f \cdot g)(x) =_{\text{def}} f(x) \cdot g(x)$ und $(f : g)(x) =_{\text{def}} \mathrm{div}(f(x), g(x))$.

Satz 3.12   *1. Die Klasse* **FP** *ist unter Addition, modifizierter Subtraktion, Multiplikation, ganzzahliger Division und Hintereinanderausführung abgeschlossen; d. h. mit $f, g \in$ **FP** sind auch die Funktionen $f + g$, $f - g$, $f \cdot g$, $f : g$ und $f \circ g$ in* **FP**.

2. Die Klasse **P** *ist unter Vereinigung, Durchschnitt und Komplementbildung abgeschlossen; d. h. mit $A, B \in$ **P** sind auch $A \cup B$, $A \cap B$ und $\overline{A}$ in* **P**.

3.2.3 Spezielle Polynomialzeitfunktionen und -mengen

Wir geben einige Beispiele für Zahlenfunktionen und -probleme an, die in Polynomialzeit berechenbar bzw. entscheidbar sind.

Beispiel 3.13 Aus Satz 3.12 folgt, daß alle *Polynome $p(x) = \sum_{i=0}^{m} a_i x^i$* mit $m, a_0, a_1, \ldots, a_m \in \mathbb{N}$ in **FP** sind. $\qquad\square$

Beispiel 3.14 Die Funktion exp ist nicht in **FP**, weil ihre Funktionswerte zu groß sind. Es gilt z. B. $|\mathrm{dya}(2^x)| = x \geq 2^{|x|} - 1$, d. h. die Länge des Funktionswertes wächst exponentiell mit der Länge der Eingabe. Eine Turingmaschine benötigt also mindestens $2^n - 1$ Schritte, allein um den Funktionswert auf das Band zu schreiben. Hingegen ist die Menge $\{(x, y, z)\colon x, y, z \in \mathbb{N} \text{ und } x^y = z\}$ in **P** (siehe Aufgabe 3.3). $\qquad\square$

Beispiel 3.15 Die Rest-Funktion mod kann durch das RIES-Programm

```
function mod(x,y); mod := (x - ((x : y) * y))
```

mit der Laufzeit $O(n)$ berechnet werden und ist folglich in **FP**. $\qquad\square$

Beispiel 3.16 Erst im Jahre 2002 ist es gelungen zu beweisen, daß die Primzahlmenge PRIM $= \{x : x \in \mathbb{N} \text{ und } x \text{ ist eine Primzahl}\}$ in **P** ist. $\qquad\square$

Den nun folgenden Beispielen für Wortprobleme in **P** sei eine Bemerkung über die Berechnung von Wortfunktionen bzw. Entscheidung von Wortproblemen durch RIES-Programme vorausgeschickt (die in gleicher Weise auch für RAM gilt). Formal gesehen ist ein Eingabewort $w \in \{1, 2, \ldots, k\}^*$ bei einem RIES-Programm als die natürliche Zahl $x = \mathrm{ad}_k^{-1}(w)$ gegeben. Um auf die Buchstaben des Wortes w direkt zugreifen zu können, ist es sehr nützlich, dieses in einem Feld `w[]` in den Feldelementen `w[1]`, `w[2]`, $\ldots$,`w[`$|w|$`]` zu speichern, wobei eine Begrenzungsvariable `b` mit $I(\text{b}) = |w|$ das Ende des Wortes w anzeigt. Da diese Darstellung aus der Zahl $\mathrm{ad}_k^{-1}(w)$ in der Zeit $O(n)$ gewonnen werden kann (siehe Aufgabe 3.9), können wir bei jedem RIES-Programm, das in der Zeit $O(t)$ mit $t(n) \geq n$ arbeitet, auch ohne Veränderung der Zeitschranke $O(t)$ davon ausgehen, daß ein Eingabewort w in der Form des Feldes `w[]` und der Begrenzungsvariablen `b` gegeben ist.

Beispiel 3.17 Die Menge der symmetrischen Wörter oder Palindrome PAL ist in **P**. Im Beispiel 3.2 haben wir von einer schon früher behandelten Turingmaschine zur Entscheidung von PAL eine Laufzeit $O(n^2)$ nachgewiesen.

$\square$

Beispiel 3.18 Das *Mustererkennungsproblem*

$$\mathrm{ME} =_{\mathrm{def}} \{(m, t)\colon m, t \in \{a, b\}^* \text{ und es existieren } x, y \text{ mit } t = xmy\}$$

ist in **P**. Der bekannte, aber nicht ganz einfache *Knuth-Morris-Pratt-Algorithmus* zur Entscheidung von ME läßt sich durch ein RIES-Programm mit Laufzeit $O(n)$ implementieren. Man findet aber leicht ein RIES-Programm, das das Mustererkennungsproblem in der Zeit $O(n^2)$ löst (siehe Aufgabe 3.11). $\square$

Eine wichtige Klasse von Problemen sind die Graphenprobleme. Bevor wir über Algorithmen für Graphenprobleme und deren Laufzeiten sprechen, müssen wir festlegen, wie ein Graph als Eingabe für einen Algorithmus dargestellt werden kann. Von der Eingabedarstellung kann es nämlich abhängen, mit welcher Laufzeit ein Problem gelöst werden kann. Ohne Beschränkung der Allgemeinheit setzen wir voraus, daß ein Graph $G = (E, K)$ eine Knotenmenge der Form $E = \{1, 2, \ldots, m\}$ besitzt. Die Kantenmenge K kann somit als *Adjazenzmatrix*

$$\begin{pmatrix} e_{11} & \cdots & e_{1m} \\ \vdots & & \vdots \\ e_{m1} & \cdots & e_{mm} \end{pmatrix} \quad \text{mit } e_{ij} =_{\mathrm{def}} \begin{cases} 2, & \text{falls } (i, j) \in K \\ 1 & \text{sonst} \end{cases}$$

dargestellt werden. Da mit dieser Matrix auch die Knotenmenge beschrieben ist, verwenden wir die Adjazenzmatrix zur Beschreibung eines Graphen als Eingabe für einen Algorithmus, wobei diese als Wort

$$w_G = e_{11}e_{12}\ldots e_{1m}e_{21}e_{22}\ldots e_{2m}\ldots e_{m1}e_{m2}\ldots e_{mm}$$

dargestellt wird. Wegen unserer Identifizierung von Wörtern über dem Alphabet $\{1,2\}$ mit den natürlichen Zahlen vermöge der dyadischen Darstellung kann w_G auch als die natürliche Zahl $x_G = \mathrm{dya}^{-1}(w_G)$ aufgefaßt werden und wird so als Eingabe bei einem RIES-Programm verwendet. Wie bei der Vorbemerkung zu den Wortproblemen ausgeführt, kann auch hier ein RIES-Programm in der Zeit $O(n)$ bewirken, daß in einem zweidimensionalen Feld e[,] das Feldelement e[i,j] den Wert e_{ij} für $i,j \in \{1,\ldots,m\}$ und eine Begrenzungsvariable b den Wert m erhält. Also können wir bei einem RIES-Programm, das in der Zeit $O(t)$ mit $t(n) \geq n$ arbeitet, auch ohne Beschränkung der Allgemeinheit davon ausgehen, daß ein Graph $G = (\{1,\ldots,m\},K)$ in der Form des Feldes e[,] und der Begrenzungsvariablen b gegeben ist.

Beispiel 3.19 Das *2-Färbbarkeits-Problem*. Ein Graph $G = (E,K)$ mit $E = \{1,\ldots,m\}$ heißt *mit k Farben färbbar* genau dann, wenn es für die Knoten $1,2,\ldots,m$ Farben $a_1,a_2,\ldots a_m \in \{1,\ldots,k\}$ so gibt, daß für $(i,j) \in K$ stets $a_i \neq a_j$ gilt, d. h. mit einer Kante verbundene Knoten müssen verschiedene Farben haben. So ist zum Beispiel der *Drudenfuß-Graph*

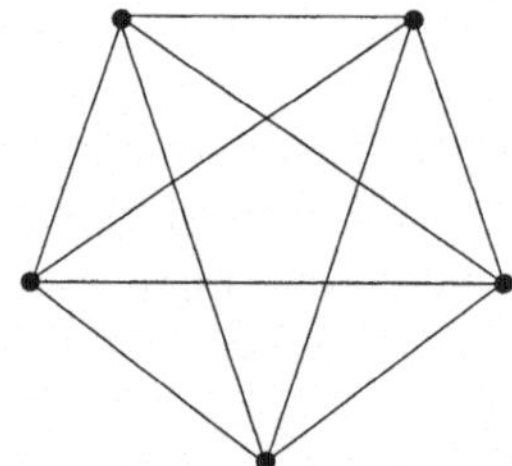

zwar mit 5 aber nicht mit 4 Farben färbbar. Der bekannte *4-Farben-Satz* besagt, daß jeder planare Graph mit 4 Farben färbbar ist. Dabei heißt ein Graph *planar*, wenn er so in die Ebene eingezeichnet werden kann, daß sich seine Kanten nicht schneiden. Zum Beispiel ist der oben erwähnte Drudenfuß-Graph nicht planar. Wenn man aber eine beliebige seiner Kanten wegläßt, entsteht ein planarer Graph. Das Problem

$$\text{2-FARB} =_{\mathrm{def}} \{G\colon G \text{ ist ein mit 2 Farben färbbarer Graph}\}$$

kann durch ein RIES-Programm in der Zeit $O(n)$ entschieden werden (Aufgabe 3.12). $\qquad\square$

Beispiel 3.20 Das *Zusammenhangsproblem*. Ein Graph $G = (E,K)$ heißt *zusammenhängend*, wenn es für je zwei Knoten $v,v' \in E$ ein $k \geq 1$ und Knoten $v_1,v_2,\ldots,v_k \in P$ gibt, mit $v = v_1$, $v_k = v'$ und $(v_1,v_2),(v_2,v_3),\ldots,(v_{k-1},v_k)$ $\in K$.

Das Problem

$$\text{ZH} =_{\text{def}} \{G \colon G \text{ ist ein zusammenhängender Graph}\}$$

kann durch ein RIES-Programm in der Zeit $O(n)$ entschieden werden (Aufgabe 3.12). $\quad\square$

Beispiel 3.21 Das *Eulerkreisproblem*. Ein *Eulerkreis* (nach dem schweizerischen Mathematiker LEONHARD EULER, 1707–1783) eines ungerichteten Graphen $G = (E, K)$ ist ein geschlossener Kantenzug in G, der jede Kante genau einmal enthält, d. h. eine Folge $v_1, v_2, \ldots, v_k \in E$ mit $\{(v_1, v_2), (v_2, v_3), \ldots, (v_{k-1}, v_k), (v_k, v_1)\} = K$ und der Eigenschaft, daß je zwei der Kanten (v_1, v_2), $(v_2, v_3), \ldots, (v_{k-1}, v_k)$, (v_k, v_1) verschieden sind. So ist zum Beispiel die bei Kindern beliebte Aufgabe, das *Haus vom Nikolaus* (A)

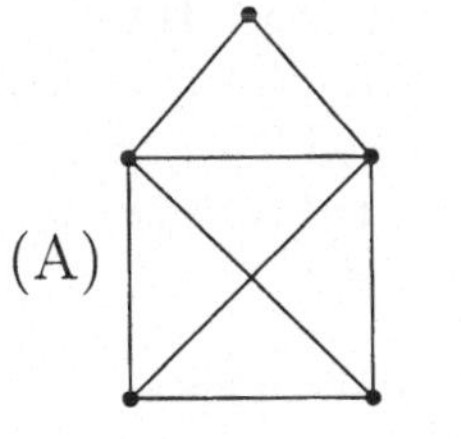
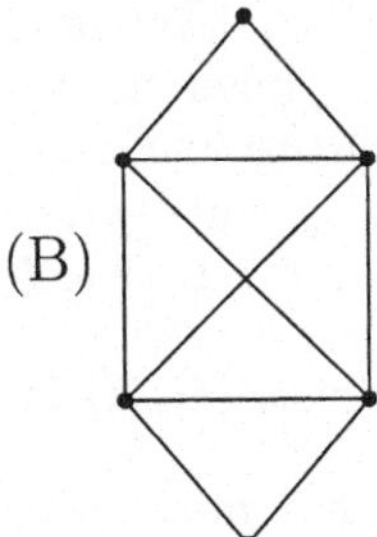

in einem Zuge zu zeichnen, eine ähnliche Fragestellung, nämlich die nach einem *Eulerpfad*, der im Gegensatz zum Eulerkreis kein *geschlossener* Kantenzug sein muß. Der Nikolausgraph besitzt zwar einen solchen Eulerpfad, aber keinen Eulerkreis. Der Graph (B) hingegen besitzt einen Eulerkreis. Für das Problem

$$\text{EK} =_{\text{def}} \{G \colon G \text{ ist ein Graph, der einen Eulerkreis besitzt}\}$$

findet man nicht ohne weiteres einen Polynomialzeitalgorithmus. Verwendet man jedoch den folgenden bekannten Satz aus der Graphentheorie, so findet man leicht ein RIES-Programm mit Laufzeit $O(n)$ zur Entscheidung von EK.

Ein Graph hat einen Eulerkreis genau dann, wenn er zusammenhängend ist und wenn jeder Knoten mit einer geraden Anzahl von Knoten durch eine Kante verbunden ist.

Das ist nur eines von vielen Beispielen, wo man nur mit Hilfe eines mathematischen Satzes einen effizienten Algorithmus zur Lösung eines Problems finden kann. $\quad\square$

3.3 Die Klasse NP

3.3.1 Das Durchmustern eines Lösungsraumes

Leider gibt es auch viele, darunter auch für die Praxis sehr wichtige Probleme, für deren Lösung bisher kein Polynomialzeitalgorithmus gefunden werden konnte. Hier seien nur drei Beispiele genannt.

Beispiel 3.22 Das *k-Färbbarkeits-Problem* für $k \geq 3$. Für das Problem

$$k\text{-FARB} =_{\text{def}} \{G\colon G \text{ ist ein mit } k \text{ Farben färbbarer Graph}\}$$

ist kein Polynomialzeitalgorithmus bekannt. □

Beispiel 3.23 Das *Hamiltonkreisproblem*. Ein *Hamiltonkreis* (nach dem irischen Mathematiker und Physiker SIR WILLIAM ROWAN HAMILTON, 1805–1865) eines ungerichteten Graphen $G = (\{1,\ldots,m\}, K)$ ist ein geschlossener Kantenzug in G, der jeden Knoten einmal durchläuft, d. h. eine Folge $v_1, v_2, \ldots, v_m$ mit $\{v_1, v_2, \ldots, v_m\} = \{1, \ldots, m\}$ und $\{(v_1, v_2), (v_2, v_3), \ldots, (v_{m-1}, v_m), (v_m, v_1)\} \subseteq K$. Für das Problem

$$\text{HK} =_{\text{def}} \{G\colon G \text{ ist ein Graph, der einen Hamiltonkreis besitzt}\}$$

ist kein Polynomialzeitalgorithmus bekannt. □

Beispiel 3.24 Das *Teilsummenproblem* (*sum of subset*). Für das Problem

$$\text{SOS} =_{\text{def}} \{(a_1, \ldots, a_m, b)\colon \ m, a_1, \ldots, a_m, b \in \mathbb{N} \text{ und es existieren} \\ c_1, c_2, \ldots, c_m \in \{0, 1\} \text{ mit } \textstyle\sum_{i=1}^m c_i \cdot a_i = b\}$$

ist kein Polynomialzeitalgorithmus bekannt. □

Diesen drei Problemen ist gemeinsam, daß für eine gegebene Eingabe nach der Existenz einer Lösung gefragt wird, die aus einem wohldefinierten Lösungsraum gewählt werden muß.

$$
\begin{aligned}
(\{1,\ldots m\}, K) \in k\text{-FARB} &\Leftrightarrow \exists (a_1, \ldots, a_m)\big((a_1, \ldots, a_m) \in B_{k-\text{FARB}}\big) \\
(\{1,\ldots m\}, K) \in \text{HK} &\Leftrightarrow \exists (v_1, \ldots, v_m)\big((v_1, \ldots, v_m) \in B_{\text{HK}}\big) \\
(a_1, a_2, \ldots, a_m, b) \in \text{SOS} &\Leftrightarrow \exists (c_1, \ldots, c_m)\big((c_1, \ldots, c_m) \in B_{\text{SOS}}\big)
\end{aligned}
$$

wobei

$$
\begin{aligned}
B_{k-\text{FARB}} =_{\text{def}} \{(a_1, \ldots, a_m)\colon \ &a_1, \ldots, a_m \in \{1, \ldots, k\} \wedge \\
&\forall i \forall j ((i,j) \in K \to a_i \neq a_j)\}
\end{aligned}
$$

$$B_{\mathrm{HK}} =_{\mathrm{def}} \{(v_1, \ldots, v_m) : \{v_1, \ldots, v_m\} = \{1, \ldots, m\} \wedge$$
$$\forall i (1 \le i < m \to (v_i, v_{i+1}) \in K) \wedge (v_m, v_1) \in K\}$$

$$B_{\mathrm{SOS}} =_{\mathrm{def}} \{(c_1, \ldots, c_m) : c_1, \ldots, c_m \in \{0,1\} \wedge \sum_{i=1}^{m} c_i \cdot a_i = b)\}$$

Wir können dabei beobachten:

- Die Länge der Beschreibung der potentiellen Lösung (Element des Lösungsraumes) ist beschränkt durch ein Polynom in der Länge der Eingabe. (In unseren drei Beispielen kann sogar die Identität gewählt werden.) Für m-Tupel setzen wir dabei $|(a_1, \ldots, a_m)| =_{\mathrm{def}} |a_1| + \cdots + |a_m|$.

- Die Überprüfung der Korrektheit der Lösung (d. h. der Zugehörigkeit zu $B_{\mathrm{k-FARB}}$, B_{HK} bzw. B_{SOS}) kann in Polynomialzeit durchgeführt werden.

Probleme mit diesen beiden Eigenschaften bilden die Klasse **NP**:

Definition 3.25 *Eine Menge A ist in* **NP** *genau dann, wenn ein Polynom p und eine Menge B $\in$* **P** *existieren mit*

$$x \in A \iff \exists y \,(|y| \le p(|x|) \wedge (x, y) \in B)$$

Der Name **NP** bezieht sich auf eine andere mögliche Definition dieser Klasse mit Hilfe sogenannter *nichtedetrministischer* **P**olynomialzeitmaschinen*, die wir weiter unten auf Seite 109 ff. behandeln. Die Ausführungen oben zeigen:

Eigenschaft 3.26 k-FARB ($k \ge 3$), HK, SOS $\in$ **NP**

Es ist leicht zu sehen, daß die Klasse **P** in **NP** enthalten ist (Aufgabe 3.16).

Satz 3.27 $\mathbf{P} \subseteq \mathbf{NP}$

Die Frage, ob **NP** wirklich mehr Probleme als **P** enthält, oder ob im Gegenteil jedes **NP**-Problem in Polynomialzeit gelöst werden kann, ist das wichtigste ungelöste Problem der Theoretischen Informatik, das sogenannte *P-NP-Problem*.

P-NP-Problem: Gilt $\mathbf{P} \subset \mathbf{NP}$ oder $\mathbf{P} = \mathbf{NP}$?

Das P-NP-Problem ist deshalb so wichtig, weil von vielen praktisch wichtigen Problemen (wie z. B. 3-FARB, HK und SOS) bekannt ist, daß sie *NP-vollständig* sind (siehe Abschnitt 3.4), d.h., daß diese Probleme zu den schwierigsten Problemen in **NP** gehören. Ist nun $\mathbf{P} = \mathbf{NP}$, so gibt es für alle diese Probleme Polynomialzeitalgorithmen. Gilt im Gegenteil $\mathbf{P} \subset \mathbf{NP}$, so gibt es für diese Probleme keine Polynomialzeitalgorithmen. Es wird allgemein vermutet, daß letzteres der Fall ist.

3.3.2 Abschlußeigenschaften der Klassen NP

Wichtig sind auch die Abschlußeigenschaften der Klasse **NP**.

Satz 3.28 *Die Klasse* **NP** *ist unter Vereinigung und Durchschnitt abgeschlossen, d. h. aus* $A, B \in$ **NP** *folgt stets* $A \cap B, A \cup B \in$ **NP**.

Beweis. Siehe Aufgabe 3.19. $\qquad\qquad\qquad\qquad\qquad\qquad\qquad$ □

Im Gegensatz zu den Verhältnissen bei der Klasse **P** ist für die Klasse **NP** nicht bekannt, ob sie abgeschlossen unter Komplementbildung ist, ob also aus $A \in$ **NP** stets $\overline{A} \in$ **NP** folgt.

3.3.3 NP und exponentielle Laufzeit

Außer den in Eigenschaft 3.26 genannten Problemen sind noch viele andere wichtige Probleme in **NP**: Probleme der Kostenoptimierung, Transportplanung, Lagerhaltung, Stundenplanung usw. Für viele von ihnen ist bisher nicht bekannt, ob sie in **P** sind, d. h. ob ein Polynomialzeit-Algorithmus zu ihrer Entscheidung existiert. Aufgrund der Definition der **NP**-Probleme ist klar, daß man bei einem **NP**-Problem A zur Entscheidung der Frage „$x \in A$?" die Menge aller potentiellen Lösungen durchmustern kann, um dabei festzustellen, ob eine korrekte Lösung dabei ist. Für **NP**-Probleme, von denen nicht bekannt ist, ob sie in **P** sind, ist bisher auch kein anderes Verfahren bekannt als das mehr oder weniger geschickte Durchmustern aller Lösungen. Deshalb nennt man diese Probleme auch *Durchmusterungsprobleme*. Ein solches Durchmustern führt zu einer exponentiellen Rechenzeit. Wir definieren die Klasse der in *exponentieller Zeit* entscheidbaren Mengen mit

$$\textbf{EXP} \ =_{\text{def}} \ \{A \colon \text{ es existiert ein Polynom } p \text{ mit der Eigenschaft, daß}$$
$$A \text{ in der Zeit } 2^{p(n)} \text{ entschieden werden kann}\}$$

Der Satz 3.6 sichert, daß diese Definition unabhängig von der Wahl des Berechnungsmodells ist.

Satz 3.29 **NP** $\subseteq$ **EXP**.

Beweis. Es sei $A \in$ **NP**, d. h. es gibt ein Polynom p und eine Menge $B \in$ **P** mit

$$x \in A \ \Leftrightarrow \ \exists y \, (|y| \le p(|x|) \land (x, y) \in B)$$

Um festzustellen, ob $x \in A$ gilt, muß also nur für alle y mit $|y| \le p(|x|)$ überprüft werden, ob $(x, y) \in B$ ist. Ist $B \subseteq \Sigma_1^* \times \Sigma_2^*$ mit $\#\Sigma_2 = k$, so sind dies nicht mehr als $2^{k \cdot p(|x|) + k}$ verschiedene y. Wegen $B \in$ **P** gibt es ein Polynom q (welches ohne Beschränkung der Allgemeinheit monoton wachsend vorausgesetzt werden kann, siehe Aufgabe 3.13), so daß B in der Zeit q entschieden wird. Für das Überprüfen von $(x, y) \in B$ wird also eine Rechenzeit $q(|x| + |y|) \leq q(|x| + p(|x|))$ benötigt. Insgesamt gibt das eine Rechenzeit von $O\left(2^{k \cdot p(|x|)+k} \cdot q(|x| + p(|x|))\right)$ und mithin auch von $O\left(2^{k \cdot p(|x|)+k+q(|x|+p(|x|))}\right)$. Als das geforderte Polynom kann also $k \cdot p(n) + k + q(n + p(n))$ gewählt werden. $\qquad\square$

Jedes **NP**-Problem ist also mit exponentieller Laufzeit entscheidbar. Es ist jedoch unbekannt, ob jedes Problem, das mit exponentieller Laufzeit entschieden werden kann, auch in **NP** ist, ob also **NP** = **EXP** oder **NP** $\subset$ **EXP** gilt. Es wird allgemein vermutet, daß letzteres der Fall ist.

Insgesamt gilt nach Satz 3.27 und Satz 3.29 die Inklusionskette **P** $\subseteq$ **NP** $\subseteq$ **EXP**. Es ist bekannt, daß **P** $\subset$ **EXP** gilt. Also kann nicht gleichzeitig **P** = **NP** und **NP** = **EXP** gelten.

Wir wollen hier einen Vergleich zwischen polynomiellen Laufzeiten (**P**-Probleme) und exponentiellen Laufzeiten (dazu gehören z. B. die **NP**-Probleme) anstellen. In der folgenden Tabelle wird die Größenordnung der Rechenzeiten eines Rechners mit 1 Milliarde Operationen pro Sekunde bei Algorithmen mit typischen polynomiellen bzw. exponentiellen Laufzeitverhalten angegeben. Schnellere Rechner bewirken lediglich eine Beschleunigung um einen konstanten Faktor, können also an diesem Bild nichts wesentliches ändern.

Eingabelänge		20	40	60	100	300
Laufzeitverhalten						
poly-	n	10^{-8} sec	10^{-8} sec	10^{-7} sec	10^{-7} sec	10^{-7} sec
nomiell	n^2	10^{-7} sec	10^{-6} sec	10^{-6} sec	10^{-5} sec	10^{-4} sec
	n^3	10^{-5} sec	10^{-4} sec	10^{-4} sec	10^{-3} sec	10^{-2} sec
expo-	$2^{\frac{n}{\log_2 n}}$	10^{-7} sec	10^{-6} sec	10^{-5} sec	10^{-3} sec	79 Tage
nentiell	2^n	10^{-3} sec	19 min	37 Jahre	10^{13} Jahre	10^{73} Jahre

Die in dieser Tabelle wiedergegebene praktische Erfahrung führt dazu, daß man die Klasse **P** als die Klasse der effizient lösbaren Probleme betrachtet und Probleme, die nicht in **P** sind, als nicht effizient lösbar ansieht. Letzteres trifft natürlich auch auf die Probleme in **NP** zu, von denen nicht bekannt ist, ob sie in **P** sind, so zum Beispiel das Hamiltonkreisproblem HK und das Teilsummenproblem SOS.

3.3.4 Nichtdeterministische Polynomialzeitmaschinen

Der Name „**NP**" kommt von „nichtdeterministisches Polynomialzeitproblem" (und nicht etwa von „Nicht-Polynomialzeit", was man eher mit der Klasse $\overline{\textbf{P}}$

in Verbindung zu bringen hätte). Mit dem *Nichtdeterminismus* hat es folgendes auf sich: Die Entscheidung eines **NP**-Problemes kann man sich auch so vorstellen, daß ein Polynomialzeitalgorithmus seine Arbeit in viele parallele *Rechenwege* aufspaltet und auf jedem Rechenweg von einer potentiellen Lösung überprüft, ob sie eine korrekte Lösung ist. Die Eingabe ist akzeptiert, wenn auf mindestens einem Rechenweg ein positives Resultat erzielt wird. Die Aufspaltung in mehrere Rechenwege passiert so, daß der Algorithmus für eine gegebene Situation mehrere Möglichkeiten der Weiterarbeit besitzt, die er parallel und unabhängig voneinander auch realisiert. Die Weiterarbeit des Algorithmus ist also in einer solchen Situation nicht determiniert. Damit entsteht ein ganzer *Berechnungsbaum*, der alle so entstehenden Rechenwege repräsentiert. Ein solcher Berechnungsbaum ist in der folgenden Abbildung schematisch dargestellt, wobei ein Rechenweg besonders hervorgehoben ist. Auf einem Rechenweg können zwischen zwei Verzweigungsstellen vom Algorithmus mehrere Schritte ohne Verzweigung ausgeführt werden.

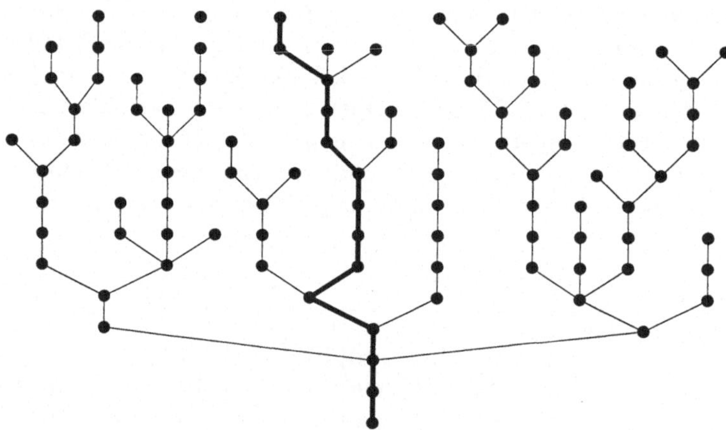

Nichtdeterministisch arbeitende Algorithmen (Maschinen) sind Spezialfälle von parallel arbeitenden Algorithmen (Maschinen). Das Spezielle ist hier, daß es keine Kommunikation zwischen den parallel arbeitenden *Prozessoren* gibt und daß der nichtdeterministische Algorithmus genaus dann akzeptiert, wenn mindestens einer der Prozessoren akzeptiert.

Nichtdeterminismus als ein Spezialfall paralleler Arbeitsweise kann in der Praxis nur in sehr beschränkter Weise durch Parallelrechner realisiert werden. Für jeden Rechenweg benötigt man einen eigenen Prozessor, was sehr bald die realen Möglichkeiten erschöpft. In erster Linie ist der Nichtdeterminismus ein theoretisches Modell. Es zeigt sich aber (siehe Satz 3.33), daß mit seiner Hilfe die Klasse **NP**, zu der sehr viele wichtige praktische Probleme gehören, in adäquater Weise beschrieben werden kann.

Wir betrachten nun, wie die nichtdeterministische Arbeitsweise bei den einzelnen Algorithmenmodellen konkret aussieht.

1. *Nichtdeterministische Turingmaschinen.* Während zum Beispiel eine deterministische Turingmaschine mit einem Band im Zustand s beim Lesen des Symboles a genau einen Befehl $s\,a \to s'\,a'\,\sigma$ besitzt, kann eine solche nichtdeterministische Maschine für diese Situation mehrere voneinander verschiedene Befehle

$$s\,a \;\to\; s'_1\,a'_1\,\sigma_1$$
$$s\,a \;\to\; s'_2\,a'_2\,\sigma_2$$
$$\vdots$$
$$s\,a \;\to\; s'_k\,a'_k\,\sigma_k$$

besitzen, die auch gleichzeitig ausgeführt werden. Man sollte sich das so vorstellen, daß hier aus der Turingmaschine k identische Exemplare werden, wovon jedes einen der Befehle ausführt.

2. *Nichtdeterministische RAM.* Bei einer deterministischen RAM sind die Befehle mit $0, 1, 2, \ldots$ durchnumeriert, und derjenige Befehl wird als nächster ausgeführt, dessen Nummer im Befehlsregister steht. Bei einer nichtdeterministischen RAM können mehrere Befehle die gleiche Nummer besitzen. Steht diese Nummer im Befehlsregister, so werden alle Befehle mit dieser Nummer gleichzeitig (durch identische Exemplare der RAM) ausgeführt.

3. *Nichtdeterministische RIES-Programme.* Hier führen wir für nichtdeterministische Aufspaltungen der Berechnung einen neuen Typ von Anweisungen ein: Sind $s_1, \ldots, s_n$ Anweisungen, so ist auch

$$\texttt{begin } s_1|s_2|\ldots|s_n \texttt{ end}$$

eine Anweisung. Ihre Ausführung bewirkt eine Aufspaltung der Berechnung in n parallele Berechnungen und die Ausführung von s_i in der i-ten dieser Berechnungen $(i = 1, \ldots, n)$.

Wir definieren nun, wie ein nichtdeterministischer Algorithmus eine Menge akzeptiert und wann dieser eine Menge in einer bestimmten Zeit akzeptiert. Mit dem Hinweis auf die eineindeutige Entsprechung von Wörtern und Zahlen beschränken wir uns hier wieder auf den Fall von Wortmengen über einem Alphabet Σ.

Definition 3.30 *Es sei M ein nichtdeterministischer Algorithmus.*

- *M akzeptiert $x \in (\Sigma^*)^m$ genau dann, wenn es einen Rechenweg von M bei Eingabe x gibt, auf dem (wie bei einer deterministischen Berechnung) der Wert 1 berechnet wird.*

- *$\{x: M$ akzeptiert $x\}$ ist die von M akzeptierte Menge.*

Definition 3.31 *Es sei $t\colon \mathbb{N} \to \mathbb{N}$ eine totale Funktion.*

- *Der nichtdeterministische Algorithmus M akzeptiert die Menge A in der Zeit t genau dann, wenn gilt:*

- *M akzeptiert A und*
- *die Rechenzeit eines jeden Rechenweges von M bei Eingabe x ist nicht größer als t(|x|).*

- *Der nichtdeterministische Algorithmus M akzeptiert die Menge A in der Zeit O(t), falls es eine Konstante c > 0 so gibt, daß M die Menge A in der Zeit c · t(n) + c akzeptiert.*

- *Der nichtdeterministische Algorithmus M akzeptiert die Menge A in Polynomialzeit, falls es ein Polynom p(n) so gibt, daß A von M in der Zeit p akzeptiert wird.*

Beispiel 3.32 Das folgende nichtdeterministische RIES-Programm akzeptiert die Menge SOS.

```
function sos(a[],b,m);
begin
    for i := 1 to m do
       begin s := s | s := (s+a[i]) end;
    if (s = b) then sos := 1
end
```

Jeder Rechenweg hat die Rechenzeit $O(m)$ und wegen $m \leq n$ auch $O(n)$. Also akzeptiert dieses RIES-Programm die Menge SOS in der Zeit $O(n)$. □

Wir zeigen nun, daß mit den verschiedenen Algorithmenbegriffen in Polynomialzeit tatsächlich genau die **NP**-Mengen akzeptiert werden können.

Satz 3.33 *Folgende Aussagen sind für ein Problem A äquivalent:*

*(1) $A \in$ **NP**.*

(2) A wird durch eine geeignete nichtdeterministische RAM in Polynomialzeit akzeptiert.

(3) A wird durch ein geeignetes nichtdeterministisches RIES–Programm in Polynomialzeit akzeptiert.

(4) A wird durch eine geeignete nichtdeterministische Turingmaschine in Polynomialzeit akzeptiert.

(5) A wird durch eine geeignete nichtdeterministische 1-Turingmaschine in Polynomialzeit akzeptiert.

Beweis. Die Äquivalenz der Aussagen 2, 3, 4 und 5 kann genauso bewiesen werden wie die entsprechende Aussage für deterministische Algorithmen (siehe Folgerung 3.9). Die jeweilige Simulation eines beliebigen Rechenweges eines nichtedeterministischen Algorithmus geschieht dabei in der gleichen Weise wie die Simulation des einen Rechenweges eines deterministischen Algorithmus.

Es muß also nur noch die Äquivalenz dieser Aussagen zu Aussage 1 bewiesen werden. Es sei $A \in$ **NP**. Also gibt es ein Polynom p und eine Menge $B \in$ **P** mit

$$x \in A \iff \exists y \left(|y| \leq p(|x|) \wedge (x,y) \in B \right).$$

Es sei $B \subseteq \Sigma_1^* \times \Sigma_2^*$ mit $\Sigma_2 = \{a_1, a_2, \ldots, a_k\}$. Wegen $B \in \mathbf{P}$ gibt es ein deterministisches RIES-Programm `function b(x,y); s` das B in Polynomialzeit entscheidet. Das folgende nichtdeterministische RIES-Programm akzeptiert die Menge A in Polynomialzeit:

```
function a(x);
begin
    y := ε;
    for i := 1 to p(|x|) do
        begin y := y | y := ya₁ | y := ya₂ | ... | y := yaₖ end;
    a := b(x,y)
end
function b(x,y); s
```

Es sei nun M eine nichtdeterministische Turingmaschine, die die Menge A in der Zeit p akzeptiert, wobei p ein Polynom ist. Es sei r die Anzahl der Befehle im Programm von M. Jeder Rechenweg von M kann mit einer Folge aus $\{1, 2, \ldots, r\}^*$ wie folgt beschrieben und bezeichnet werden. Ein Rechenweg, der aus t Takten besteht und im i-ten Takt den s_i-ten Befehl ausführt, der in der Situation des i-ten Taktes möglich ist (d. h. $s_i \in \{1, 2, \ldots, r\}$) wird durch $s_1 s_2 \ldots s_t$ beschrieben. Allerdings muß nicht jede Folge $s_1 s_2 \ldots s_t \in \{1, 2, \ldots, r\}^*$ einen Rechenweg von M auf einer bestimmten Eingabe x beschreiben. Der Befehl s_i könnte in der nach der Ausführung der Befehle $s_1, s_2, \ldots s_{i-1}$ in dieser Reihenfolge entstandenen Situation nicht anwendbar sein, der Befehl s_i mit $i < t$ könnte ein Stop-Befehl sein oder der Befehl s_t könnte kein Stop-Befehl sein. Da die Menge A von M in der Zeit p akzeptiert wird, interessieren bei der Eingabe x nur Rechenwege $s_1 s_2 \ldots s_t$ mit $t \leq p(|x|)$. Also gilt

$$x \in A \Leftrightarrow \exists y(|y| \leq p(|x|) \wedge (x, y) \in B_M)$$

mit $B_M =_{\text{def}} \{(x, y) \colon y$ ist ein Rechenweg von M auf x mit dem Resultat $1\}$. Da bei der Entscheidung von „$(x, y) \in B$" nur $|y| \leq |x| + |y|$ Schritte der Maschine M bei der Eingabe x nachvollzogen werden müssen, kann die Menge B in der Zeit $O(n)$ entschieden werden (siehe Aufgabe 3.17). Folglich ist $B_M \in \mathbf{P}$, und damit gilt $A \in \mathbf{NP}$. $\qquad\square$

3.4 NP-vollständige Mengen

3.4.1 Polynomialzeit-Reduzierbarkeit

Wir haben festgestellt, daß die Klasse $\mathbf{P}$ in $\mathbf{NP}$ enthalten ist. Es ist ein offenes Problem, ob $\mathbf{NP}$ mehr Mengen enthält als $\mathbf{P}$. Nehmen wir für den Moment einmal an, daß dies so wäre. Dann sind sicherlich die folgenden intuitiven Feststellungen plausibel:

- Die **P**-Mengen sind die „einfachsten" Mengen aus **NP**.

- Die „schwierigsten" Mengen in **NP** sind nicht in **P**.

Solche Aussagen setzen voraus, daß man Mengen bezüglich ihrer „Schwierigkeit", d. h. bezüglich ihrer Zeitkomplexität vergleichen kann. Die intuitive Vorstellung für eine solche „Schwieriger"-Relation soll sein: Ist B mindestens so schwierig wie A, so müßte man aus jedem Entscheidungsalgorithmus für B einen Entscheidungsalgorithmus für A bekommen können, dessen Zeitkomplexität nur unwesentlich (d. h. in unserem Polynomialzeitkontext: höchstens um ein Polynom) größer ist. Wir präzisieren diese Vorstellung hier so, daß wir die Entscheidungsfrage „$x \in A$?" in einfacher Weise auf eine Entscheidungsfrage „$y \in B$?" zurückführen (reduzieren).

Definition 3.34 *Es seien* $A \subseteq \Sigma_1^*$ *und* $B \subseteq \Sigma_2^*$.

- $A \leq B$ *(B ist* mindestens so schwierig *wie A; A ist* auf B *in Polynomialzeit* reduzierbar*) genau dann, wenn es eine Funktion* $f : \Sigma_1^* \to \Sigma_2^*$ *aus* **FP** *mit* $c_A = c_B \circ f$ *gibt, d. h. es gilt* $x \in A \Leftrightarrow f(x) \in B$ *für jedes* $x \in \Sigma_1^*$.

- $A \equiv B$ *(A und B sind* gleich schwierig *oder* äquivalent*) genau dann, wenn* $A \leq B$ *und* $B \leq A$ *gilt.*

- $A < B$ *(B ist* schwieriger *als A) genau dann, wenn* $A \leq B$*, aber nicht* $B \leq A$ *gilt.*

Beispiel 3.35 Wir wollen zunächst ein einfaches Beispiel für eine Reduktion von einem Problem auf ein anderes betrachten. Das SOS-Problem haben wir bereits definiert. Das andere Problem ist das sogenannte *Rucksackproblem*: Gegeben sind m Päckchen mit Lebensmitteln, die die Gewichte $g_1, \ldots, g_m$ und die Kalorienzahlen $k_1, \ldots, k_m$ besitzen. Mit diesen Päckchen soll für eine Bergtour ein Rucksack gepackt werden, der höchstens mit dem Gewicht G belastet werden darf. Zum Erreichen des Gipfels werden K Kalorien benötigt. Kann eine Teilmenge der Päckchen so ausgewählt werden, daß deren Gesamtgewicht G nicht überschreitet, aber deren Gesamtkalorienzahl mindestens K beträgt?

$$\text{KNAPSACK} \ =_{\text{def}} \ \{(g_1, \ldots, g_m, k_1, \ldots, k_m, G, K) : g_1, \ldots, g_m, k_1, \ldots, k_m,$$
$$G, K \in \mathbb{N} \text{ und es existiert ein } I \subseteq \{1 \ldots, m\}$$
$$\text{mit } \textstyle\sum_{i \in I} g_i \leq G \text{ und } \sum_{i \in I} k_i \geq K\}$$

Wir zeigen jetzt SOS $\leq$ KNAPSACK. Das heißt, wir müssen eine polynomialzeit-berechenbare Funktion f finden, für die $x \in \text{SOS} \Leftrightarrow f(x) \in \text{KNAPSACK}$ gilt, d. h. für das Argument $(a_1, \ldots, a_l, b)$ muß der Funktionswert von f die Form $(g_1, \ldots, g_m, k_1, \ldots, k_m, G, K)$ besitzen mit

$$(a_1, \ldots, a_l, b) \in \text{SOS} \Leftrightarrow (g_1, \ldots, g_m, k_1, \ldots, k_m, G, K) \in \text{KNAPSACK}.$$

Wir definieren $f(a_1, \ldots, a_l, b) =_{\text{def}} (a_1, \ldots, a_l, a_1, \ldots, a_l, b, b)$. Die Funktion f ist offensichtlich in **FP**. Es gilt die folgende Äquivalenzkette:

$$(a_1, \ldots, a_l, b) \in \text{SOS} \iff \text{es existiert ein } I \subseteq \{1, \ldots, l\} \text{ mit } \sum_{i \in I} a_i = b$$
$$\iff \text{es existiert ein } I \subseteq \{1, \ldots, l\} \text{ mit}$$
$$\sum_{i \in I} a_i \leq b \text{ und } \sum_{i \in I} a_i \geq b$$
$$\iff (a_1, \ldots, a_l, a_1, \ldots, a_l, b, b) \in \text{KNAPSACK}$$
$$\iff f(a_1, \ldots, a_l, b) \in \text{KNAPSACK} \qquad \square$$

Es folgen einfache Eigenschaften der Relation $\leq$. Es sei angemekt, daß wir das Komplement einer Wortmenge stets in bezug auf das zugrundeliegende Alphabet verstehen. Für $A \subseteq \Sigma^*$ gilt also $\overline{A} = \Sigma^* \setminus A$. Insofern gilt auch $\overline{\emptyset} = \Sigma^*$, falls gerade das Alphabet Σ betrachtet wird.

Eigenschaft 3.36

1. Die Relation $\leq$ ist reflexiv und transitiv.

2. Es gilt $A \leq B$ genau dann, wenn $\overline{A} \leq \overline{B}$ gilt.

Beweis. Zu 1. Für jede Menge A gilt natürlich $x \in A \Leftrightarrow x \in A$ für alle x. Also belegt die Funktion $\text{I}_1^1 \in \mathbf{FP}$ die Reflexivität. Für die Transitivität seien $A \leq B$ und $B \leq C$. Dann gibt es Funktionen $f, g \in \mathbf{FP}$ mit $x \in A \Leftrightarrow f(x) \in B$ und $x \in B \Leftrightarrow g(x) \in C$ und folglich $x \in A \Leftrightarrow g(f(x)) \in B \Leftrightarrow (g \circ f)(x) \in C$ für alle x. Nach Satz 3.12.1 ist auch $g \circ f \in \mathbf{FP}$.

Zu 2. Gilt für eine Funktion $f \in \mathbf{FP}$ die Beziehung $x \in A \Leftrightarrow f(x) \in B$, so gilt natürlich auch $x \in \overline{A} \Leftrightarrow f(x) \in \overline{B}$ und umgekehrt. $\qquad \square$

Es sei angemerkt, daß für $A \neq \emptyset$ niemals $A \leq \emptyset$ und für $A \neq \overline{\emptyset}$ niemals $A \leq \overline{\emptyset}$ gelten kann. (Aufgabe 3.22).

Der folgende Satz zeigt, daß die bei der Definition von $A \leq B$ zugrundegelegte Intuition von „B ist mindestens so schwierig wie A" in bezug auf die Klassen **P** und **NP** realisiert wird.

Satz 3.37 *Die Klassen **P** und **NP** sind unter $\leq$ abgeschlossen, das heißt:*

1. Aus $B \in \mathbf{P}$ und $A \leq B$ folgt $A \in \mathbf{P}$.

2. Aus $B \in \mathbf{NP}$ und $A \leq B$ folgt $A \in \mathbf{NP}$.

Beweis. Zu 1. Es seien $B \in \mathbf{P}$ und $A \leq B$. Also gilt $c_B \in \mathbf{FP}$, und es gibt eine Funktion $f \in \mathbf{FP}$ mit $c_A = c_B \circ f$. Nach Satz 3.12.1 ist auch $c_A \in \mathbf{FP}$, also $A \in \mathbf{P}$.

Zu 2. Es seien $B \in \mathbf{NP}$ und $A \leq B$. Es gibt also eine deterministische Turingmaschine M_1, eine nichtdeterministische Turingmaschine M_2 und Polynome p, q mit

- M_1 berechnet in der Zeit p eine Funktion f mit $x \in A \Leftrightarrow f(x) \in B$.
- M_2 akzeptiert in der Zeit q die Menge B.

Wir konstruieren eine nichtdeterministische Turingmaschine M, die auf einer Eingabe x zunächst wie M_1 arbeitet, also $f(x)$ berechnet, und dann wie M_2 bei der Eingabe $f(x)$ arbeitet. Es gilt die Äquivalenzkette:

$$M \text{ akzeptiert } x \Leftrightarrow M_2 \text{ akzeptiert } f(x) \Leftrightarrow f(x) \in B \Leftrightarrow x \in A.$$

Also akzeptiert M die Menge A. Da die Turingmaschine M_1 bei Eingabe x in $p(|x|)$ Takten höchstens eine Ausgabe $f(x)$ der Länge $|x| + p(|x|)$ erzeugen kann, hat jeder Rechenweg von M bei Eingabe x höchstens $p(|x|) + q(|x| + p(|x|))$ Takte. Damit akzeptiert M die Menge A in der Zeit $p(n) + q(n + p(n))$, also in polynomieller Zeit. $\square$

Tatsächlich sind die **P**-Mengen die einfachsten Mengen bezüglich der „Schwieriger"-Relation $\leq$:

Satz 3.38

1. *Für $A \in \mathbf{P}$ und B mit $B, \overline{B} \neq \emptyset$ gilt $A \leq B$.*
2. *Für $A, B \in \mathbf{P}$ mit $A, \overline{A}, B, \overline{B} \neq \emptyset$ gilt $A \equiv B$.*

Beweis. 1. Wir wählen ein $a \in B$ und ein $b \in \overline{B}$. Wegen $A \in \mathbf{P}$ ist auch die durch

$$f(x) =_{\text{def}} \begin{cases} a, & \text{falls } x \in A \\ b, & \text{falls } x \notin A \end{cases}$$

in **FP**. Offensichtlich gilt $x \in A \Leftrightarrow f(x) \in B$ und folglich $A \leq B$.

Die Aussage 2 folgt unmittelbar aus Aussage 1. $\square$

3.4.2 NP-Vollständigkeit

Was kann man aber nun über die „schwierigsten" Probleme in **NP** sagen? Nachdem wir definiert haben, was „mindestens so schwierig" heißt, ist eigentlich sehr naheliegend, wie man diesen Begriff fassen muß.

Definition 3.39 *Eine Menge B heißt* **NP**-vollständig *genau dann, wenn B aus* **NP** *ist und $A \leq B$ für jedes $A \in$* **NP** *gilt.*

Die Definition allein besagt natürlich noch nicht, daß es **NP**-vollständige Mengen überhaupt gibt. Wir können zunächst nicht ausschließen, daß für jedes Problem $B \in \mathbf{NP}$ ein Problem $A \in \mathbf{NP}$ mit $A \not\leq B$ oder sogar $B < A$ existiert. Daß es jedoch **NP**-vollständige Mengen wirklich gibt, werden wir später nachweisen. Zunächst noch ein paar wichtige Eigenschaften **NP**-vollständiger Mengen.

Satz 3.40

1. *Für* **NP**-*vollständige Mengen A und B gilt stets $A \equiv B$.*

2. *Für jede* **NP**-*vollständige Menge B gilt: Es ist $B \in$ **P** genau dann, wenn* **NP** $=$ **P** *gilt.*

3. *Ist B eine* **NP**-*vollständige Menge, $B \leq C$ und $C \in$ **NP**, so ist auch C eine* **NP**-*vollständige Menge.*

Beweis. Die Aussagen folgen unmittelbar aus der Definition unter Verwendung von 3.37.1 für 2. und 3.36.1 für 3. $\qquad\square$

Die Aussage 2 besagt, daß das P-NP-Problem schon dadurch gelöst werden kann, daß man von einem einzelnen **NP**-vollständigen Problem feststellt, ob es in **P** ist oder nicht. Die Aussage 3 gibt uns ein elegantes Mittel an die Hand, um die **NP**-Vollständigkeit einer Menge $C \in$ **NP** nachzuweisen: Anstatt von allen Mengen $A \in$ **NP** zu zeigen, daß $A \leq C$ gilt, genügt es, für eine bereits bekannte **NP**-vollständige Menge B zu zeigen, daß $B \leq C$ gilt.

Wir werden nun von einem konkreten Problem nachweisen, daß es **NP**-vollständig ist. Wegen der Einfachheit des Beweises verwenden wir dazu ein *Puzzleproblem*. Ein Puzzleteil ist bei einem realen Puzzle durch die Form der Ränder seiner vier Seiten bestimmt. Um das besser formalisieren zu können, wird jede auftretende Randform durch ein Symbol codiert. Soll zum Beispiel zu einem Teil

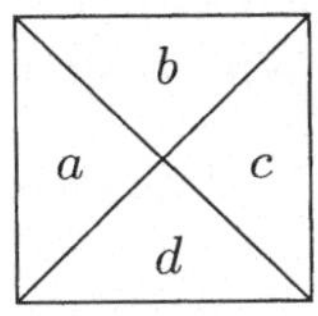

ein anderes Teil rechts angefügt werden, so muß dieses an seiner linken Seite ein c besitzen. Der Unterschied zu einem „normalen" Puzzle ist nun der, daß bei diesem genauso viele Teile vorhanden sind wie zum fertigen Puzzle benötigt werden. Bei unserer Variante haben wir eine geringe Anzahl von Teil-Typen; von jedem Typ gibt es aber beliebig viele Exemplare. Mit den Exemplaren dieser Typen soll ein gegebener Rahmen ausgefüllt werden, dessen Rand auch mit Symbolen versehen ist, zu denen die am Rande eingefügten Teile „passen" müssen. Die zu entscheidende Frage ist, ob ein gegebener Rahmen R mit Teilen der Typen $T_1, \ldots, T_k$ passend ausgefüllt werden kann (das wird bei einem „normalen" Puzzle stets vorausgesetzt, dort ist nur die Frage, *wie* man das tut).

Zur mathematischen Beschreibung des Puzzleproblems nehmen wir ohne Beschränkung der Allgemeinheit an, daß die bei den Teilen und dem Rahmen verwendeten Symbole aus einem Alphabet $\Sigma_m =_{\text{def}} \{0,1\}^m$ sind (mit jeweils passend gewähltem $m \geq 1$). Ein Teil T, welches ja durch 4 Symbole aus

Σ_m festgelegt ist, wird durch das Quadrupel dieser Symbole beschrieben. Ein Rahmen R der Größe $t \times t$ ist durch $4 \cdot t$ Symbole aus Σ_m festgelegt und wird entsprechend durch das $4t$-Tupel dieser Symbole (im Uhrzeigersinn, links oben beginnend) beschrieben. Wir definieren

$$\text{PUZZLE} =_{\text{def}} \{(m, k, t, R, T_1, \ldots, T_k) \colon m, k, t \geq 1, R \in (\Sigma_m)^{4t},$$
$$T_1, \ldots, T_k \in (\Sigma_m)^4, \text{ und der Rahmen } R$$
$$\text{kann durch Puzzleteile der Typen } T_1, \ldots, T_k$$
$$\text{passend ausgefüllt werden.}\}$$

Satz 3.41 PUZZLE *ist* **NP**-*vollständig.*

Beweis. 1. Wir zeigen PUZZLE $\in$ **NP**. Wir stellen das Problem so dar, wie es in der Definition einer **NP**-Menge verlangt ist. Eine beliebige Ausfüllung des $t \times t$-Rahmens mit Teilen der Art $T_1, \ldots, T_k$ kann durch eine totale Funktion $s \colon \{1, 2, \ldots, t\}^2 \to \{1, 2, \ldots, k\}$ beschrieben werden, die jeder Position (i, j) im Rahmen ein Teil zuordnet (bzw. dessen Typ). Wir definieren

$$B =_{\text{def}} \{(m, k, t, R, T_1, \ldots, T_k, s) \colon m, k, t \geq 1, R \in (\Sigma_m)^{4t},$$
$$T_1, \ldots, T_k \in (\Sigma_m)^4, s \colon \{1, \ldots, t\}^2 \to \{1, \ldots, k\}$$
$$\text{und die Ausfüllung } s \text{ des Rahmens } R \text{ mit}$$
$$\text{Puzzleteilen der Typen } T_1, \ldots, T_k \text{ ist korrekt}\}.$$

Die Menge B ist in polynomieller Zeit entscheidbar: Man lege den Rahmen R gemäß der Ausfüllung s mit Puzzleteilen der Typen $T_1, \ldots, T_k$ aus und überprüfe dann, ob alle benachbarten Beschriftungen (von Puzzleteilen oder vom Rahmen) übereinstimmen. Wir erhalten

$$(m, k, t, R, T_1, \ldots, T_k) \in \text{PUZZLE} \Leftrightarrow \exists s(s \colon \{1, \ldots, t\}^2 \to \{1, \ldots, k\} \text{ und}$$
$$(m, k, t, R, T_1, \ldots, T_k, s) \in B).$$

Die Ausfüllungsfunktion s beschreiben wir als Wort $s(1,1)s(1,2)\ldots s(1,t)$ $s(2,1)\ s(2,2)\ldots s(2,t)\ldots s(t,1)s(t,2)\ldots s(t,t) \in \{1, \ldots, k\}^*$, dessen Länge gleich t^2 ist und durch $|R|^2 \leq |(m, k, t, R, T_1, \ldots, T_k)|^2$ beschränkt werden kann.

2. Wir zeigen $A \leq$ PUZZLE für ein jedes $A \in$ **NP**. Für ein gegebenes $A \in$ **NP** gibt es nach Satz 3.33 ein Polynom p und eine nichtdeterministische 1-Turingmaschine M, die A in der Zeit p akzeptiert. Die Eingabe $x = a_1 a_2 \ldots a_n$ steht in den Feldern $1, 2, \ldots, n$ des Bandes von M. Die Maschine M startet im Zustand z_0 mit dem Kopf im Feld 1 und arbeitet als 1-Turingmaschine ausschließlich in den Feldern $1, 2, \ldots, p(n)$. Im Falle der Akzeptierung von x gibt es einen Rechenweg, bei dem nach höchstens $p(n)$ Takten im Feld 1 mit Zustand z_1 gestoppt wird. Das Feld 1 hat dann den Inhalt 1; alle anderen Felder haben den Inhalt $\square$.

Das folgende Schema zeigt die Folge der Bandbeschriftungen mit dem jeweiligen Zustand im Kopffeld auf einem akzeptierenden Rechenweg von M bei Eingabe $x = a_1 a_2 \ldots a_n$. Dabei sind nur die Situationen nach den relevanten Takten 0 (Startsituation), $1, 2, \ldots, p(n)$ in den relevanten Feldern $1, 2, \ldots, p(n)$ dargestellt. (Es wurde angenommen, daß M die Befehle $z_0 a_1 \rightarrow z_5 a_3 R$ und $z_5 a_2 \rightarrow z_? a_6 R$ besitzt.) Um wirklich nach genau $p(n)$ Takten die gewünschte Endsituation zu haben (die ja durch einen Stopp schon früher eintreten kann), stellen wir uns vor, daß M im Stoppzustand z_1 identisch weiterarbeitet, d. h. stets Befehle $z_1 1 \rightarrow z_1 1 O$ ausführt.

Feld

1	2	...	n	$n+1$	...	$p(n)$	Takt
(z_0, a_1)	a_2	...	a_n	$\square$	...	$\square$	0
a_3	(z_5, a_2)	...	a_n	$\square$	...	$\square$	1
a_3	a_6	...	a_n	$\square$	...	$\square$	2
$\vdots$	$\vdots$	$\vdots$	$\vdots$	$\vdots$	$\vdots$	$\vdots$	$\vdots$
$(z_1, 1)$	$\square$	...	$\square$	$\square$	...	$\square$	$p(n)-1$
$(z_1, 1)$	$\square$	...	$\square$	$\square$	...	$\square$	$p(n)$

Die Idee ist nun, dieses Schema durch die Ausfüllung eines Rahmens durch Puzzleteile zu erzeugen:

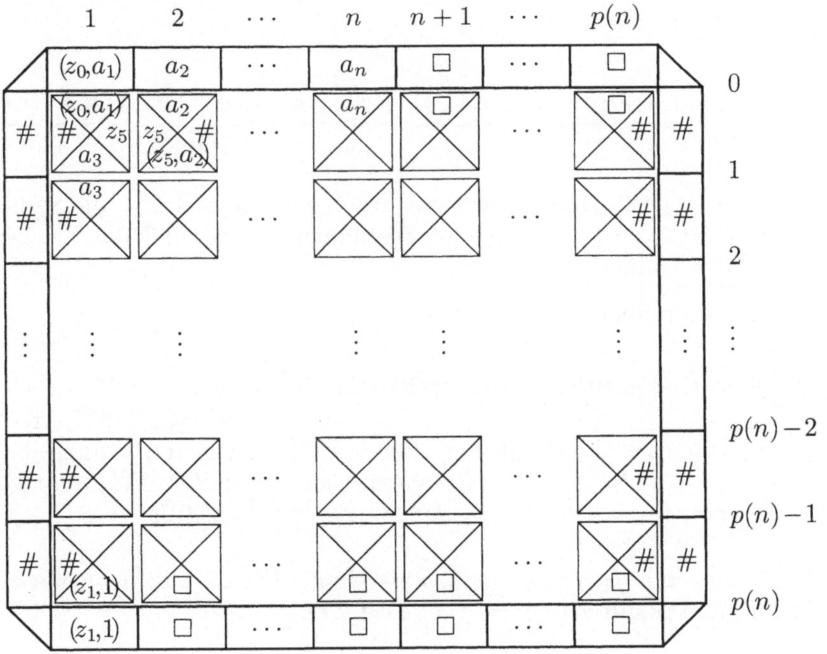

In einem korrekt ausgefüllten solchen Puzzle gilt: Die Folge der Symbole der unteren Kante der Zeile i entspricht einer möglichen Situation von M bei der Eingabe von x nach i Takten.

Ein Puzzleteil beschreibt die mögliche Veränderung eines Feldinhaltes in einem Takt. Oben steht also der alte Buchstabe, unten der neue. Bei einer Kopfbewegung im Zustand z muß an dem der überschrittenen Feldgrenze entsprechenden Puzzleteilrand (rechts oder links) der Zustand z notiert werden. Linke und rechte Puzzleteilränder, die auf diese Weise keinen Zustand bekommen, erhalten ein spezielles Symbol #. Wir erhalten so die Typen von Puzzleteilen, die in sechs Kategorien aufgeteilt werden können:

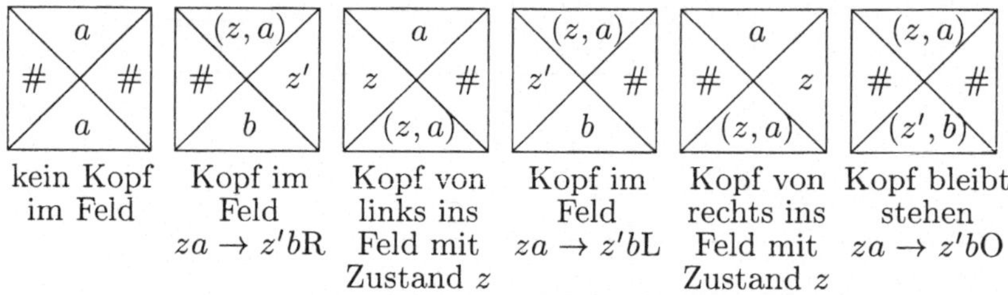

| kein Kopf im Feld | Kopf im Feld
$za \to z'b$R | Kopf von links ins Feld mit Zustand z | Kopf im Feld
$za \to z'b$L | Kopf von rechts ins Feld mit Zustand z | Kopf bleibt stehen
$za \to z'b$O |

Diese Typen hängen nur von den Befehlen der 1-Turingmaschine M, nicht jedoch von der Eingabe x ab. Wir bezeichnen sie mit $T_1^M, T_2^M, \ldots, T_k^M$.

Der $(p(n) \times p(n))$-Rahmen im obigen Bild hängt von M und der Eingabe x ab und hat die Form

$$R_{M,x} =_{\text{def}} \underbrace{(z_0, a_1)a_2a_3 \ldots a_n \square\square \ldots \square}_{p(n)} \underbrace{\#\# \ldots \#}_{p(n)} \underbrace{\square\square \ldots \square (z_1, 1)}_{p(n)} \underbrace{\#\# \ldots \#}_{p(n)}.$$

Nun wird m so groß gewählt, daß mit den Symbolen aus Σ_m alle Symbole, Zustände, Paare von Symbolen und Zuständen von M und das Zeichen # codiert werden können.

Wir erhalten nun folgende Äquivalenzkette:

$$x \in A \iff \text{es existiert ein akzeptierender Rechenweg von } M \text{ auf } x$$
$$\text{mit } \leq p(|x|) \text{ Takten}$$
$$\iff \text{es existiert eine korrekte Ausfüllung von } R_{M,x} \text{ durch die}$$
$$\text{Puzzleteile der Typen } T_1^M, T_2^M, \ldots, T_k^M$$
$$\iff (m, k, p(|x|), R_{M,x}, T_1^M, \ldots, T_k^M) \in \text{PUZZLE}$$

Die Funktion f mit $f(x) =_{\text{def}} (m, k, p(|x|), R_{M,x}, T_1^M, \ldots, T_k^M)$ ist offensichtlich in **FP**, und es gilt $x \in A \Leftrightarrow f(x) \in \text{PUZZLE}$. $\square$

3.4.3 Eine Liste NP-vollständiger Probleme

Damit kennen wir ein erstes **NP**-vollständiges Problem. Durch Reduzierung dieses PUZZLE-Problems auf andere Probleme kann nach Satz 3.40.3 auch deren **NP**-Vollständigkeit nachgewiesen werden. Wir geben hier eine kleine Auswahl von **NP**-vollständigen Problemen an. Der Übersichtlichkeit halber werden wir die Mengen anstatt in der gewohnten Form $M =_{\text{def}} \{X : E(X)\}$ in der folgenden Form aufschreiben:

Problem M

Gegeben: X

Frage: Gilt $E(X)$?

Hier ist nun unsere Liste **NP**-vollständiger Probleme.

Cliquenproblem CLIQUE

Gegeben: Graph $G = (E, K)$, $k \in \mathbb{N}$

Frage: Besitzt G eine Clique mit mindestens k Knoten?

($C \subseteq E$ heißt *Clique*, falls $C \times C \subseteq K$)

Unabhängige-Menge-Problem IS (*independent set*)

Gegeben: Graph $G = (E, K)$, $k \in \mathbb{N}$

Frage: Besitzt G eine unabhängige Menge mit mindestens k Knoten?

($U \subseteq E$ heißt *unabhängige Menge*, falls $U \times U \subseteq \overline{K}$)

Knotenüberdeckungsproblem VC (*vertex cover*)

Gegeben: Graph $G = (E, K)$, $k \in \mathbb{N}$

Frage: Besitzt G eine Knotenüberdeckung mit höchstens k Knoten?

($V \subseteq E$ heißt *Knotenüberdeckung*, falls $K \subseteq (V \times E) \cup (E \times V)$)

k-Färbbarkeits-Problem k-FARB (für $k \geq 3$)

Gegeben: Graph $G = (E, K)$

Frage: Ist G mit k Farben färbbar? Das heißt:

Gibt es $a_1, \dots a_m \in \{1, \dots, k\}$ mit $a_i \neq a_j$ für alle $(i, j) \in K$?

Hamiltonkreisproblem HK

Gegeben: Graph $G = (E, K)$

Frage: Besitzt G einen Hamiltonkreis? Das heißt:

Gibt es $v_1, v_2, \dots, v_{\#E}$ mit $\{v_1, v_2, \dots, v_{\#E}\} = E$ und
$\{(v_1, v_2), (v_2, v_3), \dots, (v_{m-1}, v_m), (v_m, v_1)\} \subseteq K$?

Handlungsreisendenproblem TS (*travelling salesman*)

Gegeben: Orte $1, 2, \dots, m$, die ein Handlungsreisender besuchen muß,
Kosten $M(i, j) \in \mathbb{N}$ für Reise von Ort i nach Ort j,
Maximalkosten $k \in \mathbb{N}$

Frage: Gibt es eine Rundreise durch alle Orte mit Gesamtkosten $\leq k$?
Das heißt: Gibt es $s_1, \dots, s_m$ mit $\{s_1, \dots, s_m\} = \{1, \dots, m\}$
und $\sum_{i=1}^{m-1} M(s_i, s_{i+1}) + M(i_m, i_1) \leq k$?

Verteilungsproblem BP (*bin packing*)

Gegeben: Gegenstände $1, \ldots, m$ mit Volumen $a_1, \ldots, a_m$,
 k Behälter mit jeweiligem Volumen l

Frage: Können die Gegenstände in den Behältern verstaut werden?
 Das heißt: Gibt es eine Zerlegung $Z_1 \cup \cdots \cup Z_k = \{1, \ldots, m\}$
$$\text{mit } \sum_{j \in Z_i} a_j \le l \text{ für } i = 1, 2, \ldots, k?$$

Andere Interpretation:

Gegeben: m Jobs mit Laufzeiten $a_1, \ldots, a_m$, k Prozessoren, Rechenzeit l

Frage: Gibt es eine Verteilung der Jobs auf die k Prozessoren,
 so daß jeder Prozessor nicht länger als l rechnet?

Teilsummenproblem SOS (*sum of subset*)

Gegeben: $n, a_1, \ldots, a_n, b \in \mathbb{N}$

Frage: Gibt es $I \subseteq \{1, \ldots, n\}$ mit $\Sigma_{i \in I} a_i = b$?

Partitionsproblem PARTITION

Gegeben: $n, a_1, \ldots, a_n \in \mathbb{N}$

Frage: Können die $a_1, \ldots, a_n$ in zwei gleiche Teile aufgeteilt werden?
 Das heißt: Gibt es $I \subseteq \{1, \ldots, n\}$ mit $\Sigma_{i \in I} a_i = \Sigma_{i \notin I} a_i$?

Rucksackproblem KNAPSACK

Gegeben: m Gegenstände mit Gewichten $g_1, \ldots g_m \in \mathbb{N}$ und
 Werten $v_1, \ldots, v_m \in \mathbb{N}$

Frage: Können Gegenstände mit maximalem Gesamtgewicht G und
 minimalem Gesamtwert V ausgewählt werden? Das heißt:
 Gibt es $I \subseteq \{1, \ldots, m\}$ mit $\sum_{i \in I} g_i \le G$ und $\sum_{i \in I} v_i \ge V$?

Quadratische-Diophantische-Gleichungen-Problem QDG

Gegeben: $a, b, c \in \mathbb{N}$

Frage: Gibt es $x, y \in \mathbb{N}$ mit $ax^2 + by = c$?

Dreier-Heiratsproblem DHP

Gegeben: Gleichgroße Mengen A,B,C mit Personen *dreier* Geschlechter,
 Sympathiemenge $H \subseteq A \times B \times C$ ($(a, b, c) \in H$ bedeutet:
 a, b und c würden evtl. eine Dreier-Heirat eigehen)

Frage: Gibt es ein Arrangement mit $\#A$ Heiraten (ohne Polygamie)?
 Das heißt: Gibt es bijektive Funktionen $s : A \to B$ und
$$r : A \to C \text{ mit } \forall a (a \in A \to (a, s(a), r(a)) \in H)?$$

Während das Dreier-Heiratsproblem NP-vollständig, also sehr schwierig zu
lösen ist, kann das ganz normale, irdische Zweier-Heiratsproblem glücklicher-
weise von einem deterministischen Algorithmus in Polynomialzeit gelöst werden.

3.5 Speicherplatzkomplexität

3.5.1 Der Speicherplatzbedarf von Algorithmen

Einem Algorithmus M, der eine totale Funktion $f\colon (\Sigma^*)^m \to \Sigma^*$ berechnet, wollen wir eine *Speicherplatzbedarfsfunktion* $s_M\colon (\Sigma^*)^m \to \mathbb{N}$ zuordnen, die informell wie folgt definiert sein soll:

$$s_M(x_1, \ldots, x_m) =_{\text{def}} \text{„Speicherplatzbedarf" von } M \text{ bei Eingabe } (x_1, \ldots, x_m).$$

Was „Speicherplatzbedarf" im einzelnen bedeutet, muß für jedes Algorithmenmodell speziell definiert werden. Wir werden dies hier ausschließlich für Turingmaschinen tun. Für eine Turingmaschine M definieren wir

$$s_M(x_1, \ldots, x_m) \quad =_{\text{def}} \quad \text{Anzahl der Bandfelder, in denen sich während}$$
$$\text{der Arbeit von } M \text{ bei der Eingabe } (x_1, \ldots, x_m)$$
$$\text{mindestens einmal ein Kopf befindet.}$$

Wir betrachten nun Berechnungen, bei denen die Speicherplatzbedarfsfunktion durch eine gegebene Funktion in der Länge der Eingabe beschränkt ist.

Definition 3.42 *Es sei* $s\colon \mathbb{N} \to \mathbb{N}$ *eine totale Funktion.*

- *Ein Algorithmus M berechnet eine totale Funktion $f\colon (\Sigma^*)^m \to \Sigma^*$ mit Speicherplatzbedarf s, falls gilt*

  - *M berechnet die Funktion f*

  - *Es gilt $s_M(x_1, \ldots, x_m) \leq s(|x_1| + \cdots + |x_m|)$ für alle $x_1, \ldots, x_m \in \Sigma^*$, d. h. der Speicherplatzbedarf wird auf die Eingabelänge $n = |x_1| + \cdots + |x_m|$ bezogen. Wir werden die Eingabelänge auch hier stets mit n bezeichnen.*

- *Ein Algorithmus M berechnet eine Funktion f mit Speicherplatzbedarf $O(s)$, falls es eine Konstante $c > 0$ so gibt, daß M die Funktion f mit Speicherplatzbedarf $c \cdot s(n) + c$ berechnet.*

- *Ein Algorithmus M entscheidet eine Menge A mit Speicherplatzbedarf s (mit Speicherplatzbedarf $O(s)$), falls er die charakteristische Funktion c_A von A mit Speicherplatzbedarf s (mit Speicherplatzbedarf $O(s)$) berechnet.*

Wegen der Korrespondenz von Wörtern und natürlichen Zahlen gelten die Festlegungen dieser Definition natürlich auch für totale Funktionen $f\colon \mathbb{N}^m \to \mathbb{N}$, wobei wir $|x| =_{\text{def}} |\text{dya}(x)|$ für $x \in \mathbb{N}$ definieren.

Nach dieser Definition können Funktionen, zu deren Berechnung die Eingabe vollständig gelesen werden muß, nur mit einem Speicherplatzbedarf $s(n) \geq n+1$ berechnet werden (das Aufsuchen des ersten rechts neben der Eingabe befindlichen leeren Feldes kann im allgemeinen nicht vermieden werden, da die Turingmaschine erst dort feststellen kann, daß das Ende des Wortes erreicht war). Will man auch Berechnungen mit Speicherplatzbedarf $s(n) \leq n$ betrachten, so muß man das Turingmaschinenmodell und die Definition des Speicherplatzbedarfs abändern, indem man ein spezielles Eingabeband verwendet, auf dem nur gelesen werden kann und bei dem der Speicherplatz nicht gezählt wird. Wir beschränken uns aber auf den durch die obige Definition eingegrenzten Bereich mit Speicherplatzbedarf $s(n) \geq n + 1$ und betrachten dafür einige Beispiele.

Beispiel 3.43 Für die in Beispiel 3.2 analysierte Turingmaschine M, die die Menge PAL entscheidet, gilt $s_M(x) = |x| + 1$ für alle Wörter $x \in \{a, b\}^*$. Folglich entscheidet M die Menge PAL mit Speicherplatzbedarf $n + 1$. $\square$

Beispiel 3.44 Die Additionsfunktion sum kann von einer Turingmaschine wie folgt berechnet werden: Zunächst wird von der auf Band 1 befindlichen Eingabe $a_1 a_2 \ldots a_m * b_1 b_2 \ldots b_k$ der Teil rechts von $*$ auf das Band 2 übertragen und auf Band 1 einschließlich $*$ gelöscht. Dann laufen die Köpfe der Bänder 1 und 2 synchron von rechts nach links über die dyadischen Darstellungen $a_1 a_2 \ldots a_m$ bzw. $b_1 b_2 \ldots b_k$, addieren dabei bitweise (mit Übertrag, der durch den Zustand gespeichert wird), und der Kopf von Band 1 ersetzt das jeweilige Bit a_i durch das entsprechende Bit der dyadischen Darstellung der Summe. Auf diese Weise werden auf Band 1 die anfangs mit

$$\underbrace{\square\square\square \ldots \square}_{1+\max(m,k)-m} \; a_1 a_2 \ldots a_m * b_1 b_2 \ldots b_k \square$$

beschrifteten Felder vom Kopf aufgesucht, und auf Band 2 werden die schließlich mit $\square b_1 b_2 \ldots b_k \square$ beschriften Felder aufgesucht. Der Speicherplatzbedarf der Turingmaschine kann also durch $\max(m, k) + 2k + 5 \leq 3(m + k) + 5 \leq 3n + 5$ beschränkt werden. Die Turingmaschine berechnet folglich die Funktion sum mit Speicherplatzbedarf $O(n)$.

Ganz ähnlich macht man sich klar, daß auch die anderen arithmetischen Grundfunktionen md, prod und div von geeigneten Turingmaschinen mit Speicherplatzbedarf $O(n)$ berechnet werden können (siehe Aufgabe 3.27). Damit können auch alle Polynome von geeigneten Turingmaschinen mit Speicherplatzbedarf $O(n)$ berechnet werden. $\square$

Beispiel 3.45 Die Mengen in den Beispielen 3.13 - 3.21 sind mit geeigneten Turingmaschinen mit Speicherplatzbedarf $O(n)$ entscheidbar: die Rest-Funktion mod, die Primzahlmenge PRIM, das Mustererkennungsproblem ME, das 2-Färbbarkeitsproblem 2-FARB, das Zusammenhangsproblem ZH und das Eulerkreisproblem EK (siehe Aufgabe 3.28). $\square$

Beispiel 3.46 Aber auch die meisten der in den Abschnitten 3.3 und 3.4 behandelten NP-Mengen sind durch geeignete deterministische Turingmaschinen mit Speicherplatzbedarf $O(n)$ akzeptierbar, darunter das Teilsummenproblem SOS, das k-Färbbarkeitsproblem k-FARB für $k \geq 3$, das Hamiltonkreisproblem HK, das Rucksackproblem KNAPSACK, das Cliquenproblem CLIQUE, das Handlungsreisendenproblem TS und das Verteilungsproblem BP. Wir zeigen das hier für das Teilsummenproblem SOS, für die anderen Probleme siehe Aufgabe 3.29.

Eine deterministische Turingmaschine M mit drei Bändern kann wie folgt das Teilsummenproblem SOS akzeptieren: Die Eingabe steht zu Beginn der Berechnung in der Form

$$a_{11}a_{12}\ldots a_{1r_1} * a_{21}a_{22}\ldots a_{2r_2} * \cdots * a_{m1}a_{m2}\ldots a_{mr_m} * b_1 b_2 \ldots b_k$$

auf Band 1, wobei $\mathrm{dya}(a_i) = a_{i1}a_{i2}\ldots a_{ir_i}$ für $i = 1, 2, \ldots, m$ und $\mathrm{dya}(b) = b_1 b_2 \ldots b_k$ gilt. Die Idee für die Arbeitsweise von M besteht darin, nacheinander auf Band 3 alle Folgen $c_1 c_2 \ldots c_m \in \{0,1\}^m$ zu produzieren, wobei jeweils die dyadische Darstellung von $\sum_{i=1}^{m} c_i \cdot a_i$ auf Band 2 erzeugt und mit $b_1 b_2 \ldots b_k$ verglichen wird. Akzeptierung erfolgt, falls sich für eine Folge $c_1 c_2 \ldots c_m \in \{0,1\}^m$ die Gleichheit $\mathrm{dya}(\sum_{i=1}^{m} c_i \cdot a_i) = b_1 b_2 \ldots b_k$ ergibt. Im einzelnen realisiert das M wie folgt.

1. Zunächst bewegt sich der Kopf von Band 1 nach rechts und dabei wird für jedes gelesene $*$ auf Band 3 eine 0 geschrieben. Damit ist auf Band 3 die Folge $c_1 c_2 \ldots c_m = 00 \ldots 0$ erzeugt. Der Kopf von Band 1 läuft wieder nach links bis zum rechtesten $*$, welches durch ein neues Symbol $\bullet$ ersetzt wird.

2. Jetzt wird auf Band 2 die dyadische Darstellung von $\sum_{i=1}^{m} c_i \cdot a_i$ erzeugt, indem die Köpfe der Bänder 1 und 3 nach links laufen und im Falle $c_i = 1$ die auf Band 1 gelesene dyadische Darstellung $a_{i1}a_{i2}\ldots a_{ir_i}$ von a_i zu der bereits auf Band 2 befindlichen dyadischen Darstellung addiert wird (anfangs ist das die dyadische Darstellung von 0, also das leere Wort).

3. Nun testet M mit Hilfe von Rechtsbewegungen der entsprechenden Köpfe, ob die Folge $\mathrm{dya}(\sum_{i=1}^{m} c_i \cdot a_i)$ auf Band 2 mit der Folge $b_1 b_2 \ldots b_k$ auf Band 1 übereinstimmt. Dabei wird die Folge auf Band 2 gelöscht. Stimmen die Folgen überein, so wird mit Hilfe von Linksbewegungen des Kopfes der Inhalt von Band 1 und Band 3 gelöscht, das Resultat 1 geschrieben und gestoppt. Sonst läuft der Kopf von Band 1 nach links bis zum $\bullet$ zurück.

4. Der Kopf von Band 3 läuft nach rechts und testet dabei, ob $c_1 c_2 \ldots c_m = 11 \ldots 1$ gilt. Ist das der Fall, so wird mit Hilfe von Linksbewegungen des Kopfes der Inhalt von Band 1 und Band 3 gelöscht, das Resultat 0 geschrieben und gestoppt. Sonst wird die nächste Folge $c_1 c_2 \ldots c_m$ erzeugt, indem $c_1 c_2 \ldots c_m$ als Binärdarstellung einer Zahl interpretiert und eine 1 dazuaddiert wird. Dazu muß der Kopf von Band 3 eine Folge von Linksbewegungen und dann eine Folge von Rechtsbewegungen ausführen. Nun verfährt M wie unter 2.

Offensichtlich entscheidet M die Menge SOS und verwendet dabei höchstens $3n + 6$ Bandfelder. Nebenbei sei zur Laufzeit von M folgendes angemerkt:

Punkt 1 des Algorithmus wird einmal ausgeführt mit $O(n)$ Schritten. Die Punkte 2, 3 und 4 mit jeweils $O(n)$ Schritten werden für jede Folge $c_1 c_2 \ldots c_m \in \{0,1\}^m$ höchstens einmal ausgeführt. Da es 2^m solche Folgen gibt, kann die Rechenzeit von M mit $O(n \cdot 2^n)$ angegeben werden. $\square$

Wir betrachten natürlich auch den Speicherplatzbedarf nichtdeterministischer Algorithmen und dessen Beschränkung.

Definition 3.47 *Es sei* $s\colon \mathbb{N} \to \mathbb{N}$ *eine totale Funktion.*

- *Ein nichtdeterministischer Algorithmus* M *akzeptiert eine Menge* A *mit Speicherplatzbedarf* s *genau dann, wenn gilt:*

  - *M akzeptiert* A *und*

  - *der Speicherplatzbedarf eines jeden Rechenweges von* M *bei Eingabe* x *ist nicht größer als* $s(|x|)$.

- *Ein nichtdeterministischer Algorithmus* M *akzeptiert eine Menge* A *mit Speicherplatzbedarf* $O(s)$, *falls es eine Konstante* $c > 0$ *so gibt, daß* M *die Menge* A *in der Zeit* $c \cdot s(n) + c$ *akzeptiert.*

Beispiel 3.48 Die im Beispiel 3.46 beschriebene deterministische Turingmaschine zur Entscheidung von SOS kann zu einer nichtdeterministischen Turingmaschine „umgebaut" werden, die ebenfalls mit Speicherplatzbedarf $O(n)$ arbeitet, aber durch Ausnutzung des Nichtdeterminismus die Laufzeit von $O(n \cdot 2^n)$ auf $O(n)$ reduziert: Die dort nacheinander getesteten Folgen $c_1 c_2 \ldots c_m \in \{0,1\}^m$ werden jetzt auf verschiedenen Rechenwegen „gleichzeitig" getestet (siehe auch das RIES-Programm für SOS in Beispiel 3.32). Im Punkt 1 wird nichtdeterministisch ein $c_1 c_2 \ldots c_m \in \{0,1\}^m$ auf das Band 3 geschrieben, wobei bei jedem c_i sich die Berechnung nichtdeterministisch in einen Teil $c_i = 0$ und $c_i = 1$ aufspaltet. Am Ende dieser Phase gibt es für jede Folge $c_1 c_2 \ldots c_m \in \{0,1\}^m$ genau einen Rechenweg, wo diese Folge auf Band 3 steht. Auf jedem dieser Wege wird nun deterministisch weitergearbeitet, indem die Punkte 2 und 3 ausgeführt werden. $\square$

3.5.2 Die Klassen LIN und NLIN

Wir haben eine Reihe von Problemen kennengelernt, die sich mit deterministischen bzw. nichtdeterministischen Turingmaschinen mit Speicherbedarf $O(n)$ entscheiden bzw. akzeptieren lassen. Sie gehören zu den wichtigen Speicherplatz-Komplexitätsklassen **LIN** und **NLIN**, die wir wie folgt definieren:

$$\mathbf{LIN} =_{\mathrm{def}} \{A\colon \text{es existiert eine deterministische Turingmaschine,}$$
$$\text{die } A \text{ mit Speicherplatz } O(n) \text{ entscheidet}\}$$

$$\textbf{NLIN} =_{\text{def}} \{A: \text{es existiert eine nichtdeterministische Turingmaschine,}$$
$$\text{die } A \text{ mit Speicherplatz } O(n) \text{ akzeptiert}\}$$

Da jede deterministische Turingmaschine eine spezielle nichtdeterministische Turingmaschine ist, gilt

Eigenschaft 3.49 LIN $\subseteq$ NLIN.

Ähnlich wie bei der Inklusion $\textbf{P} \subseteq \textbf{NP}$ konnte bisher nicht geklärt werden, ob die Inklusion $\textbf{LIN} \subseteq \textbf{NLIN}$ echt ist. Man nennt dieses Problem auch das *LBA-Problem*, da man Turingmaschinen mit linearem Speicherplatzbedarf zuweilen auch **l**inear **b**eschränkte **A**utomaten (bzw. *l*inearly *b*ounded *a*utomata) nennt.

Die Klassen **LIN** und **NLIN** sind sehr robust gegenüber Änderungen des Berechnungsmodells. Wenn man zum Beispiel für RAM oder RIES-Programme in geeigneter Weise Speicherplatzbedarfsfunktionen einführt, zeigt sich, daß die Klassen der durch Algorithmen dieser Modelle mit Spcicherplatzbedarf $O(n)$ deterministisch entschiedenen bzw. nichtdeterministisch akzeptierten Mengen mit den Klassen **LIN** bzw. **NLIN** übereinstimmen. Wir werden hier jedoch lediglich zeigen, daß die Klasse der 1-Turingmaschinen mit Speicherplatzbeschränkung $n + 1$ das Gleiche leistet wie die Klasse aller Turingmaschinen mit Speicherplatzbeschränkung $O(n)$.

Satz 3.50 *Es sei $A \in \Sigma^*$ eine Menge.*

1. *Es gilt $A \in$ **LIN** genau dann, wenn es eine deterministische 1-Turingmaschine gibt, die A mit Speicherplatzbedarf $n + 1$ entscheidet.*

2. *Es gilt $A \in$ **NLIN** genau dann, wenn es eine nichtdeterministische 1-Turingmaschine gibt, die A mit Speicherplatzbedarf $n + 1$ akzeptiert.*

Beweis. 1. Da jede 1-Turingmaschine eine spezielle Turingmaschine ist, haben wir nur zu zeigen, daß eine beliebige Turingmaschine mit Speicherplatzbedarf $O(n)$ von einer 1-Turingmaschine mit Speicherplatzbedarf $n + 1$ simuliert werden kann.

Die im Beweis von Lemma 2.18 konstruierte deterministische 1-Turingmaschine M' simuliert die vorgegebene deterministische Turingmaschine M mit k Bändern offensichtlich so, daß gilt: Benötigt M bei einer Eingabe x genau s Bandfelder, so benötigt M' bei der Eingabe x höchstens $s + 2k + 1$ Felder. Da $2k + 1$ eine Konstante ist, folgt: Entscheidet M eine Menge A mit Speicherplatzbedarf $O(n)$, so entscheidet M' die Menge A ebenfalls mit Speicherplatzbedarf $O(n)$.

In einer zweiten Etappe konstruieren wir jetzt aus einer 1-Turingmaschine M', die eine Menge A mit Speicherplatzbedarf $c \cdot n + c$ mit $c > 1$ entscheidet, eine 1-Turingmaschine M'', die die Menge A mit Speicherplatzbedarf $n + 1$

entscheidet. Die Simulationsidee besteht darin, jeweils $k =_{\text{def}} c + 1$ Bandsymbole von M' in einem Symbol von M'' zu codieren. Damit wird das benutzte Bandstück um den Faktor k komprimiert.

In der „Kompressionsphase" wird das Anfangsstück $a_1 a_2 \ldots a_n \square$ des Bandinhaltes in das Wort $(b_1 b_2 \ldots b_k)(b_{k+1} b_{k+2} \ldots b_{2k}) \ldots (b_{k \cdot n+1} b_{k \cdot n+2} \ldots b_{k \cdot (n+1)})$ umgewandelt, wobei $b_1 b_2 \ldots b_{k \cdot (n+1)} = a_1 a_2 \ldots a_n \square \square \ldots \square \bullet$ gilt und jedes $(b_{k \cdot i+1} b_{k \cdot i+2} \ldots b_{k \cdot (i+1)})$ *ein* Symbol von M'' ist (das Symbol $\bullet$ werde von M' nicht verwendet). Dazu „merkt sich" M'' jeweils k Symbole der Eingabe (beginnend von links) mit den Zuständen, löscht diese k Symbole und schreibt sie weiter links in das erste, nunmehr freie Feld als *ein* Symbol. Ist die Eingabe auf diese Weise komprimiert, so wird mit Symbolen $\square$ und einem abschließenden $\bullet$ „aufgefüllt".

In der „Simulationsphase" arbeitet M'' auf dem komprimierten Wort wie M' auf dem originalen Bandinhalt (mit entsprechend abgeänderten Befehlen). Wegen der Speicherplatzbeschränkung $c \cdot n + c < k \cdot (n + 1)$ von M' werden dazu von M'' nur die ersten $n + 1$ Bandfelder verwendet, und das Symbol $\bullet$ wird nicht verändert.

In der „Dekompressionsphase" wird das bei der Simulation entstandene Anfangsstück $(\alpha \square \square \ldots \square)(\square \square \ldots \square) \ldots (\square \square \ldots \square)(\square \square \ldots \square \bullet)$ der Länge $n + 1$ des Bandinhaltes in $\alpha \square \square \ldots \square$ umgewandelt ($\alpha \in \{0, 1\}$). Das realisiert M'' durch Bewegung des Kopfes nach rechts bis zum Symbol $(\square \square \ldots \square \bullet)$ und anschließender Bewegung nach links zum Bandanfang, bei der die gewünschten Ersetzungen ausgeführt werden.

2. Die in Lemma 2.18 angegebene Simulation funktioniert ebenso wie die vorstehend beschriebene Simulation in gleicher Weise und mit gleichen Speicherplatzabschätzungen auch für nichtdeterministische Turingmaschinen. $\square$

Die Klassen **LIN** und **NLIN** besitzen, ähnlich wie die Klassen **P** und **NP** (siehe Satz 3.12 und Satz 3.28), schöne Abschlußeigenschaften, deren einfache Beweise als Übungsaufgabe verbleiben (siehe Aufgabe 3.30).

Satz 3.51

1. *Die Klasse* **LIN** *ist unter Vereinigung, Durchschnitt und Komplementbildung abgeschlossen, d. h. mit $A, B \in$* **LIN** *sind auch $A \cup B$, $A \cap B$ und $\overline{A}$ in* **LIN**.

2. *Die Klasse* **NLIN** *ist unter Vereinigung und Durchschnitt abgeschlossen, d. h. mit $A, B \in$* **NLIN** *sind auch $A \cup B$ und $A \cap B$ in* **NLIN**.

Tatsächlich ist die Klasse **NLIN** auch unter Komplementbildung abgeschlossen. Dies war für lange Zeit ein bekanntes, aber ungelöstes Problem. Im Jahre 1987 gelang es N. IMMERMAN und R. SZELEPCZÉNYI unabhängig voneinander, dieses Problem im positiven Sinne zu lösen.

Schließlich interessieren wir uns für die Beziehungen zwischen den „Zeitklassen" **P**, **NP** und **EXP** einerseits und den „Speicherplatzklassen" **LIN** und **NLIN** andererseits. Zunächst sei bemerkt, daß weder die Gültigkeit der Inklusion **P** $\subseteq$ **NLIN** noch die Gültigkeit der Inklusion **LIN** $\subseteq$ **NP** bekannt ist. Aber man kann beweisen, daß ebenso wie **NP** $\subseteq$ **EXP** (Satz 3.29) auch **NLIN** $\subseteq$ **EXP** gilt.

Satz 3.52 NLIN $\subseteq$ EXP.

Beweis. Es sei M eine nichtdeterministische 1-Turingmaschine mit k Zuständen und r Bandsymbolen, die eine Menge A mit Speicherplatzbedarf $c \cdot n + c$ mit $c > 1$ akzeptiert. Da eine solche Maschine auf jedem Rechenweg möglicherweise exponentielle Laufzeit besitzen, d. h. mindestens 2^n Schritte ausführen kann (siehe Beispiel 3.46) und sich die Rechenwege in jedem Schritt aufspalten können, kann M eventuell 2^{2^n} Rechenwege besitzen. Die Simulation aller dieser Rechenwege nacheinander durch einen deterministischen Algorithmus A würde also zu doppelt exponentieller Laufzeit, d. h. $t_A(n) \geq 2^{2^n}$ führen. Man muß deshalb ein völlig anderes Verfahren als eine solche Schritt-für-Schritt-Simulation aller Rechenwege wählen, um zu einem deterministischen Exponentialzeitalgorithmus zu kommen. Das hier verwendete, ziemlich clevere Verfahren benutzt die Methode der *Dynamischen Programmierung*. Dazu überlegen wir uns zunächst, wieviel verschiedene Situationen von M bei einer Eingabe x überhaupt auftreten können. Zwei verschiedene Situationen können sich nur im Zustand, in der Kopfposition und im Inhalt der ersten $c \cdot |x| + c$ Bandfelder unterscheiden. Also kann die Anzahl der möglichen Situationen von M bei der Arbeit auf x bestimmt werden durch

(Anzahl der Zustände) $\cdot$ (Anzahl der Kopfpositionen) $\cdot$

$\cdot$ (Anzahl der verschiedenen Inhalte der ersten $c \cdot |x| + c$ Felder)

$$
\begin{aligned}
&= \quad k \cdot (c \cdot |x| + c) \cdot (\text{Anzahl der Symbole})^{c \cdot |x| + c} \\
&= \quad k \cdot (c \cdot |x| + c) \cdot r^{c \cdot |x| + c} \\
&\leq \quad 2^{d \cdot |x| + d} \qquad \text{für ein geeignetes } d > c.
\end{aligned}
$$

Die drei für eine Situation der Maschine M bei Eingabe x wesentlichen Informationen fassen wir in einem Tripel

$$(\text{Zustand}, \text{Kopfposition}, \text{Inhalt der ersten } c \cdot |x| + c \text{ Felder})$$

zusammen, das wir auch eine *Konfiguration von M auf x* nennen. Sind z_0 und z_1 Start- bzw. Stoppzustand von M, so sind

$$(z_0, 1, x \underbrace{\square\square\ldots\square}_{(c-1)\cdot|x|+c}) \qquad \text{und} \qquad (z_1, 1, 1 \underbrace{\square\square\ldots\square}_{c\cdot|x|+c-1})$$

die *Startkonfiguration* bzw. die *akzeptierende Konfiguration* von M auf x. Wir numerieren alle Konfigurationen von M auf x in lexikographischer Reihenfolge als $K_1^x, K_2^x, \ldots, K_{2^{d \cdot |x| + d}}^x$ durch. Die Startkonfiguration sei dabei K_s^x, und die akzeptierende Konfiguration sei K_a^x.

Die Turingmaschine M akzeptiert x genau dann, wenn es einen Rechenweg gibt, auf dem die zu K_s^x gehörige Situation in die zu K_a^x gehörige Situation überführt wird. Das können wir wie folgt überprüfen: Wir beginnen mit der Konfiguration K_s^x und markieren alle Nachfolgekonfigurationen (d. h. die zu denjenige Situationen gehörigen Konfigurationen, die in einem Schritt erreicht werden können). Von jeder markierten Konfiguration bestimmen wir wiederum die Nachfolgekonfigurationen und markieren diese usw. Da es nur $2^{d \cdot |x| + d}$ Konfigurationen von M auf x gibt, haben wir nach höchstens $2^{d \cdot |x| + d}$ Markierungsschritten bereits alle aus K_s^x erreichbaren Konfigurationen markiert. Die Eingabe x wird akzeptiert, falls die akzeptierende Konfiguration K_a^x markiert wurde.

Wir wollen nun diesen sehr informell beschriebenen Algorithmus im RIES-Stil notieren. Dabei verwenden wir die 0-1-wertigen Felder e[] und b[] und die Wertvariable m mit der folgenden Bedeutung:

$\text{e[i]} = 1 \iff$ die Konfiguration K_i^x wurde bereits markiert

$\text{b[i]} = 1 \iff$ die Konfiguration K_i^x wurde bereits markiert, aber ihre Nachfolgekonfigurationen wurden noch nicht untersucht

$\text{m} = 0 \iff$ es gibt keine Konfiguration K_i^x mit b[i] $= 1$ mehr

$\text{m} > 0 \iff$ m ist die kleinste Zahl mit b[m] $= 1$

Hier nun unser Algorithmus:

```
function c_A(x);
begin
    e[s] := 1; b[s] := 1; m := s;
    while (m > 0) do
        begin
            for i := 1 to 2^{d·|x|+d} do
                if ((K_i^x ist Nachfolgekonf. von K_m^x) and (e[i] = 0))
                    then begin e[i] := 1; b[i] := 1 end;
            b[m] := 0; m := 0;
            for i := 1 to 2^{d·|x|+d} do
                if ((m = 0) and (b[i] = 1)) then m := i
        end;
    if (e[a] = 1) then c_A := 1
end
```

Wir analysieren die Laufzeit des Algorithmus. Bei jedem Durchlauf der while-Schleife wird b[m] für ein m $\in \{1, 2, \ldots, 2^{d \cdot |x| + d}\}$ von 1 auf 0 gesetzt. Das geschieht aber für jedes m höchstens einmal, da b[m] nur zusammen mit e[m] von 0 auf 1 gesetzt wird und dies für e[m] höchstens einmal vorkommt. Also wird die while-Schleife höchstens $2^{d \cdot |x| + d}$-mal durchlaufen. Die for-Schleifen innerhalb der while-Schleife werden jeweils genau $2^{d \cdot |x| + d}$-mal durchlaufen. Die Bedingung „K_i^x ist Nachfolgekonfiguration von K_m^x" läßt sich in der Zeit $O(2^{d \cdot n + d})$ überprüfen. Damit kann man die Laufzeit insgesamt mit $O(2^{d \cdot n + d} \cdot 2^{d \cdot n + d} \cdot 2^{d \cdot n + d})$, also mit $O(2^{3d(n+1)})$ bestimmen. $\qquad\square$

3.6 Wie schwierig können Probleme sein?

Wir haben bisher nur Probleme aus **P**, **NP** und **EXP** betrachtet, die mit deterministischen Algorithmen in polynomieller bzw. (Satz 3.29) exponentieller Zeit entschieden werden können. Gibt es noch schwierigere Probleme als die in **EXP**? Gibt es irgendeine Schrankenfunktion $t\colon \mathbb{N} \to \mathbb{N}$ so, daß jede entscheidbare Menge sich bereits (zum Beispiel mit einer Turingmaschine) in der Zeit t entscheiden läßt? Der nächste Satz zeigt, daß genau das Gegenteil richtig ist.

Satz 3.53 *Für jede berechenbare totale Funktion $t\colon \mathbb{N} \to \mathbb{N}$ gibt es eine entscheidbare Menge A so, daß A nicht von einer RAM (einer Turingmaschine, einem RIES-Programm) in der Zeit t entschieden werden kann.*

Beweis. Wir zeigen den Satz für RAM; für Turingmaschinen und RIES-Programme kann er analog bewiesen werden. Wir gehen ganz ähnlich vor wie beim Nachweis der Nichtentscheidbarkeit des Halteproblems (Satz 2.47) und verwenden dazu auch die dort angegebene Gödelisierung $M_0, M_1, M_2, \ldots$ aller RAM. Für eine berechenbare totale Funktion $t\colon \mathbb{N} \to \mathbb{N}$ definieren wir die Menge

$$K_t =_{\text{def}} \{x\colon M_x \text{ hält auf } x \text{ nicht nach maximal } t(|x|) \text{ Takten mit Resultat } 1\}$$

Diese Menge ist entscheidbar, denn für die Eingabe x kann man das Programm von M_x berechnen, den Wert $t(|x|)$ berechnen, die RAM M_x dann $t(|x|)$ Schritte laufen lassen und dann überprüfen, ob sie bis dahin mit dem Ergebnis 1 gehalten hat.

Angenommen, K_t wird von einer RAM M in der Zeit t entschieden. Diese RAM habe in der Gödelisierung aller RAM die Nummer i, also $M = M_i$. Dann gilt die Äquivalenzkette

$$
\begin{aligned}
i \in K_t &\iff M_i \text{ hält auf } i \text{ nicht nach höchstens } t(|i|) \text{ Takten mit Resultat } 1 \\
&\iff M \text{ hält auf } i \text{ nicht nach höchstens } t(|i|) \text{ Takten mit Resultat } 1 \\
&\iff M \text{ hält auf } i \text{ nach höchstens } t(|i|) \text{ Takten mit Resultat } 0 \\
&\iff i \notin K_t
\end{aligned}
$$

Aus diesem Widerspruch folgt, daß die entscheidbare Menge K_t nicht in der Zeit t von einer RAM entschieden werden kann. $\square$

Folgerung 3.54 *Es gibt entscheidbare Mengen, die nicht in exponentieller Zeit entscheidbar sind.*

Beweis. Die Existenz solcher entscheidbarer Mengen wollen wir mit Hilfe von Satz 3.53 nachweisen. Daran hindert uns zunächst die Tatsache, daß die Komplexitätsklasse EXP nicht durch eine einzige Schrankenfunktion t definiert ist, sondern durch alle Schrankenfunktionen der Form $2^{p(n)}$, wobei p ein Polynom ist. Deshalb zeigen wir zunächst, daß jede Menge aus EXP in der Zeit 2^{2^n} entschieden werden kann.

Es werde eine Menge A in der Zeit $2^{p(n)}$ von einer Turingmaschine entschieden. Es gibt ein $k \geq 0$ so, daß $2^{p(n)} + 2n \leq 2^{2^n}$ für alle $n \geq k$. Nach Aufgabe 3.14 gibt es eine Turingmaschine, die A in der Zeit t_k entscheidet, wobei $t_k(n) = 2^{p(n)} + 2n$ für $n > k$ und $t_k(n) = 2n$ für $n \leq k$. Offensichtlich gilt $t_k(n) \leq 2^{2^n}$ für alle n; also ist A auch in der Zeit 2^{2^n} von einer Turingmaschine entscheidbar. Nach Satz 3.53 gibt es eine entscheidbare Menge, die nicht in der Zeit 2^{2^n} von einer Turingmaschine entschieden werden kann. $\square$

3.7 Aufgaben

3.1 Man gebe eine 1-Band-Turingmaschine mit möglichst geringer Laufzeit an, die die durch $f(x) =_{\mathrm{def}} aaxbb$ definierte Funktion $f : \{a,b\}^* \to \{a,b\}^*$ berechnet. Man bestimme diese Laufzeit so genau wie möglich.

3.2 Man gebe ein RIES-Programm ohne Verwendung von $*$ und $:$ an, das die Division, also die Funktion div, in der Zeit $O(n)$ berechnet, und man bestimme diese Laufzeit genau.

3.3 Man zeige $\{(x,y,z) : x,y,z \in \mathbb{N}$ und $x^y = z\} \in \mathbf{P}$.

3.4 Man zeige, daß die Funktion log in $\mathbf{FP}$ ist.

3.5 Man zeige $\Gamma_{\mathrm{ZV,LV,ID,SUB}}(\mathbf{FP}) = \mathbf{FP}$.

3.6 1. Man folgere Satz 3.12.1 aus Eigenschaft 3.11.

    2. Man folgere Satz 3.12.2 aus Satz 3.12.1 und Eigenschaft 3.10.

    3. Man zeige, daß $\mathbf{P}$ abgeschlossen unter Konkatenation ist, d. h., daß mit $A, B \in \mathbf{P}$ auch $A \cdot B =_{\mathrm{def}} \{xy : x \in A \wedge y \in B\}$ in $\mathbf{P}$ ist.

3.7 Man schließe aus der Tatsache $\exp \notin \mathbf{FP}$ (siehe Beispiel 3.14), daß die Menge $\mathbf{FP}$ nicht abgeschlossen unter Primitiver Rekursion ist, daß es also Funktionen $f, g \in \mathbf{FP}$ gibt, für die $\mathrm{PR}(f,g) \notin \mathbf{FP}$ gilt.

3.8 Man gebe RIES-Programme an, die die Funktionen lg und ziff in der Zeit $O(n)$ berechnen (siehe Aufgabe 2.15).

3.9 Geben Sie ein RIES-Programm an, das ein Feld x[] und eine Wertvariable b besitzt und für ein festes $k \geq 2$ in der Zeit $O(n)$ das folgende leistet: Bei der Eingabe $x \in \mathbb{N}$ gilt am Ende der Berechnung $\mathrm{ad}_k(x) = \mathrm{x}[1]\mathrm{x}[2]\ldots\mathrm{x}[\mathrm{b}]$.

3.10 Geben Sie ein RIES-Programm an, das ein Feld x[] und eine Wertvariable b besitzt und für ein festes $k \geq 2$ in der Zeit $O(n)$ das folgende leistet: Bei der Eingabe des Feldes x[] und einer Variablen b wird der Wert $x = \mathrm{ad}^{-1}(\mathtt{x[1]x[2]} \ldots \mathtt{x[b]})$ berechnet

3.11 Man gebe RIES-Programme an, die

1. die Menge PAL der symmetrischen Wörter in der Zeit $O(n)$ und

2. das Mustererkennungsproblem ME (Beispiel 3.18) in der Zeit $O(n^2)$

entscheiden, wobei jede Worteingabe als Feld mit Begrenzungsvariable gegeben ist.

3.12 Man gebe RIES-Programme an, die das 2-Färbbarkeitsproblem 2-FARB, das Zusammenhangsproblem ZH und das Eulerkreisproblem EK in der Zeit $O(n)$ lösen.

Hinweis: Beim Eulerkreisproblem verwende man den in Beispiel 3.21 angegeben Satz aus der Graphentheorie.

3.13 Man zeige: Eine Funktion f ist in **FP** genau dann, wenn es ein $k \geq 1$ so gibt, daß f durch einen geeigneten Algorithmus in der Zeit $n^k + k$ berechnet werden kann.

Hinweis: Man zeige dazu, daß es für jedes Polynom p ein $k \geq 1$ mit $p(n) \leq n^k + k$ für alle $n \in \mathbb{N}$ gibt.

3.14 Ist die Menge $A \subseteq \Sigma^*$ von einer Turingmaschine in der Zeit t entscheidbar, so gibt es für jedes $k \geq 1$ eine Turingmaschine, die A in der Zeit t_k entscheidet, wobei wir für $n \geq 0$ definieren

$$t_k(n) =_{\mathrm{def}} \begin{cases} 2n, & \text{falls } n \leq k \\ t(n) + 2n & \text{sonst.} \end{cases}$$

3.15 Man zeige: Eine totale Funktion $f : \mathbb{N} \to \mathbb{N}$ ist in **FP** genau dann, wenn gilt:

- es existiert ein Polynom p mit $|f(x)| \leq p(|x|)$ und

- $\{(x, y) : y \leq f(x)\} \in \mathbf{P}$.

3.16 (Satz 3.27) Man folgere aus der Definition von **NP**, daß $\mathbf{P} \subseteq \mathbf{NP}$ gilt.

3.17 (Satz 3.33) Für eine nichtdeterministische Turingmaschine M sei B_M $=_{\mathrm{def}} \{(x, y) : y$ ist ein Rechenweg von M auf x mit dem Resultat 1$\}$. Zeigen Sie, daß es eine Turingmaschine gibt, die B_M in der Zeit $O(n)$ entscheidet.

3.18 Man zeige: Es ist $A \in \mathbf{NP}$ genau dann, wenn ein Polynom p und ein $B \in \mathbf{P}$ existieren mit

$$x \in A \Longleftrightarrow \exists y(|y| = p(|x|) \wedge (x, y) \in B).$$

(In der Definition von **NP** wurde $|y| \leq p(|x|)$ gefordert.)

3.19 1. (Satz 3.28) Zeigen Sie, daß die Klasse **NP** ist unter Vereinigung und Durchschnitt abgeschlossen ist.

2. Zeigen Sie, daß die Klasse **NP** unter Konkatenation abgeschlosssen ist, d. h. daß mit $A, B \in \mathbf{P}$ auch $A \cdot B =_{\text{def}} \{xy : x \in A \wedge y \in B\}$ in **P** ist.

3.20 Man gebe nichtdeterministische RIES-Programme an, die das Problem KNAPSACK, das k-Färbbarkeits-Problem k-FARB für $k \geq 3$ und das Hamiltonkreisproblem HK in Polynomialzeit akzeptieren.

3.21 Eine Menge A kann genau dann von einem nichtdeterministischen RIES-Programm in Polynomialzeit akzeptiert werden, wenn es ein nichtdeterministisches RIES-Programm M und ein Polynom p gibt mit

$$x \in A \Longleftrightarrow \text{ es existiert ein Rechenweg von } M \text{ bei Eingabe } x \text{ mit}$$
$$\text{Resultat 1 und Rechenzeit nicht größer als } p(|x|).$$

(In der Definition von „M akzeptiert A in der Zeit p" auf Seite 111 wurde die Zeitbeschränkung für *jeden* Rechenweg gefordert.)

3.22 Man zeige, daß für $A \neq \emptyset$ niemals $A \leq \emptyset$ und für $A \neq \bar{\emptyset}$ niemals $A \leq \bar{\emptyset}$ gelten kann.

3.23 Es seien $A, B \subseteq \Sigma^*$ mit $A \leq B$.

1. Ist B entscheidbar, so ist auch A entscheidbar;
2. Ist B aufzählbar, so ist auch A aufzählbar;
3. Ist $B \in \mathbf{EXP}$, so ist auch $A \in \mathbf{EXP}$.

3.24 Für jedes $A \in \mathbf{NP}$ gibt es eine Menge B mit $A \leq B$, die durch ein nichtdeterministisches RIES-Programm in der Zeit $O(n)$ akzeptiert wird.

3.25 Man zeige folgenden Äquivalenzen:

1. PARTITION $\equiv$ SOS
2. CLIQUE $\equiv$ IS
3. CLIQUE $\equiv$ VC

3.26 Man zeige, daß das Hamiltonkreisproblem auf das Handlungsreisenden-problem in Polynomialzeit reduzierbar ist, d. h. daß HK $\leq$ TS gilt.

3.27 Man beschreibe die Arbeitsweise von Turingmaschinen, die die Funktionen md, prod und div mit Speicherplatzbedarf $O(n)$ berechnen.

3.28 Man beschreibe die Arbeitsweise von Turingmaschinen, die folgende Probleme mit Speicherplatzbedarf $O(n)$ entscheiden:

1. die Primzahlmenge PRIM,
2. das Mustererkennungsproblem ME,
3. das 2-Färbbarkeitsproblem 2-FARB,
4. das Zusammenhangsproblem ZH und
5. das Eulerkreisproblem EK.

3.29 Man beschreibe die Arbeitsweise von nichtdeterministischen (deterministischen) Turingmaschinen, die folgende Probleme mit Speicherplatzbedarf $O(n)$ und Laufzeit $O(n)$ (mit Speicherplatzbedarf $O(n)$ und Laufzeit $O(2^{c \cdot n})$ für geeignetes $c > 0$) akzeptieren (entscheiden):

1. das k-Färbbarkeitsproblem k-FARB für $k \geq 3$,

2. das Hamiltonkreisproblem HK,

3. das Cliquenproblem CLIQUE,

4. das Handlungsreisendenproblem TS und

5. das Verteilungsproblem BP.

3.30 (Satz 3.51) Man zeige:

1. Die Klasse **LIN** ist abgeschlossen unter Vereinigung, Durchschnitt und Komplementbildung.

2. Die Klasse **NLIN** ist abgeschlossen unter Vereinigung und Durchschnitt.

Boolesche Funktionen

4.1 Einfache Eigenschaften boolescher Funktionen

4.1.1 Definition und Besipiele

Eine totale Funktion $f: \{0,1\}^n \to \{0,1\}$ heißt *n–stellige boolesche Funktion* ($n \geq 1$). Mit **BF** bezeichnen wir die Menge aller booleschen Funktionen. Boolesche Funktionen sind in Logik und Informatik sehr wichtig:

- Interpretiert man 0 und 1 als „falsch" bzw. „wahr", so kann durch boolesche Funktionen beschrieben werden, wie der Wahrheitswert einer zusammengesetzten Aussage durch die Wahrheitswerte der Einzelaussagen bestimmt ist.

- Interpretiert man 0 und 1 als „Strom fließt nicht" und „Strom fließt", so kann durch boolesche Funktionen das Verhalten von Schaltkreisen beschrieben werden.

Der Definitionsbereich einer n-stelligen booleschen Funktion hat 2^n Elemente. Da durch eine boolesche Funktion jedem dieser Elemente unabhängig voneinander ein Wert 0 oder 1 zugeordnet werden kann, gibt es 2^{2^n} verschiedene n-stellige boolesche Funktionen. In den folgenden beiden Tabellen geben wir die ein- und zweistelligen booleschen Funktionen explizit (d. h. durch Angabe der Funktionswerte) und ihre gebräuchlichen Bezeichnungen an.

Wertetabelle für einstellige boolesche Funktionen:

x	$f_0^1(x)$	$f_1^1(x)$	$f_2^1(x)$	$f_3^1(x)$		
0	0	0	1	1		systematische Bezeichnung
1	0	1	0	1		
			non			in der Logik verwendete Namen
	C_0^1	I_1^1	not	C_1^1		in der Informatik verwendete Namen

Wertetabelle für zweistellige boolesche Funktionen:
(Aus Platzgründen steht hier stets f_m^n statt $f_m^n(x,y)$.)

x y	f_0^2	f_1^2	f_2^2	f_3^2	f_4^2	f_5^2	f_6^2	f_7^2	f_8^2	f_9^2	f_{10}^2	f_{11}^2	f_{12}^2	f_{13}^2	f_{14}^2	f_{15}^2
0 0	0	0	0	0	0	0	0	0	1	1	1	1	1	1	1	1
0 1	0	0	0	0	1	1	1	1	0	0	0	0	1	1	1	1
1 0	0	0	1	1	0	0	1	1	0	0	1	1	0	0	1	1
1 1	0	1	0	1	0	1	0	1	0	1	0	1	0	1	0	1
	et						aut	vel	sh	äq			seq	nd		
	C_0^2 and		I_1^2		I_2^2	xor	or	nor							nand C_1^2	

Zur Herkunft der speziellen Namen: sh und nd leiten sich von den Namen der Logiker SHEFFER bzw. NICOD ab, non, et, vel, aut, seq (kurz für *sequi*) und äq (kurz für *aequare*) leiten sich von den lateinischen Wörtern für *nicht, und, oder (nicht ausschließend), oder (ausschließend), folgen* bzw. *gleichen* ab, und not, and, or, xor (kurz for *exclusive or*), nor (kurz für *not or*) und nand (kurz für *not and*) sind dem Englischen entlehnt. Wir werden im nächsten Abschnitt sehen, warum diese Bezeichnungen so gewählt wurden. Die systematische Bezeichnung $f_0^n, f_1^n, \ldots, f_{2^{2^n}-1}^n$ der n-stelligen booleschen Funktionen ($n \geq 1$) ist wie folgt festgelegt: Ist $\text{bin}_n(k)$ die Binärdarstellung von k der Länge n für $k = 0, 1, \ldots, 2^n - 1$ (eventuell mit führenden Nullen), so gilt für $m = 0, 1, \ldots, 2^{2^n} - 1$ die Beziehung

$$f_m^n(\text{bin}_n(0))f_m^n(\text{bin}_n(1)) \ldots f_m^n(\text{bin}_n(2^n - 1)) = \text{bin}_{2^n}(m).$$

Mit anderen Worten: f_m^n ist so definiert, daß

$$f_m^n(0, 0, \ldots, 0, 0)f_m^n(0, 0, \ldots, 0, 1) \ldots f_m^n(1, 1, \ldots, 1, 0)f_m^n(1, 1, \ldots, 1, 1)$$

die Binärdarstellung von m ist.

4.1.2 Erzeugung und Vollständigkeit

Natürlich kann man aus gegebenen booleschen Funktionen durch Superposition (Substitution, Permutation von Variablen, Identifizierung von Variablen und Einführung fiktiver Variabler) neue boolesche Funktionen erzeugen. Zum Beispiel kann man aus der Sheffer-Funktion sh auf diese Weise vel erzeugen: Für alle $x, y \in \{0, 1\}$ gilt

$$\text{vel}(x, y) = \text{sh}(\text{sh}(x, y), \text{sh}(x, y)),$$

was man durch Einsetzen aller vier möglichen Wertepaare (0,0), (0,1), (1,0) und (1,1) für (x, y) direkt nachprüfen kann. Gleichungen dieser Art lassen sich übrigens stets durch Einsetzen aller möglichen Werte in die Variablen überprüfen, da es bei n Variablen nur endlich viele, nämlich 2^n, Argumente gibt.

Im Zusammenhang mit Schaltkreisen wird es wichtig sein zu wissen, welche booleschen Funktionen aus einer gegebenen Menge von booleschen Funktionen durch Superposition erzeugt werden können und ob dies eventuell sogar alle booleschen Funktionen sind. Dazu die folgende Definition, in der die in Abschnitt 1.3 definierten Operationen ZV, LV, ID, FV und SUB verwendet werden.

Definition 4.1 *Es sei $F \subseteq \mathbf{BF}$.*

- $\langle F \rangle =_{\mathrm{def}} \Gamma_{\mathrm{ZV,LV,ID,FV,SUB}}(F)$
- *Die Menge F heißt* vollständig, *falls $\langle F \rangle = \mathbf{BF}$ gilt.*

Nach Satz 1.5 und Lemma 1.6 gilt:

Satz 4.2

1. *$\langle F \rangle$ ist die Menge aller Funktionen, die sich durch iterierte Anwendung der Superposition aus Funktionen von F erzeugen lassen.*
2. *$\langle \{ \mathrm{I}_1^1 \} \rangle = \{ \mathrm{I}_m^n : 1 \leq m \leq n \}$.*

Gibt es überhaupt endliche Mengen boolescher Funktionen, die vollständig sind? Die Antwort gibt der folgende Satz.

Satz 4.3 *Die Mengen $\{\mathrm{et}, \mathrm{non}\}$, $\{\mathrm{vel}, \mathrm{non}\}$, $\{\mathrm{et}, \mathrm{aut}, \mathrm{C}_1^1\}$, $\{\mathrm{sh}\}$ und $\{\mathrm{nd}\}$ sind vollständig.*

Beweis. Wir zeigen zunächst, daß $F_0 =_{\mathrm{def}} \{\mathrm{et}, \mathrm{vel}, \mathrm{non}\}$ vollständig ist und führen dazu eine Induktion über die Stellenzahl der booleschen Funktionen.

(IA) Die einstelligen booleschen Funktionen sind non, I_1^1, C_0^1 und C_1^1. Es gilt non $\in F_0$. Ferner prüft man leicht nach, daß $\mathrm{I}_1^1(x) = \mathrm{et}(x, x)$, $\mathrm{C}_0^1(x) = \mathrm{et}(x, \mathrm{non}(x))$ und $\mathrm{C}_1^1(x) = \mathrm{vel}(x, \mathrm{non}(x))$ gilt. Folglich sind I_1^1, C_0^1 und C_1^1 in $\langle F_0 \rangle$.

(IS) Es sei f eine $(n+1)$-stellige boolesche Funktion. Wir zeigen zunächst

$$f(x_1, \ldots, x_n, z) = \mathrm{vel}(\mathrm{et}(f(x_1, \ldots, x_n, 1), z), \mathrm{et}(f(x_1, \ldots, x_n, 0), \mathrm{non}(z)))(*)$$

durch Fallunterscheidung.

Im Fall $z = 1$ schließen wir unter Berücksichtigung von $\mathrm{et}(u, 1) = u$, $\mathrm{et}(u, 0) = 0$ und $\mathrm{vel}(u, 0) = u$:

$$\text{vel}(\text{et}(f(x_1,\ldots,x_n,1),z),\text{et}(f(x_1,\ldots,x_n,0),\text{non}(z))) =$$
$$= \text{vel}(\text{et}(f(x_1,\ldots,x_n,1),1),\text{et}(f(x_1,\ldots,x_n,0),0))$$
$$= \text{vel}(f(x_1,\ldots,x_n,1),0)$$
$$= f(x_1,\ldots,x_n,1)$$
$$= f(x_1,\ldots,x_n,z).$$

Im Fall $z = 0$ schließt man ganz analog.

Definiert man die Funktion f_0 mit $f_0(x_1,\ldots,x_n) =_{\text{def}} f(x_1,\ldots,x_n,0)$ und die Funktion f_1 mit $f_1(x_1,\ldots,x_n) =_{\text{def}} f(x_1,\ldots,x_n,1)$, so folgt aus $(*)$, daß die Funktion f aus vel, et, non, f_0 und f_1 erzeugt werden kann. Die Funktionen f_0 und f_1 sind jedoch n-stellig, und nach Induktionsvoraussetzung können wir annehmen, daß f_0 und f_1 bereits aus vel, et und non erzeugt werden können. Also kann f aus vel, et und non erzeugt werden.

Damit haben wir gezeigt, daß $\{\text{et},\text{vel},\text{non}\}$ vollständig ist. Zum Nachweis der Vollständigkeit der im Satz aufgeführten Mengen verwenden wir folgenden Sachverhalt: Ist F vollständig und gilt $F \subseteq \langle F' \rangle$, so ist auch F' vollständig wegen $\mathbf{BF} = \langle F \rangle \subseteq \langle \langle F' \rangle \rangle = \langle F' \rangle$.

Zum Nachweis der Vollständigkeit von $\{\text{et},\text{non}\}$ und $\{\text{vel},\text{non}\}$ genügt es also, vel $\in \langle \{\text{et},\text{non}\} \rangle$ bzw. et $\in \langle \{\text{vel},\text{non}\} \rangle$ zu zeigen, was mit Hilfe der leicht überprüfbaren *de-Morganschen Regeln*

$$\text{vel}(x,y) \;=\; \text{non}(\text{et}(\text{non}(x),\text{non}(y)))$$
$$\text{et}(x,y) \;=\; \text{non}(\text{vel}(\text{non}(x),\text{non}(y)))$$

geleistet werden kann.

Zur Vollständigkeit von $\{\text{et},\text{aut},C_1^1\}$ genügt es, non $\in \langle \{\text{et},\text{aut},C_1^1\} \rangle$ zu zeigen; es gilt $\text{non}(x) = \text{aut}(x,C_1^1(x))$. Zur Vollständigkeit von $\{\text{sh}\}$ und $\{\text{nd}\}$ genügt es, $\{\text{non},\text{vel}\} \subseteq \langle \{\text{sh}\} \rangle$ und $\{\text{non},\text{et}\} \subseteq \langle \{\text{nd}\} \rangle$ zu zeigen. Es gilt $\text{non}(x) = \text{sh}(x,x) = \text{nd}(x,x)$, $\text{vel}(x,y) = \text{non}(\text{sh}(x,y))$ und $\text{et}(x,y) = \text{non}(\text{nd}(x,y))$. $\qquad\Box$

4.2 Aussagenlogik

4.2.1 Syntax und Semantik

In der Aussagenlogik werden Verknüpfungen von Aussagen mit Hilfe einfacher *Aussagenkonnektoren* wie *und, oder, entweder — oder, nicht, wenn — so* und *genau dann, wenn* untersucht. Dabei kommt es nicht auf den Inhalt der Aussagen, sondern nur auf ihren Wahrheitsgehalt (*wahr* oder *falsch*) an und darauf, wie sich der Wahrheitsgehalt der einzelnen Aussagen auf die zusammengesetzten Aussagen überträgt.

Es ist nützlich, für die umgangssprachlichen Konnektoren spezielle Symbole einzuführen (siehe auch Abschnitt 1.1). Wir schreiben

$\neg$	für	*nicht*	(*Negation*)
$\wedge$	für	*und*	(*Konjunktion*)
$\vee$	für	*oder*	(*Alternative*)
$\oplus$	für	*entweder ... oder*	(*Disjunktion*)
$\rightarrow$	für	*wenn ... so*	(*Implikation*)
$\leftrightarrow$	für	*genau dann, wenn*	(*Äquivalenz*)

Es sei bemerkt, daß die Alternative in der Literatur oft auch als Disjunktion bezeichnet wird.

Beispiel 4.4 Ist die folgende Gesamtaussage wahr (unabhängig vom Wahrheitsgehalt von A, B und C)?

> *Genau dann, wenn aus C folgt, daß A nicht gilt, und wenn aus A und dem Nichtgelten von B folgt, daß B gilt oder C nicht gilt, können nicht gleichzeitig A und C gelten.*

Mit Hilfe der für die Konnektoren eingeführten Symbole kann dieser Satz aufgeschrieben werden als

$$(\neg(A \wedge C) \leftrightarrow ((C \rightarrow \neg A) \wedge ((A \wedge \neg B) \rightarrow (B \vee \neg C)))) \,.$$

Formeln dieser Art werden als Formeln des Aussagenkalküls bezeichnet, die wir jetzt formal einführen wollen.

Definition 4.5 (*Induktive Definition der* Formeln des Aussagenkalküls*)*

(IA) *Die Aussagenvariablen $x_1, x_2, x_3, \ldots$ sind Formeln.*
(An ihrer Stelle werden wir auch beliebige andere Symbole verwenden wie z. B. $x, y, z, A, B, C \ldots$.)

(IS) *Sind H und H' Formeln, so sind auch $\neg H$, $(H \wedge H')$, $(H \vee H')$, $(H \oplus H')$, $(H \rightarrow H')$ und $(H \leftrightarrow H')$ Formeln.*
Weitere Formeln gibt es nicht.

Bei einer Implikation $(H \rightarrow H')$ nennt man H die *Prämisse* und H' die *Konklusion.*

Die Formeln sind rein syntaktische Gebilde, die zunächst keine Bedeutung besitzen. Ihnen wird erst dadurch eine Bedeutung (Semantik) gegeben, daß man festlegt, welchen Wahrheitswert sie erhalten, wenn die Aussagenvariablen mit Wahrheitswerten *belegt* werden. Eine solche Zuordnung von Wahrheitswerten zu den Formeln nennen wir eine *Interpretation*. Bei der Interpretation der zusammengesetzten Formeln erinnern wir uns natürlich daran, daß die Symbole $\neg, \wedge, \vee, \dots$ für umgangssprachliche Konnektoren stehen, die sehr wohl eine Bedeutung besitzen, die durch die booleschen Funktionen non, et, vel, $\dots$ beschrieben werden können.

Definition 4.6 *(Induktive Fortsetzung einer Belegung $I\colon \{x_1, x_2, \dots\} \to \{0,1\}$ aller Aussagenvariablen mit Wahrheitswerten zu einer Interpretation aller Formeln)*

(IA) *Für die Aussagenvariablen ist I vorgegeben.*

(IS) *Für die zusammengesetzten Formeln definieren wir I wie folgt:*

$$
\begin{aligned}
I(\neg H) &=_{\text{def}} \operatorname{non}(I(H)) \\
I((H \wedge H')) &=_{\text{def}} \operatorname{et}(I(H), I(H')) \\
I((H \vee H')) &=_{\text{def}} \operatorname{vel}(I(H), I(H')) \\
I((H \oplus H')) &=_{\text{def}} \operatorname{aut}(I(H), I(H')) \\
I((H \to H')) &=_{\text{def}} \operatorname{seq}(I(H), I(H')) \\
I((H \leftrightarrow H')) &=_{\text{def}} \operatorname{äq}(I(H), I(H'))
\end{aligned}
$$

Es sei nun H eine Formel mit den Aussagenvariablen $x_1, \dots, x_n$ (in der Reihenfolge ihres ersten Auftretens von links in H). Durch die Definition 4.6 wird H für jede Belegung von $x_1, \dots, x_n$ mit Wahrheitswerten $a_1, \dots, a_n \in \{0,1\}$ ein Wahrheitswert zugeordnet, den wir $f_H(a_1, \dots, a_n)$ nennen. Damit ist $f_H\colon \{0,1\}^n \to \{0,1\}$ eine n-stellige boolesche Funktion, nämlich *die von der Formel H beschriebene boolesche Funktion*. Für jede Interpretation I gilt also

$$
I(H) = f_H(I(x_1), \dots, I(x_n)).
$$

Welche boolesche Funktion durch eine gegebene Formel H beschrieben wird, kann durch eine *Wahrheitswerttabelle* bestimmt werden, in der für jede Belegung der in der Formel H vorkommenden Aussagenvariablen schrittweise die Interpretation aller Teilformeln von H und schließlich die Interpretation von H selbst berechnet wird. Dabei entspricht eine Zeile jeweils einer möglichen Belegung der Variablen, und die zu einer Formel H gehörige Spalte gibt die Werte der booleschen Funktion f_H wieder.

Beispiel 4.7 Die Wahrheitswerttabelle für die Formeln $\neg(\neg x \vee \neg y)$ und $(x \wedge y)$.

x	y	$\neg x$	$\neg y$	$(\neg x \vee \neg y)$	$\neg(\neg x \vee \neg y)$	$(x \wedge y)$
0	0	1	1	1	0	0
0	1	1	0	1	0	0
1	0	0	1	1	0	0
1	1	0	0	0	1	1

4.2.2 Äquivalenz, Allgemeingültigkeit und Erfüllbarkeit

Dieses vorige Beispiel zeigt, daß die Beschreibung von booleschen Funktionen durch Formeln des Aussagenkalküls nicht eindeutig ist; d. h. verschiedene Formeln können die gleiche boolesche Funktion beschreiben. Im Beispiel beschreiben sowohl $(x \wedge y)$ als auch $\neg(\neg x \vee \neg y)$ die boolesche Funktion et, d. h. $f_{(x \wedge y)} = f_{\neg(\neg x \vee \neg y)} = $ et. Solche Formeln nennen wir logisch äquivalent.

Definition 4.8

- *Die Formeln H und H' heißen* logisch äquivalent *(kurz: $H \equiv H'$), falls $f_H = f_{H'}$ gilt, d. h. wenn $I(H) = I(H')$ für jede Interpretation I gilt.*

- *Die Formel H heißt* allgemeingültig, *falls $I(H) = 1$ für jede Interpretation I gilt.*

- *Die Formel H heißt* erfüllbar, *falls eine Interpretation I mit $I(H) = 1$ existiert.*

Die allgemeingültigen Formeln sind die *wahren* Aussagen der Aussagenlogik. Es sei hier nur am Rande bemerkt, daß die Mengen SAT $=_{\text{def}}$ $\{H \colon H$ erfüllbar$\}$ und $\{H \colon H$ nicht allgemeingültig$\}$ **NP**-vollständige Probleme sind. Die Menge SAT war das erste Problem, von dem nachgewiesen werden konnte, daß es **NP**-vollständig ist.

Eigenschaft 4.9 *Es seien H und H' Formeln.*

1. *Es gilt $H \equiv H'$ genau dann, wenn $(H \leftrightarrow H')$ allgemeingültig ist.*
2. *H ist nicht erfüllbar genau dann, wenn $\neg H$ allgemeingültig ist.*

Beweis. Wir schließen mit folgenden Äquivalenzketten:

Zu 1. $H \equiv H' \iff$ für jede Interpretation I gilt $I(H) = I(H')$

$\iff$ für jede Interpretation I gilt $I((H \leftrightarrow H')) = 1$

$\iff (H \leftrightarrow H')$ ist allgemeingültig

Zu 2. H nicht erfüllbar $\iff$ es existiert kein I mit $I(H) = 1$

$\iff$ für alle I gilt $I(H) = 0$

$\iff$ für alle I gilt $I(\neg H) = 1$

$\iff \neg H$ allgemeingültig $\qquad\qquad\qquad\qquad \Box$

Beispiel 4.10 Die Formel

$$H =_{\text{def}} (\neg(A \wedge C) \leftrightarrow ((C \rightarrow \neg A) \wedge ((A \wedge \neg B) \rightarrow (B \vee \neg C))))$$

aus dem Beispiel 4.4 ist allgemeingültig. Wir zeigen das mit Hilfe einer Wahrheitswerttabelle, wobei wir $H_1 =_{\text{def}} \neg(A \wedge C)$, $H_2 =_{\text{def}} (C \rightarrow \neg A)$, $H_3 =_{\text{def}}$ $(A \wedge \neg B)$, $H_4 =_{\text{def}} (B \vee \neg C)$, $H_5 =_{\text{def}} (H_3 \rightarrow H_4)$ sowie $H_6 =_{\text{def}} (H_2 \wedge H_5)$ setzen und somit $H = (H_1 \leftrightarrow H_6)$ erhalten.

A	B	C	$(A \wedge C)$	H_1	$\neg A$	H_2	$\neg B$	H_3	$\neg C$	H_4	H_5	H_6	H
0	0	0	0	1	1	1	1	0	1	1	1	1	1
0	0	1	0	1	1	1	1	0	0	0	1	1	1
0	1	0	0	1	1	1	0	0	1	1	1	1	1
0	1	1	0	1	1	1	0	0	0	1	1	1	1
1	0	0	0	1	0	1	1	1	1	1	1	1	1
1	0	1	1	0	0	0	1	1	0	0	0	0	1
1	1	0	0	1	0	1	0	0	1	1	1	1	1
1	1	1	1	0	0	0	0	0	0	1	1	0	1

4.2.3 Wichtige aussagenlogische Äquivalenzen

Wir noch einige wichtige aussagenlogische Äquivalenzen an, die sehr einfach durch Aufstellen von Wahrheitswerttabellen bewiesen werden können.

$$
\begin{array}{ll}
(x \wedge x) \equiv x & \textit{Duplizitätsgesetz} \\
(x \vee x) \equiv x & \textit{Duplizitätsgesetz} \\
(x \wedge y) \equiv (y \wedge x) & \textit{Kommutativgesetz} \\
(x \vee y) \equiv (y \vee x) & \textit{Kommutativgesetz} \\
(x \oplus y) \equiv (y \oplus x) & \textit{Kommutativgesetz} \\
(x \wedge y) \wedge z \equiv (x \wedge (y \wedge z)) & \textit{Assoziativgesetz} \\
((x \vee y) \vee z) \equiv (x \vee (y \vee z)) & \textit{Assoziativgesetz} \\
((x \oplus y) \oplus z) \equiv (x \oplus (y \oplus z)) & \textit{Assoziativgesetz} \\
((x \wedge y) \vee x) \equiv x & \textit{Absorptionsgesetz} \\
((x \vee y) \wedge x) \equiv x & \textit{Absorptionsgesetz} \\
((x \wedge y) \vee z) \equiv ((x \vee z) \wedge (y \vee z)) & \textit{Distributivgesetz} \\
((x \vee y) \wedge z) \equiv ((x \wedge z) \vee (y \wedge z)) & \textit{Distributivgesetz} \\
(x \wedge (y \oplus z)) \equiv ((x \wedge y) \oplus (x \wedge z)) & \textit{Distributivgesetz} \\
(x \leftrightarrow y) \equiv ((x \rightarrow y) \wedge (y \rightarrow x)) & \textit{Äquivalenz-Eliminierungsgesetz} \\
(x \rightarrow y) \equiv (\neg x \vee y) & \textit{Implikations-Eliminierungsgesetz} \\
\neg\neg x \equiv x & \textit{Gesetz der doppelten Verneinung} \\
\neg(x \wedge y) \equiv (\neg x \vee \neg y) & \textit{de-Morgansche Regel} \\
\neg(x \vee y) \equiv (\neg x \wedge \neg y) & \textit{de-Morgansche Regel} \\
(x \rightarrow y) \equiv (\neg y \rightarrow \neg x) & \textit{Kontrapositionsgesetz}
\end{array}
$$

4.3 Kombinatorische Schaltkreise

4.3.1 Definition und Beispiele

Unter einem Schaltkreis versteht man eine Menge von elektronischen Elementarbausteinen, die untereinander fest durch elektrische Leiter verbunden sind. In diesem Abschnitt behandeln wir solche Schaltkreise, bei denen Information zwar verändert, aber nicht gespeichert werden kann. Sowohl die Elementarbausteine als auch der Schaltkreis als Ganzes zeigen bei jeder Benutzung das gleiche funktionale Verhalten. Solche Schaltkreise nennen wir *kombinatorisch*.

Ein kombinatorischer Schaltkreis hat eine feste Zahl von n Eingängen, an denen entweder Strom anliegt oder nicht. Von den Eingängen zu den Elementarbausteinen und zwischen diesen bestehen gewisse leitende Verbindungen. In Abhängigkeit davon, ob in den in einen Elementarbaustein hineinführenden Verbindungen Strom fließt oder nicht, entsteht am Ausgang dieses Elementarbausteines ein Stromfluß oder keiner. Bezeichnen wir „Stromfluß" mit 1 und „Nicht-Stromfluß" mit 0, so bedeutet das, daß ein solcher Elementarbaustein eine bestimmte boolesche Funktion realisiert. Das Gleiche gilt für den Schaltkreis als Ganzes: An den n Eingängen liegt Strom an (1) oder nicht (0), und in Abhängigkeit davon entsteht am Ausgang eines jeden Elementarbausteins Stromfluß (1) oder Nicht-Stromfluß (0). Damit wird in jedem Knoten des kombinatorischen Schaltkreises eine n-stellige boolesche Funktion berechnet. Damit es keine „Rückkopplungen" im Schaltkreis gibt, muß ausgeschlossen werden, daß der aus einem Elementarbaustein herausgehende Strom, evtl. über mehrere andere Elementarbausteine, wieder in diesen Baustein hineinfließt.

Nach dieser nicht-formalen Beschreibung kombinatorischer Schaltkreise folgt nun ihre exakte Definition.

Definition 4.11 $S \;=\; (E, K, \beta, x_1, x_2, \ldots, x_n)$ *heißt* kombinatorischer Schaltkreis über $F \subseteq \mathbf{BF}$, *wenn gilt*

1. *E ist eine endliche Menge (die Menge der* Knoten *oder* Gatter*)*

2. *$K \subseteq E \times E \times \mathbb{N}$ ($(u, v, m) \in K$ ist eine* Kante *mit der Nummer m, die von u nach v führt). Die Kantenmenge K erfüllt die folgenden Bedingungen:*

   a) *Aus $(u_1, u_2, m), (v_1, v_2, m) \in K$ folgt $(u_1, u_2) = (v_1, v_2)$*
   (verschiedenen Kanten haben verschiedene Nummern).

   b) *Aus $(v_1, v_2, m_1), (v_2, v_3, m_2), \ldots, (v_{k-1}, v_k, m_{k-1}) \in K$ folgt $v_1 \neq v_k$*
   (es gibt keine Zyklen von Kanten).

3. *$x_1, x_2, \ldots, x_n \in E$ sind die* Eingänge *von S. In diese Knoten führen keine Kanten hinein.*

4. *$\beta \colon E \smallsetminus \{x_1, x_2, \ldots, x_n\} \to F$ ist eine totale Funktion mit folgender Eigenschaft: Ist für einen Knoten v die boolesche Funktion $\beta(v) \in F$ eine k-stellige Funktion, so ist k gleich der Anzahl der Kanten, die in v hineinführen.*

Die Bedingung in Punkt 4 der Definition sichert, daß zur Berechnung des Wahrheitswertes eines Knotens mit einer k-stelligen booleschen Funktion auch genau k Vorgänger mit Wahrheitswerten zur Verfügung stehen, und die Nummern der Kanten geben die Reihenfolge an, in der diese k Wahrheitswerte als Argumente in die booleschen Funktionen eingehen. Eine Festlegung der Reihenfolge der Vorgänger wäre bei *symmetrischen booleschen Funktionen* wie et, vel und aut, bei denen es auf die Reihenfolge der Argumente nicht ankommt, nicht notwendig, wohl aber zum Beispiel bei der booleschen Funktion seq, für die $\mathrm{seq}(0,1) \neq \mathrm{seq}(1,0)$ gilt.

Einen kombinatorischen Schaltkreis $S = (E, K, \beta, x_1, x_2, \ldots, x_n)$ werden wir auch wie folgt graphisch darstellen:

- Der Knoten v wird durch einen Kreis dargestellt, in dem $\beta(v)$ notiert ist; die Eingangsknoten bleiben leer.

- Die Kante (u, v, m) wird durch einen Pfeil von u nach v mit Markierung m dargestellt.

Beispiel 4.12 Der kombinatorische Schaltkreis $S = (E, K, \beta, x, y)$ über der Menge $\{\mathrm{seq}, \mathrm{aut}, \mathrm{sh}\}$ von booleschen Funktionen mit $E = \{x, y, z, u, v, w\}$ und $K = \{(x, z, 3), (x, z, 5), (x, u, 9), (y, u, 1), (y, v, 8), (z, v, 7), (u, w, 4), (v, w, 6)\}$ kann wie folgt graphisch dargestellt werden:

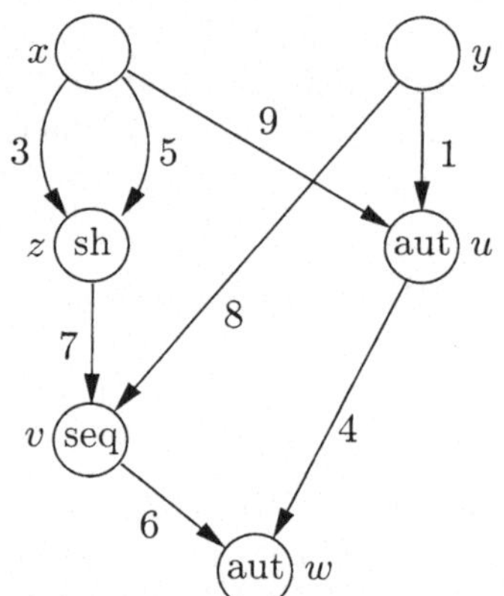

Die Definition der kombinatorischen Schaltkreise ist rein syntaktischer Natur. Wir müssen ihnen nun eine Bedeutung (Semantik) geben.

Definition 4.13 *(Induktive Fortsetzung der* Belegung $I\colon \{x_1, \ldots, x_n\} \to \{0,1\}$ *der Eingänge eines Schaltkreises* $S = (E, K, \beta, x_1, x_2, \ldots, x_n)$ *zu einer Interpretation aller seiner Knoten)*
(IA) *Ist* $v = x_i$, *so ist* $I(x_i)$ *gegeben* $(i = 1, \ldots, n)$.
(IS) *Ist* $v \in E \setminus \{x_1, x_2, \ldots, x_n\}$, $\beta(v) = f$ *eine k-stellige boolesche Funktion, und sind* $(v_1, v, m_1), (v_2, v, m_2), \ldots, (v_k, v, m_k) \in K$ *mit* $m_1 < m_2 < \cdots < m_k$ *die in v führenden Kanten, so sei* $I(v) =_{\mathrm{def}} f(I(v_1), I(v_2), \ldots, I(v_k))$.

Wegen der Zyklenfreiheit eines kombinatorischen Schaltkreise wird für jede Interpretation der Eingänge $x_1, \ldots, x_n$ mit Wahrheitswerten $a_1, \ldots, a_n$ jedem Knoten v ein Wahrheitswert zugeordnet, den wir $f_v^S(a_1, \ldots, a_n)$ nennen. Damit ist f_v^S eine n-stellige boolesche Funktion, nämlich *die im Knoten v des kombinatorischen Schaltkreises S berechnete boolesche Funktion.* Es sei darauf hingewiesen, daß somit durch die Festlegung der Reihenfolge der Eingänge $x_1, \ldots, x_n$ in $S = (E, K, \beta, x_1, \ldots, x_n)$ auch die Reihenfolge der Argumente in f_v^S festgelegt wird: Eine Eingabe in den i-ten Eingang von S in dieser Reihenfolge erscheint als i-tes Argument für f_v^S.

Beispiel 4.14 Für den in Beispiel 4.12 behandelten kombinatorischen Schaltkreis $S = (E, K, \beta, x, y)$ ergibt sich:

$$f_x^S = I_1^2 \qquad f_y^S = I_2^2 \qquad f_z^S = f_{12}^2 \qquad f_u^S = \text{aut} \qquad f_v^S = \text{vel} \qquad f_w^S = \text{et.}$$

Anhand des Schaltkreises S läßt sich auch zeigen, daß die Kantenmarkierungen wichtig sind. Sei der kombinatorische Schaltkreis S' genau wie S definiert, nur sei die Kante $(y, v, 8)$ in S durch $(y, v, 2)$ in S' ersetzt. Damit wird die zweite in v einlaufende Kante zur ersten, und es gilt:

$$f_x^{S'} = I_1^2 \qquad f_y^{S'} = I_2^2 \qquad f_z^{S'} = f_{12}^2 \qquad f_u^{S'} = \text{aut} \qquad f_v^{S'} = \text{nd} \qquad f_w^{S'} = \text{sh.}$$

Auch die Reihenfolge der Eingänge ist wichtig. Sei $S'' = (E, K, \beta, y, x)$, d.h. S'' unterscheide sich von S nur in der Reihenfolge der Eingänge. Hier erhalten wir:

$$f_x^{S''} = I_2^2 \qquad f_y^{S''} = I_1^2 \qquad f_z^{S''} = f_{10}^2 \qquad f_u^{S''} = \text{aut} \qquad f_v^{S''} = \text{vel} \qquad f_w^{S''} = \text{et.}$$

Beispiel 4.15 Ein *binärer Addierer.* Wir betrachten den Schaltkreis

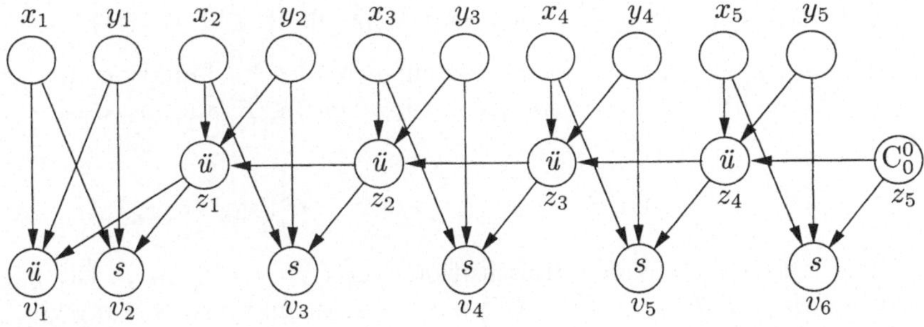

über $\{C_0^0, s, \ddot{u}\}$ mit den Eingängen $x_1, \ldots, x_5, y_1, \ldots, y_5$. Dabei seien die dreistelligen booleschen Funktionen s und $\ddot{u}$ so definiert, daß für $a, b, c \in \{0, 1\}$ gilt:

$$s(a, b, c) = 1 \Leftrightarrow a + b + c \text{ ungerade,}$$
$$\ddot{u}(a, b, c) = 1 \Leftrightarrow a + b + c \geq 2.$$

Da die Funktionen s und $\ddot{u}$ symmetrisch sind, d.h. ihr Wert nicht von der Reihenfolge der Argumente abhängt, können wir hier auf die Kantenmarkierung verzichten.

Dieser Schaltkreis addiert 5-stellige Binärzahlen im folgenden Sinne ($k, m \in \mathbb{N}$): Aus $I(x_1)I(x_2)I(x_3)I(x_4)I(x_5) = \mathrm{bin}(k)$ und $I(y_1)I(y_2)I(y_3)I(y_4)I(y_5) = \mathrm{bin}(m)$ folgt $I(v_1)I(v_2)I(v_3)I(v_4)I(v_5)I(v_6) = \mathrm{bin}(k+m)$. $\qquad\square$

4.3.2 Welche Funktionen werden durch kombinatorische Schaltkreise berechnet?

Welche booleschen Funktionen können durch kombinatorische Schaltkreise über $F \subseteq \mathbf{BF}$ berechnet werden? Besonders interessiert uns die Frage, für welche $F \subseteq \mathbf{BF}$ alle booleschen Funktionen mit kombinatorischen Schaltkreisen über F berechnet werden können. Für $F \subseteq \mathbf{BF}$ definieren wir:

$$\mathbf{KSK}(F) =_{\mathrm{def}} \{f_v^S : v \text{ ist Knoten eines kombinatorischen Schaltkreises } S\}$$

Der folgende Satz zeigt, daß die Erzeugung von booleschen Funktionen durch Superposition (also mit den Operationen ZV, LV, ID, FV und SUB) den Möglichkeiten entspricht, sich bestimmte Funktionsweisen aus Elementarbausteinen „zusammenzulöten".

Satz 4.16 *Für jedes $F \subseteq \mathbf{BF}$ gilt* $\mathbf{KSK}(F) = \langle F \cup \{\mathrm{I}_1^1\} \rangle$.

Beweis. 1. Wir zeigen $\mathbf{KSK}(F) \subseteq \langle F \cup \{\mathrm{I}_1^1\} \rangle$ durch Induktion über den Aufbau eines kombinatorischen Schaltkreises $S = (E, K, \beta, x_1, x_2, \ldots, x_n)$ über F.

(IA) Ist $v = x_i$, so ist $f_v^S = \mathrm{I}_i^n$. Nach Satz 4.2.2 gilt $\mathrm{I}_i^n \in \langle F \cup \{\mathrm{I}_1^1\} \rangle$.

(IS) Ist $v \neq x_i$, ist $\beta(v) = f$ eine k-stellige boolesche Funktion, und sind $v_1, \ldots, v_k$ die Knoten mit $(v_1, v, m_1), \ldots, (v_k, v, m_k) \in K$ und $m_1 < \cdots < m_k$, so gilt

$$f_v^S(x_1, \ldots, x_n) = f(f_{v_1}^S(x_1, \ldots, x_n), \ldots, f_{v_k}^S(x_1, \ldots, x_n)).$$

Also ist f_v^S das Ergebnis der Substitution von $f_{v_1}^S, \ldots, f_{v_k}^S$ in f. Da $f \in F$ gewählt wurde und $f_{v_1}^S, \ldots, f_{v_k}^S \in \langle F \rangle$ nach Induktionsvoraussetzung gilt, haben wir auch $f_v^S \in \langle F \rangle$.

2. Wir zeigen $\langle F \cup \{\mathrm{I}_1^1\} \rangle \subseteq \mathbf{KSK}(F)$ durch Induktion über die Erzeugung der Funktionen von $\langle F \rangle$.

(IA) 1. Eine n-stellige boolesche Funktion $f \in F$ wird im Knoten v des folgenden kombinatorischen Schaltkreises über F berechnet.

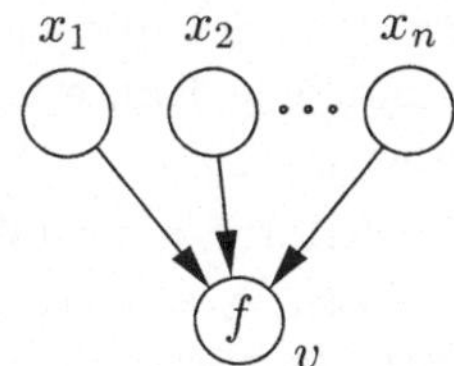

2. Die Funktion I_1^1 wird im Knoten x_1 des nur aus x_1 bestehenden Schaltkreises berechnet.

(IS) Wir betrachten die n-stellige boolesche Funktion f und die m-stellige boolesche Funktion g, die nach Induktionsvoraussetzung im Knoten v des Schaltkreises $S = (E, K, \beta, x_1, x_2, \ldots, x_n)$ über F bzw. im Knoten u des Schaltkreises $S' = (E', K', \beta', y_1, y_2, \ldots, y_m)$ über F berechnet werden:

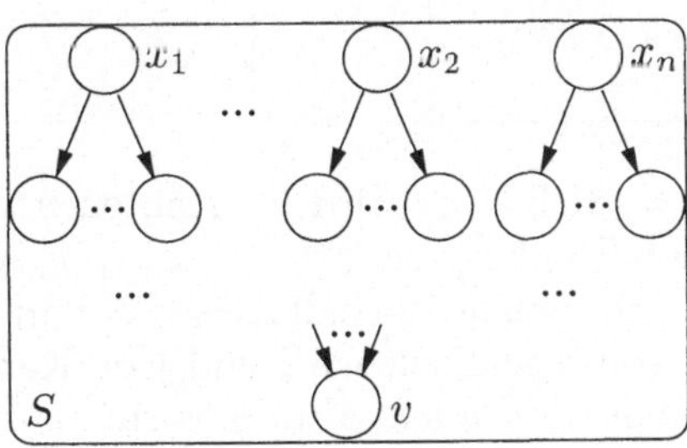 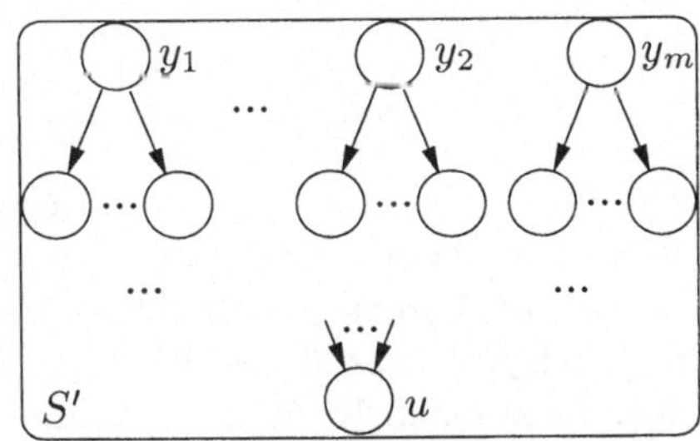

- Die Funktion $ZV(f)$ wird im Knoten v des kombinatorischen Schaltkreises $S_1 = (E, K, \beta, x_n, x_1, x_2, \ldots, x_{n-1})$ über F berechnet. Es könnte so aussehen, als ob die Vertauschung der Variablen hier in der falschen Richtung passiert. Es gilt aber $f_v^{S_1}(x_n, x_1, \ldots, x_{n-1}) = f_v^S(x_1, x_2 \ldots, x_n)$ und folglich $f_v^{S_1}(x_1, x_2, \ldots, x_n) = f_v^S(x_2, x_3 \ldots, x_n, x_1) = ZV(f_v^S)(x_1, x_2 \ldots, x_n)$ (durch Umbenennung der Variablen).

- Die Funktion $LV(f)$ wird im Knoten v des kombinatorischen Schaltkreises $(E, K, \beta, x_1, x_2, \ldots, x_{n-2}, x_n, x_{n-1})$ über F berechnet.

- Die Funktion $ID(f)$ wird im Knoten v des folgenden Schaltkreises über F mit den Eingängen $x_1, x_2, \ldots, x_{n-1}$ berechnet.

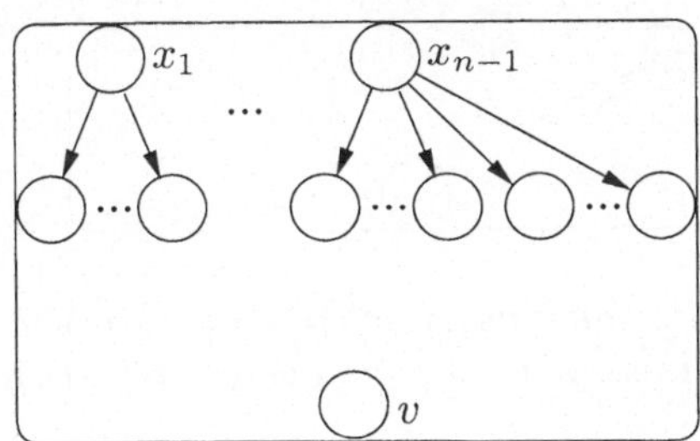

Dieser Schaltkreis geht aus dem Schaltkreis S dadurch hervor, daß der Eingang x_n entfernt wird und jede Kante von x_n in einen Knoten w zu einer Kante von x_{n-1} in w wird.

- Die Funktion $\mathrm{FV}(f)$ wird im Knoten v des folgenden Schaltkreises über F mit den Eingängen $x_1, x_2, \ldots, x_n, x_{n+1}$ berechnet. Dieser Schaltkreis geht aus dem Schaltkreis S dadurch hervor, daß ein neuer Eingang x_{n+1} hinzugefügt wird, der mit keinem anderen Knoten durch eine Kante verbunden ist.

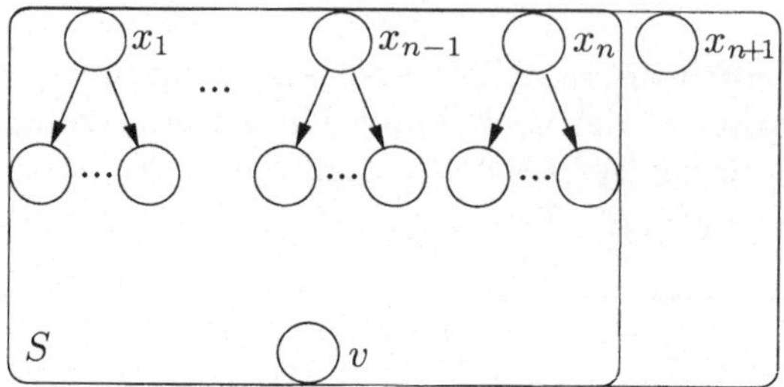

- Die $(n + m - 1)$-stellige Funktion $h = \mathrm{SUB}(f, g)$ wird im Knoten v des folgenden Schaltkreises über F mit den Eingängen $x_1, x_2, \ldots, x_{n-1}, y_1, y_2, \ldots, y_m$ berechnet. Dieser Schaltkreis geht aus den Schaltkreisen S und S' dadurch hervor, daß der Eingang x_n von S entfernt wird und jede Kante von x_n in einen Knoten w zu einer Kante von u aus S' in w wird.

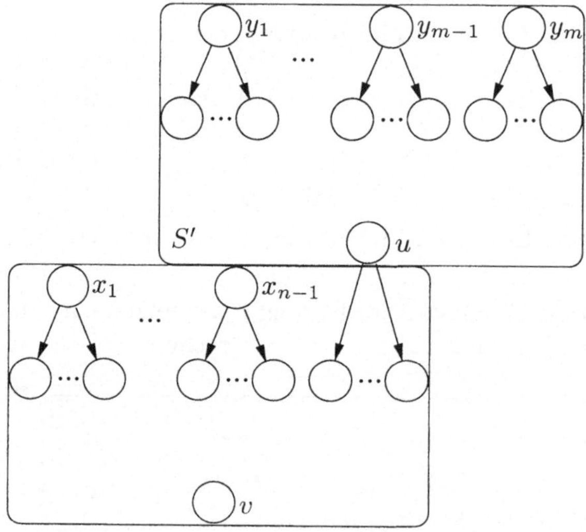

Folgerung 4.17 *Mit kombinatorischen Schaltkreisen über $F \subseteq \mathbf{BF}$ können genau dann alle booleschen Funktionen berechnet werden, wenn F vollständig ist.*

Ein einfaches Kriterium für die Vollständigkeit von F werden wir im nächsten Abschnitt entwickeln. Dieses Kriterium ist sogar konstruktiv in dem Sinne, daß man im Falle der Vollständigkeit von F einen Algorithmus bekommt, der zu einer gegebenen booleschen Funktion f einen kombinatorischen Schaltkreis über F konstruiert, der mit einem seiner Knoten f berechnet. Dies ist ein Paradebeispiel dafür, wie ein ganz praktisches Problem in ein mathematisches Problem umgewandelt wird und dann auch mit mathematischen Methoden gelöst werden kann.

4.4 Das Postsche Vollständigkeitskriterium

4.4.1 Die Postschen Klassen

Das Ziel dieses Abschnittes ist es, ein einfach zu überprüfendes Kriterium für die Vollständigkeit einer Menge F von booleschen Funktionen zu entwickeln. Dazu werden wir fünf Klassen boolescher Funktionen definieren und zeigen: F ist vollständig genau dann, wenn F in keiner dieser Klassen enthalten ist. Die Zugehörigkeit einer booleschen Funktion zu einer solchen Klasse ist dabei in einfacher Weise überprüfbar. Wir nennen eine Menge $F \subseteq \mathbf{BF}$ *abgeschlossen*, falls $\langle F \rangle = F$ gilt.

Definition 4.18 *Eine boolesche Funktion f heißt*

- *0-reproduzierend, falls $f(0,\ldots,0) = 0$ gilt.*

- *1-reproduzierend, falls $f(1,\ldots,1) = 1$ gilt.*

- *monoton, falls aus $a_1 \leq b_1, \ldots, a_n \leq b_n$ stets $f(a_1,\ldots,a_n) \leq f(b_1,\ldots,b_n)$ folgt.*

- *selbstdual, falls $f(\mathrm{non}(a_1),\ldots,\mathrm{non}(a_n)) = \mathrm{non}(f(a_1,\ldots,a_n))$ für alle $a_1, \ldots, a_n \in \{0,1\}$ gilt.*

- *linear, falls für jedes $i = 1,\ldots,n$ gilt:*

  - *entweder gilt für alle $a_1,\ldots,a_{i-1},a_{i+1},\ldots,a_n \in \{0,1\}$*
    $$f(a_1,\ldots,a_{i-1},0,a_{i+1},\ldots,a_n) = f(a_1,\ldots,a_{i-1},1,a_{i+1},\ldots,a_n),$$

  - *oder es gilt für alle $a_1,\ldots,a_{i-1},a_{i+1},\ldots,a_n \in \{0,1\}$*
    $$f(a_1,\ldots,a_{i-1},0,a_{i+1},\ldots,a_n) \neq f(a_1,\ldots,a_{i-1},1,a_{i+1},\ldots,a_n).$$

Die Bezeichnung „lineare Funktion" kommt von einer äquivalenten Definition dieser Funktionen, siehe Aufgabe 4.8.

Definition 4.19 *Wir bezeichnen mit*

- $\mathbf{R}_0$ *die Menge aller 0-reproduzierenden booleschen Funktionen,*

- $\mathbf{R}_1$ *die Menge aller 1-reproduzierenden booleschen Funktionen,*

- **M** *die Menge aller monotonen booleschen Funktionen,*
- **S** *die Menge aller selbstdualen booleschen Funktionen und*
- **L** *die Menge aller linearen booleschen Funktionen.*

Diese Klassen $\mathbf{R}_0$, $\mathbf{R}_1$, **M**, **S** und **L** sind sogenannte *Postsche Klassen* (siehe Aufgabe 4.13).

Eigenschaft 4.20 *Die folgende Tabelle zeigt die Zugehörigkeit einiger boolescher Funktionen zu den Klassen* $\mathbf{R}_0$, $\mathbf{R}_1$, **M**, **S** *bzw.* **L**.

	non	C_0^1	C_1^1	et	vel	aut	seq	äq
$\mathbf{R}_0$	−	+	−	+	+	+	−	−
$\mathbf{R}_1$	−	−	+	+	+	−	+	+
M	−	+	+	+	+	−	−	−
S	+	−	−	−	−	−	−	−
L	+	+	+	−	−	+	−	+

Eigenschaft 4.21

1. $\mathbf{R}_0$, $\mathbf{R}_1$,**M**, **S** *und* **L** *sind echte Teilmengen von* **BF**.
2. $\mathbf{R}_0$, $\mathbf{R}_1$, **M**, **S** *und* **L** *sind abgeschlossen.*

Lemma 4.22

1. *Aus* $f \notin \mathbf{R}_0$ *folgt* non $\in \langle\{f\}\rangle$ *oder* $C_1^1 \in \langle\{f\}\rangle$.
2. *Aus* $f \notin \mathbf{R}_1$ *folgt* non $\in \langle\{f\}\rangle$ *oder* $C_0^1 \in \langle\{f\}\rangle$.
3. *Aus* $f \notin \mathbf{M}$ *folgt* non $\in \langle\{f, C_0^1, C_1^1\}\rangle$.
4. *Aus* $f \notin \mathbf{S}$ *folgt* $\{C_0^1, C_1^1\} \subseteq \langle\{f, \mathrm{non}\}\rangle$.
5. *Aus* $f \notin \mathbf{L}$ *folgt* et $\in \langle\{f, C_0^1, C_1^1, \mathrm{non}\}\rangle$.

Beweis. Zu 1. Aus $f \notin \mathbf{R}_0$ folgt $f(0,\ldots,0) = 1$. Im Falle $f(1,\ldots,1) = 0$ gilt $\mathrm{non}(x) = f(x,x,\ldots,x)$, und im Falle $f(1,\ldots,1) = 1$ gilt $C_1^1(x) = f(x,x,\ldots,x)$. Folglich kann non oder C_1^1 durch Superposition aus f erzeugt werden.

Zu 2. Analog zu Aussage 1.

Zu 3. Gilt $f \notin \mathbf{M}$, so existieren $a_1,\ldots,a_n,b_1,\ldots b_n \in \{0,1\}$ mit

$$a_1 \leq b_1,\ldots,a_n \leq b_n \text{ und } 1 = f(a_1,\ldots,a_n) > f(b_1,\ldots b_n) = 0.$$

Zwischen zwei benachbarten Gliedern der Folge

$$1 = f(a_1,\ldots,a_n), f(b_1,a_2,\ldots,a_n), f(b_1,b_2,a_3,\ldots,a_n),\ldots,$$
$$f(b_1,b_2,\ldots,b_{n-1},a_n), f(b_1,\ldots,b_n) = 0$$

kann folglich nicht immer $\leq$ stehen. Es gibt also ein $i \in \{1,\ldots,n\}$ mit

$$1 = f(b_1, \ldots, b_{i-1}, a_i, a_{i+1}, \ldots, a_n) > f(b_1, \ldots, b_{i-1}, b_i, a_{i+1}, \ldots, a_n) = 0.$$

Also ist $a_i \neq b_i$ und wegen $a_i \leq b_i$ sogar $0 = a_i < b_i = 1$. Folglich gilt

$$\mathrm{non}(x) = f(\mathrm{C}^1_{b_1}(x), \ldots, \mathrm{C}^1_{b_{i-1}}(x), x, \mathrm{C}^1_{a_{i+1}}(x), \ldots, \mathrm{C}^1_{a_n}(x)),$$

d. h. non kann durch Superposition aus C^1_0, C^1_1 und f erzeugt werden.

Zu 4. Ist $f \notin \mathbf{S}$, so existieren $a_1, \ldots, a_n \in \{0, 1\}$ mit

$$f(\mathrm{non}(a_1), \ldots, \mathrm{non}(a_n)) = f(a_1, \ldots, a_n).$$

Für $i = 1, \ldots, n$ definieren wir $h_i(x) =_{\mathrm{def}} x$ im Falle $a_i = 1$ und $h_i(x) =_{\mathrm{def}} \mathrm{non}(x)$ im Falle $a_i = 0$. Offensichtlich gilt $h_i(1) = a_i$ und $h_i(0) = \mathrm{non}(a_i)$ für $i = 1, \ldots, n$. Für die Funktion g mit $g(x) =_{\mathrm{def}} f(h_1(x), \ldots, h_n(x))$ können wir schließen

$$\begin{aligned}
g(0) &= f(h_1(0), \ldots, h_n(0)) \\
&= f(\mathrm{non}(a_1), \ldots, \mathrm{non}(a_n)) \\
&= f(a_1, \ldots, a_n) \\
&= f(h_1(1), \ldots, h_n(1)) \\
&= g(1).
\end{aligned}$$

Also ist $g = \mathrm{C}^1_0$ oder $g = \mathrm{C}^1_1$. Folglich ist $\{\mathrm{C}^1_0, \mathrm{C}^1_1\} \subseteq \langle\{g, \mathrm{non}\}\rangle$. Da aber g durch Superposition aus non und f ensteht, gilt $g \in \langle\{f, \mathrm{non}\}\rangle$ und damit $\{\mathrm{C}^1_0, \mathrm{C}^1_1\} \subseteq \langle\{f, \mathrm{non}\}\rangle$.

Zu 5. Ist $f \notin \mathbf{L}$, so gibt es ein $i \in \{1, \ldots, n\}$ und $a_1, \ldots, a_{i-1}, a_{i+1}, \ldots, a_n$, $b_1, \ldots, b_{i-1}, b_{i+1}, \ldots, b_n \in \{0, 1\}$ mit

$$\begin{aligned}
f(a_1, \ldots, a_{i-1}, 0, a_{i+1}, \ldots, a_n) &= f(a_1, \ldots, a_{i-1}, 1, a_{i+1}, \ldots, a_n), \\
f(b_1, \ldots, b_{i-1}, 0, b_{i+1}, \ldots, b_n) &\neq f(b_1, \ldots, b_{i-1}, 1, b_{i+1}, \ldots, b_n).
\end{aligned}$$

Für $i = 1, \ldots, i-1, i+1, \ldots, n$ definieren wir $h_i(x) =_{\mathrm{def}} a_i$ im Falle $a_i = b_i$, $h_i(x) =_{\mathrm{def}} x$ im Falle $0 = a_i \neq b_i = 1$ und $h_i(x) =_{\mathrm{def}} \mathrm{non}(x)$ im Falle $1 = a_i \neq b_i = 0$. Offensichtlich gilt $h_i(0) = a_i$ und $h_i(1) = b_i$ für $i = 1, \ldots, i-1, i+1, \ldots, n$. Wir definieren

$$g(x, y) =_{\mathrm{def}} f(h_1(x), \ldots, h_{i-1}(x), y, h_{i+1}(x), \ldots, h_n(x))$$

und erhalten

$$\begin{aligned}
g(0, 0) &= f(a_1, \ldots, a_{i-1}, 0, a_{i+1}, \ldots, a_n) \\
&= f(a_1, \ldots, a_{i-1}, 1, a_{i+1}, \ldots, a_n) = g(0, 1)
\end{aligned}$$

und

$$\begin{aligned}
g(1, 0) &= f(b_1, \ldots, b_{i-1}, 0, b_{i+1}, \ldots, b_n) \\
&\neq f(b_1, \ldots, b_{i-1}, 1, b_{i+1}, \ldots, b_n) = g(1, 1).
\end{aligned}$$

Ein Blick in die Tabelle aller zweistelligen booleschen Funktionen zeigt, daß g eine der Funktionen et, nd, seq, f^2_2 sein muß. Durch Überprüfen der vier möglichen Argumente sieht man sofort

$$\mathrm{et}(x,y) = \mathrm{non}(\mathrm{nd}(x,y)) = \mathrm{non}(\mathrm{seq}(x,\mathrm{non}(y))) = \mathrm{f}_2^2(x,\mathrm{non}(y)).$$

Also ist et $\in \langle\{g,\mathrm{non}\}\rangle$. Da aber g durch Superposition aus C_0^1, C_1^1, non und f entsteht, gilt $g \in \langle\{f,\mathrm{C}_0^1,\mathrm{C}_1^1,\mathrm{non}\}\rangle$ und folglich et $\in \langle\{f,\mathrm{C}_0^1,\mathrm{C}_1^1,\mathrm{non}\}\rangle$.   □

4.4.2 Das Kriterium

Nachdem wir einige Eigenschaften der fünf Klassen $\mathbf{R}_0$, $\mathbf{R}_1$, $\mathbf{M}$, $\mathbf{S}$ und $\mathbf{L}$ bewiesen haben, können wir das Postsche Vollständigkeitskriterium formulieren und beweisen.

Satz 4.23 (Postsches Vollständigkeitskriterium)
Eine Menge $F \subseteq \mathbf{BF}$ ist genau dann vollständig, wenn sie in keiner der Klassen $\mathbf{R}_0$, $\mathbf{R}_1$, $\mathbf{M}$, $\mathbf{S}$ oder $\mathbf{L}$ enthalten ist.

Beweis. 1. Es sei $F \subseteq K$ für $K \in \{\mathbf{R}_0,\mathbf{R}_1,\mathbf{M},\mathbf{S},\mathbf{L}\}$. Aus Eigenschaft 4.21 folgt $\langle F\rangle \subseteq \langle K\rangle = K \subset \mathbf{BF}$. Also ist F nicht vollständig.

2. Es sei F in keiner der Klassen $\mathbf{R}_0$, $\mathbf{R}_1$, $\mathbf{M}$, $\mathbf{S}$ oder $\mathbf{L}$ enthalten. Also gibt es Funktionen $f_1,f_2,f_3,f_4,f_5 \in F$ mit $f_1 \notin \mathbf{R}_0$, $f_2 \notin \mathbf{R}_1$, $f_3 \notin \mathbf{M}$, $f_4 \notin \mathbf{S}$ und $f_5 \notin \mathbf{L}$. Wir unterscheiden zwei Fälle:

Fall 1: non $\in \langle\{f_1\}\rangle \cup \langle\{f_2\}\rangle$. Aus $f_4 \notin \mathbf{S}$ folgt $\{\mathrm{C}_0^1,\mathrm{C}_1^1\} \subseteq \langle\{f_4,\mathrm{non}\}\rangle$ nach Lemma 4.22 und mithin $\{\mathrm{C}_0^1,\mathrm{C}_1^1,\mathrm{non}\} \subseteq \langle\{f_1,f_2,f_4\}\rangle$. Aus $f_5 \notin \mathbf{L}$ folgt et $\in \langle\{f_5,\mathrm{C}_0^1,\mathrm{C}_1^1,\mathrm{non}\}\rangle$ nach Lemma 4.22, und mithin $\{\mathrm{et},\mathrm{non}\} \subseteq \langle\{f_1,f_2,f_4,f_5\}\rangle$. Nach Satz 4.3 ist $\{\mathrm{et},\mathrm{non}\}$ vollständig, und es gilt

$$\mathbf{BF} = \langle\{\mathrm{et},\mathrm{non}\}\rangle \subseteq \langle\{f_1,f_2,f_4,f_5\}\rangle \subseteq \langle F\rangle.$$

Also ist F vollständig.

Fall 2: non $\notin \langle\{f_1\}\rangle \cup \langle\{f_2\}\rangle$. Aus $f_1 \notin \mathbf{R}_0$ und $f_2 \notin \mathbf{R}_1$ folgt $\mathrm{C}_1^1 \in \langle\{f_1\}\rangle$ und $\mathrm{C}_0^1 \in \langle\{f_2\}\rangle$ nach Lemma 4.22. Aus $f_3 \notin \mathbf{M}$ folgt non $\in \langle\{f_3,\mathrm{C}_0^1,\mathrm{C}_1^1\}\rangle$ nach Lemma 4.22 und mithin $\{\mathrm{C}_0^1,\mathrm{C}_1^1,\mathrm{non}\} \subseteq \langle\{f_1,f_2,f_3\}\rangle$. Wie im Fall 1 schließt man hieraus die Vollständigkeit von F.   □

Es sei hier noch einmal darauf hingewiesen, daß für eine endliche Menge $F \subseteq \mathbf{BF}$ das Postsche Vollständigkeitskriterium „F ist in keiner der Klassen $\mathbf{R}_0$, $\mathbf{R}_1$, $\mathbf{M}$, $\mathbf{S}$ oder $\mathbf{L}$ enthalten" anhand der Wahrheitswerttabellen für die Funktionen aus F überprüfbar ist. Mehr noch, die Beweise von Lemma 4.22 und des Postschen Vollständigkeitskriteriums liefern sogar einen Algorithmus, der beschreibt, wie man im Falle der Vollständigkeit von F aus den Funktionen aus F die Funktionen et und non erzeugt.

Beispiel 4.24 Wir betrachten die boolesche Funktion $f = \mathrm{f}_{164}^3$, gegeben durch die folgende Wertetabelle.

x	y	z	$f(x,y,z)$
0	0	0	1
0	0	1	0
0	1	0	1
0	1	1	0
1	0	0	0
1	0	1	1
1	1	0	0
1	1	1	0

Zunächst stellen wir fest, daß $f \notin \mathbf{R}_0$ wegen $f(0,0,0) = 1$, $f \notin \mathbf{R}_1$ wegen $f(1,1,1) = 0$, $f \notin \mathbf{M}$ wegen $f(0,0,0) > f(0,0,1)$, $f \notin \mathbf{S}$ wegen $f(0,0,1) = f(1,1,0)$ und $f \notin \mathbf{L}$ wegen $f(0,0,0) \neq f(0,0,1)$ und $f(1,1,0) = f(1,1,1)$. Also ist $\{f\}$ in keiner der Klassen $\mathbf{R}_0$, $\mathbf{R}_1$, $\mathbf{M}$, $\mathbf{S}$ und $\mathbf{L}$ enthalten, und folglich ist $\{f\}$ vollständig.

Wegen $f(0,0,0) = 1$ und $f(1,1,1) = 0$ gilt $\mathrm{non}(x) = f(x,x,x)$ (siehe Beweis von Lemma 4.22.1). Wegen $f(1,1,0) = f(0,0,1) = 0$ gilt $\mathrm{C}_0^1(x) = f(x,x,\mathrm{non}(x))$ und $\mathrm{C}_1^1(x) = \mathrm{non}(f(x,x,\mathrm{non}(x)))$ (siehe Beweis von Lemma 4.22.4). Wegen $f(1,1,0) = f(1,1,1)$ und $f(0,0,0) \neq f(0,0,1)$ definieren wir wie im Beweis von Lemma 4.22.5 die Funktion $g(x,y) = f(\mathrm{non}(x),\mathrm{non}(x),y)$. Durch Überprüfen der vier möglichen Argumente sieht man $g = \mathrm{f}_2^2$, und wir erhalten

$$\begin{aligned} \mathrm{et}(x,y) &= g(x,\mathrm{non}(y)) = f(\mathrm{non}(x),\mathrm{non}(x),\mathrm{non}(y)) \\ &= f(f(x,x,x),f(x,x,x),f(y,y,y)). \end{aligned}$$

Damit haben wir sowohl non als auch et aus der Funktion f erzeugt. $\square$

4.5 Aufgaben

4.1 Man bestimme n und m so, daß $\mathrm{ID}(\mathrm{SUB}(\mathrm{ZV}(\mathrm{SUB}(\mathrm{et},\mathrm{äq})),\mathrm{non})) = \mathrm{f}_m^n$ gilt.

4.2 1. Man gebe die Wertetabelle für die boolesche Funktion f_{174}^3 an.

    2. Man zeige, wie f_{174}^3 aus $\{\mathrm{et}, \mathrm{vel}, \mathrm{non}\}$ erzeugt werden kann. Vorbild ist dabei der Beweis von Satz 4.3.

    3. Durch genaues Betrachten der Wertetabelle stelle man fest, wie nd aus f_{174}^3 erzeugt wird.

4.3 1. Man gebe die Wertetabellen für die booleschen Funktionen f_{217}^3 und f_{17406}^4 an.

    2. Man zeige $\mathrm{C}_1^1 \in \langle\{\mathrm{f}_{217}^3\}\rangle$, vel $\in \langle\{\mathrm{f}_{217}^3\}\rangle$ und $\mathrm{C}_0^1 \in \langle\{\mathrm{f}_{17406}^4\}\rangle$.

    3. Man zeige nd $\in \langle\{\mathrm{f}_{217}^3, \mathrm{f}_{17406}^4\}\rangle$.

4.4 Für eine Aussagenvariable x definieren wir $x^1 =_{\text{def}} x$ und $x^0 =_{\text{def}} \neg x$.

1. Man zeige, daß für jede Interpretation I und $a_1, \ldots, a_n \in \{0,1\}$ gilt:

$$I(x_1^{a_1} \wedge x_2^{a_2} \wedge \ldots \wedge x_n^{a_n}) = 1 \Leftrightarrow \text{es gilt } I(x_i) = a_i \text{ für } i = 1, \ldots, n.$$

2. Für eine n-stellige booleschen Funktion f heißt die Formel

$$H_f =_{\text{def}} \bigvee_{\substack{(a_1, a_2, \ldots, a_n) \text{ mit} \\ f(a_1, a_2, \ldots, a_n) = 1}} x_1^{a_1} \wedge x_2^{a_2} \wedge \ldots \wedge x_n^{a_n}$$

(das ist die Alternative aller Formeln $x_1^{a_1} \wedge x_2^{a_2} \wedge \ldots \wedge x_n^{a_n}$, für die $f(a_1, a_2, \ldots, a_n) = 1$ gilt) die *alternative Normalform* von f (in der Literatur auch oft *disjunktive Normalform* genannt). Man zeige, daß f die von H_f beschriebene boolesche Funktion ist, d. h., daß $f_{H_f} = f$ gilt.

4.5 Jede boolesche Funktion wird durch unendlich viele verschiedene Formeln beschrieben.

Hinweis: Man verwende die Aussage von Aufgabe 4.4.2.

4.6 Man gebe einen kombinatorischen Schaltkreis über $\{\text{et}, \text{aut}\}$ an, der die Multiplikation zweier 2-Bit-Zahlen realisiert. Die Eingänge seien mit den Variablen x_1, x_0, y_1, y_0 markiert, die Ausgänge seien vier ausgezeichnete Knoten z_0, z_1, z_2, z_3, und es soll gelten: Wird in x_1, x_0 die Binärdarstellung der Zahl x und in y_1, y_0 die Binärdarstellung der Zahl y eingegeben, so wird in z_3, z_2, z_1, z_0 die Binärdarstellung von $x \cdot y$ ausgegeben.

4.7 1. Konstruieren Sie aus einer aussagenlogischen Formel H einen kombinatorischer Schaltkreis über $\{\text{non}, \text{et}, \text{vel}, \text{aut}, \text{seq}, \text{äq}\}$ so, daß die von der Formel beschriebene boolesche Funktion f_H in einem Knoten des Schaltkreises berechnet wird.

2. Wie kann ein kombinatorischer Schaltkreis mit einem ausgezeichneten Knoten zu einer aussagenlogischen Formel so umgeformt werden, daß die in diesem Knoten berechnete boolesche Funktion von dieser Formel beschrieben wird? Wie groß kann die Formel werden, wenn der Schaltkreis n Knoten besitzt? Man gebe einen Schaltkreis mit n Knoten an, für den die so konstruierte aussagenlogische Formel besonders lang ist.

4.8 Wir verwenden die operativen Symbole $\oplus$ und $\cdot$ für die booleschen Funktionen aut und et, sowie 0 und 1 für C_0^1 und C_1^1. Zeigen Sie: Eine n-stellige boolesche Funktion ist genau dann linear, wenn es $a_0, a_1, \ldots, a_n \in \{0,1\}$ gibt mit

$$f(x_1, x_2, \ldots, x_n) = a_0 \oplus (a_1 \cdot x_1) \oplus (a_2 \cdot x_2) \oplus \cdots \oplus (a_n \cdot x_n).$$

4.9 1. Man gebe eine Tabelle an, in der für alle zweistelligen booleschen Funktionen f_i^2 $(0 \leq i \leq 15)$ aufgeführt ist, zu welchen der Klassen $\mathbf{R}_0$, $\mathbf{R}_1$, $\mathbf{M}$, $\mathbf{S}$ und $\mathbf{L}$ sie gehören.

  2. Man gebe alle minimalen vollständigen Mengen (das sind vollständige Mengen, deren echte Teilmengen nicht vollständig sind) von zweistelligen booleschen Funktionen an.

4.10 Man zeige, daß $\{C_0^1, C_1^1, \text{et}, x \oplus y \oplus z\}$ eine minimale vollständige Menge ist. (Bemerkung: Es gibt keine minimale vollständige Menge mit fünf Funktionen.)

4.11 Wie im Beispiel 4.24 zeige man, wie aus der Funktion f_{174}^3 die Funktionen et und non erzeugt werden können.

4.12 Wieviele der dreistelligen booleschen Funktionen f_m^3 haben die Eigenschaft, daß $\{f_m^3\}$ vollständig ist?

4.13 Eine Menge $F \subseteq \mathbf{BF}$ heißt *Postsche Klasse*, wenn F abgeschlossen und nicht vollständig ist und wenn für jedes $f \notin F$ die Klasse $F \cup \{f\}$ vollständig ist. Man zeige:

  1. Die Klassen $\mathbf{R}_0$, $\mathbf{R}_1$, $\mathbf{M}$, $\mathbf{S}$ und $\mathbf{L}$ sind abgeschlossen.

  2. Die Klassen $\mathbf{R}_0$, $\mathbf{R}_1$, $\mathbf{M}$, $\mathbf{S}$ und $\mathbf{L}$ sind Postsche Klassen.

  3. Andere Postsche Klassen gibt es nicht.

4.14 Man gebe alle dreistelligen, monotonen und selbstdualen booleschen Funktionen an.

4.15 Geben Sie die Mengen $\langle\{\text{non}\}\rangle$ und $\langle\{\text{et}\}\rangle$ explizit an.

4.16 Geben Sie die Menge $\mathbf{M} \cap \mathbf{L}$ explizit an.

4.17 1. Wieviel n-stellige Funktionen sind in $\mathbf{R}_0$ enthalten?

  2. Wieviel n-stellige Funktionen sind in $\mathbf{R}_1$ enthalten?

  3. Wieviel n-stellige Funktionen sind in $\mathbf{S}$ enthalten?

  4. Wieviel n-stellige Funktionen sind in $\mathbf{L}$ enthalten?

Endliche Automaten

5.1 Endliche Automaten mit Ausgabe

5.1.1 Definition und Beispiele

In den Kapiteln 2 und 3 haben wir untersucht, was Rechner insgesamt leisten können. Wenn wir einmal von den von uns betrachteten Maschinenmodellen, also von RAM und Turingmaschinen ausgehen, so bestehen diese im wesentlichen aus zwei Komponenten: den unbeschränkten Informationsspeichern (Register bzw. Bänder) und dem Teil, der die Arbeit der Maschine steuert (Programm und Befehlszähler bzw. Steuereinheit). In diesem Abschnitt wollen wir ein Modell für diese logischen Steuerungsmechanismen betrachten und sehen, wie man diese durch Schaltkreise realisieren kann.

Ein solcher Steuermechanismus einer Maschine muß neben einem Programm (das wir uns bei einer RAM oder Turingmaschine stets fixiert denken) auch eine Möglichkeit besitzen, zu speichern, welche Teile des Programmes für den nächsten Arbeitstakt „zuständig" sind. Bei einer RAM gibt der Inhalt des Befehlsregisters an, welcher Befehl im nächsten Takt ausgeführt wird; bei einer Turingmaschine wird durch den Zustand eine Gruppe von Befehlen für den nächsten Takt bestimmt. Es ist zu bemerken, daß der dazu notwendige interne Speicher endlich ist, d. h. der Steuermechanismus kann sich nur in einer endlichen Zahl von verschiedenen Arbeitsmodi (Zuständen) befinden. In einem solchen Modus reagiert der Mechanismus auf äußere Information (bei RAM Information darüber, ob ein Register den Inhalt 0 besitzt; bei Turingmaschinen die gelesenen Bandsymbole) stets in der gleichen Weise. Dabei wird ein neuer Zustand angenommen und eine äußere Aktion (Ausgabe) veranlaßt (bei RAM Ausführung eines Transport- oder arithmetischen Befehles; bei Turingmaschinen das Schreiben von Bandsymbolen und die Kopfbewegungen).

Diese Vorstellung verdichten wir zur Definition des endlichen Automaten.

Definition 5.1 $A = (\Sigma, \Pi, Z, f, g, z_0)$ *heißt* endlicher Automat mit Ausgabe, *wenn gilt*

- Σ *ist eine endliche Menge, das* Eingabealphabet,
- Π *ist eine endliche Menge, das* Ausgabealphabet,
- Z *ist eine endliche Menge, die* Zustandsmenge,
- $f \colon Z \times \Sigma \to Z$ *ist eine totale Funktion, die* Überführungsfunktion,
- $g \colon Z \times \Sigma \to \Pi$ *ist eine totale Funktion, die* Ausgabefunktion *und*
- $z_0 \in Z$ *ist der* Startzustand.

Wir werden endliche Automaten auch durch gerichtete Graphen darstellen. Dabei sind die Zustände die Knoten des Graphen, und der Startzustand wird speziell mit einem Doppelkreis markiert. Die Tatsache, daß der Automat im Zustand $z \in Z$ bei Eingabe $a \in \Sigma$ den Zustand $z' = f(z, a)$ annimmt und das Symbol $b = g(z, a)$ ausgibt, wird durch die Markierung (a, b) der Kante (z, z') wiedergegeben.

Beispiel 5.2 Das *T-Flip-Flop* (*Umschalt-Flip-Flop*) besitzt zwei Zustände und schaltet bei Eingabe 1 in den anderen Zustand um; bei Eingabe 0 verharrt es im gleichen Zustand. Die Ausgabe entspricht stets dem neuen Zustand.

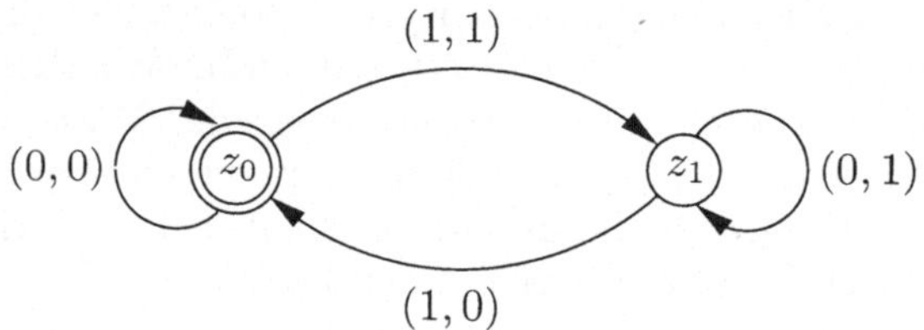

Beispiel 5.3 Das *RS-Flip-Flop* (*Reset-Set-Flip-Flop*) besitzt ebenfalls zwei Zustände, hat aber vier verschiedene Eingaben:

(0,0)	-	Zustand beibehalten,
(1,1)	-	Zustand ändern,
(0,1)	-	Zustand z_1 annehmen und
(1,0)	-	Zustand z_0 annehmen.

Auch hier entspricht die Ausgabe stets dem neuen Zustand.

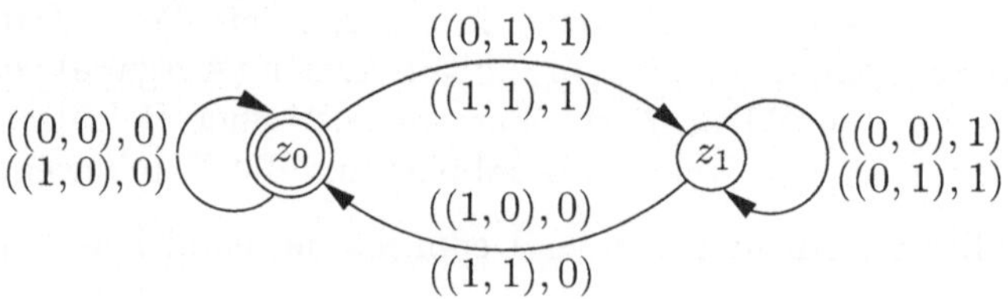

Beispiel 5.4 Der *sequentielle Addierer* addiert zwei beliebig lange Binärzahlen, von denen pro Takt je ein Bit eingegeben wird (beginnend mit der letzten Stelle). Dabei steht die Zustände z_0 und z_1 für den Übertrag 0 bzw. 1.

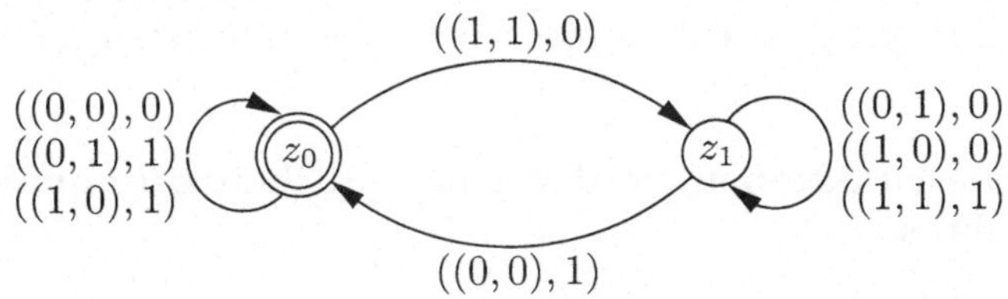

Ein endlicher Automat $A = (\Sigma, \Pi, Z, f, g, z_0)$ mit Ausgabe läßt sich auch auffassen als eine Turingmaschine mit einem Band, die in jedem Takt den Kopf um ein Feld nach rechts bewegt. Diese Turingmaschine hat die Befehle $z\,a \to f(z,a)\,g(z,a)\,\mathrm{R}$ für $z \in Z$ und $a \in \Sigma$. Startet diese Turingmaschine auf dem ersten Buchstaben a_1 des Eingabewortes $a_1 a_2 \ldots a_n$, so steht an dessen Stelle, nachdem der Kopf das mit a_n beschriftete Feld nach rechts verlassen hat, die entsprechende Folge $b_1 b_2 \ldots b_n$ der Ausgabesymbole von A. Umgekehrt kann auch eine Turingmaschine mit einem Band, die den Kopf nur nach rechts bewegen kann, als endlicher Automat mit Ausgabe aufgefaßt werden. Offensichtlich können solche Turingmaschinen das Band nur als Eingabe- und Ausgabemedium, nicht jedoch als Speichermedium verwenden.

Ein endlicher Automat $A = (\Sigma, \Pi, Z, f, g, z_0)$ mit Ausgabe berechnet mit seinem Eingabe-Ausgabe-Verhalten eine totale Funktion $g_A : \Sigma^* \to \Pi^*$ wie folgt:

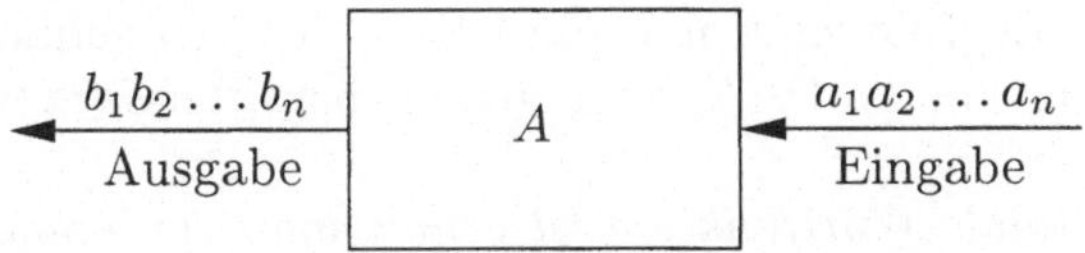

Startet A im Zustand z_0 und gibt bei Eingabe der Symbole $a_1, a_2, \ldots, a_n \in \Sigma$ die Symbole $b_1, b_2, \ldots, b_n$ aus, so setzen wir $g_A(a_1 a_2 \ldots a_n) =_{\mathrm{def}} b_1 b_2 \ldots b_n$. Die Funktion g_A heißt *die vom Automaten A berechnete Funktion*. Definiert man induktiv die *erweiterte Überführungsfunktion* $\bar{f}$ von A durch

(IA) $\bar{f}(z, \varepsilon) =_{\mathrm{def}} z$ für alle $z \in Z$

(IS) $\bar{f}(z, wa) =_{\mathrm{def}} f(\bar{f}(z, w), a)$ für alle $z \in Z, w \in \Sigma^*$ und $a \in \Sigma$,

und die *erweiterte Ausgabefunktion* $\bar{g}$ von A durch

(IA) $\bar{g}(z, \varepsilon) =_{\mathrm{def}} \varepsilon$ für alle $z \in Z$

(IS) $\bar{g}(z, wa) =_{\mathrm{def}} \bar{g}(z, w) g(\bar{f}(z, w), a)$ für alle $z \in Z, w \in \Sigma^*$ und $a \in \Sigma$,

so gilt $g_A(w) = \bar{g}(z_0, w)$ für alle $w \in \Sigma^*$.

Die von endlichen Automaten mit Ausgabe berechneten Wortfunktionen sind vom Standpunkt der Berechnungskomplexität sehr einfach. Der oben erwähnte Zusammenhang mit den Turingmaschinen zeigt, daß solche Funktionen von einer Turingmaschine in der Zeit $t(n) = 2n + 2$ berechnet werden können. Folglich gilt $g_A \in \mathbf{FP}$ für jeden endlichen Automaten A mit Ausgabe.

5.1.2 Welche Funktionen werden von endlichen Automaten berechnet?

Welche Funktionen können auf diese Weise durch endliche Automaten mit Ausgabe berechnet werden? Um diese Frage beantworten zu können, benötigen wir einige Eigenschaften von Funktionen.

Definition 5.5 *Es seien Σ und Π endliche Alphabete und $h\colon \Sigma^* \to \Pi^*$ eine totale Funktion.*

- *Die Funktion h heißt* längentreu, *falls $|h(w)| = |w|$ für jedes $w \in \Sigma^*$ gilt.*

- *Die Funktion h heißt* sequentiell, *falls für alle $w, v \in \Sigma^*$ das Wort $h(w)$ ein Anfangswort von $h(wv)$ ist, d. h. falls für beliebige $w, v \in \Sigma^*$ ein $u \in \Sigma^*$ existiert mit $h(wv) = h(w)u$. Für gegebene $w, v \in \Sigma^*$ ist dieses u natürlich eindeutig bestimmt, und wir definieren $h_w(v) =_{\mathrm{def}} u$. Offensichtlich ist $h_w\colon \Sigma^* \to \Pi^*$ eine totale Funktion für jedes $w \in \Sigma^*$.*

- *Das* Gewicht *einer sequentiellen Funktion $h\colon \Sigma^* \to \Pi^*$ ist die Anzahl der verschiedenen Funktionen h_w $(w \in \Sigma^*)$.*

Mit Hilfe dieser Begriffe kann nun die Klasse der von endlichen Automaten mit Ausgabe berechneten Funktionen genau charakterisiert werden.

Satz 5.6 *Eine totale Wortfunktion ist genau dann von einem endlichen Automaten mit Ausgabe berechenbar, wenn sie längentreu, sequentiell und von endlichem Gewicht ist.*

Beweis. 1. Es sei $A = (\Sigma, \Pi, Z, f, g, z_0)$ ein endlicher Automat mit Ausgabe. Die Funktion g_A ist längentreu nach Definition. Weiter gilt (Aufgabe 5.4)

$$\bar{g}(z, wv) = \bar{g}(z, w)\bar{g}(\bar{f}(z, w), v)$$

für alle $z \in Z$ und $w, v \in \Sigma^*$. Wegen

$$g_A(wv) = \bar{g}(z_0, wv) = \bar{g}(z_0, w)\bar{g}(\bar{f}(z_0, w), v) = g_A(w)\bar{g}(\bar{f}(z_0, w), v)$$

ist die Funktion g_A sequentiell, und für die Funktionen $(g_A)_w$ gilt

$$(g_A)_w(v) = \bar{g}(\bar{f}(z_0, w), v).$$

Also folgt aus $\bar{f}(z_0, w) = \bar{f}(z_0, u)$ stets $(g_A)_w = (g_A)_u$. Da es aber nur endlich viele verschiedenen Zustände $\bar{f}(z_0, w) \in Z$ gibt, kann auch die Anzahl der verschiedenen $(g_A)_w$ nur endlich sein. Folglich hat g_A endliches Gewicht.

2. Die Funktion $h\colon \Sigma^* \to \Pi^*$ sei längentreu und sequentiell mit endlichem Gewicht. Wir definieren den endlichen Automaten $A = (\Sigma, \Pi, Z, f, g, z_0)$ mit Ausgabe durch

- $Z =_{\mathrm{def}} \{h_w \colon w \in \Sigma^*\}$,

- $z_0 =_{\mathrm{def}} h_\varepsilon$,

- $f(h_w, a) =_{\mathrm{def}} h_{wa}$ für alle $w \in \Sigma^*$ und $a \in \Sigma$,

- $g(h_w, a) =_{\mathrm{def}} h_w(a)$ für alle $w \in \Sigma^*$ und $a \in \Sigma$.

Wir müssen uns zunächst vergewissern, ob hiermit in korrekter Weise ein endlicher Automat mit Ausgabe definiert wird.

- Die Menge Z ist endlich, da h eine sequentielle Funktion mit endlichem Gewicht ist, d. h. es gibt nur endlich viele verschiedene Funktionen h_w.

- Wir müssen zeigen, daß die Definition $f(h_w, a) =_{\mathrm{def}} h_{wa}$ unabhängig von der Wahl des Wortes w ist, d. h. wir müssen zeigen, daß aus $h_v = h_w$ und $a \in \Sigma$ stets $h_{va} = h_{wa}$ folgt. Wir verwenden, daß für eine sequentielle Funktion h jede Funktion h_w wieder sequentiell ist und daß $(h_w)_a = h_{wa}$ gilt (Aufgabe 5.5). Also gilt $h_{wa} = (h_w)_a = (h_v)_a = h_{va}$.

- Die Funktion g hat wirklich einbuchstabige Werte (aus Π), da h eine längentreue Funktion ist.

Wir beweisen nun zwei Hilfsaussagen über die Funktionen $\bar{f}$ und $\bar{g}$. Durch Induktion über $w \in \Sigma^*$ zeigen wir zunächst $\bar{f}(h_\varepsilon, w) = h_w$.

(IA) Für $w = \varepsilon$ gilt $\bar{f}(h_\varepsilon, \varepsilon) = h_\varepsilon$ nach Definition von $\bar{f}$.

(IS) Für $w \in \Sigma^*$ und $a \in \Sigma$ gilt
$$
\begin{aligned}
\bar{f}(h_\varepsilon, wa) &= f(\bar{f}(h_\varepsilon, w), a) && \text{(Definition von } \bar{f}) \\
&= f(h_w, a) && \text{(Induktionsvoraussetzung)} \\
&= h_{wa} && \text{(Definition von } f)
\end{aligned}
$$

Durch Induktion über $w \in \Sigma^*$ beweisen wir nun $\bar{g}(h_\varepsilon, w) = h(w)$.

(IA) Für $w = \varepsilon$ gilt $\bar{g}(h_\varepsilon, \varepsilon) = \varepsilon = h(\varepsilon)$ nach Definition von $\bar{g}$ und wegen der Längentreue von h.

(IS) Für $w \in \Sigma^*$ und $a \in \Sigma$ gilt
$$
\begin{aligned}
\bar{g}(h_\varepsilon, wa) &= \bar{g}(h_\varepsilon, w)g(\bar{f}(h_\varepsilon, w), a) && \text{(Definition von } \bar{g}) \\
&= h(w)g(\bar{f}(h_\varepsilon, w), a) && \text{(Induktionsvoraussetzung)} \\
&= h(w)g(h_w, a) && \text{(vorhergehende Aussage)} \\
&= h(w)h_w(a) && \text{(Definition von } g) \\
&= h(wa) && \text{(Sequentialität von } h)
\end{aligned}
$$

Daraus folgt nun $g_A(w) = \bar{g}(z_0, w) = \bar{g}(h_\varepsilon, w) = h(w)$ für alle $w \in \Sigma^*$. $\qquad\square$

5.2 Logische Schaltkreise

5.2.1 Definition und Beispiele

Durch den Begriff des endlichen Automaten mit Ausgabe wurde abstrakt das Eingabe-Ausgabe-Verhalten eines Systems mit endlichem Speicher (Gedächtnis) beschrieben. Uns interessiert natürlich auch, wie so etwas mit Hilfe von Schaltkreisen realisiert werden kann. Die in Kapitel 4 behandelten kombinatorischen Schaltkreise realisieren ein Eingabe-Ausgabe-Verhalten ohne „Gedächtnis", d. h. bei jeder Verwendung wird das gleiche Verhalten, d. h. die gleiche boolesche Funktion realisiert. Bei einem endlichen Automaten, also einem System mit endlichem Speicher, hängt die Ausgabe nicht nur von der Eingabe, sondern auch von dem aktuellen Zustand des Systems ab.

Ein Schaltkreis, der einen endlichen Automaten realisieren soll, muß über die Möglichkeit verfügen, Zustände zu speichern. Da Schaltkreise nur mit zwei Werten (0 und 1) operieren, muß jeder Zustand eines Automaten durch einen 0-1-Vektor codiert werden. Damit reduziert sich das Problem darauf, wie in einem Schaltkreis ein 0-1-Wert bis zum nächsten Arbeitstakt gespeichert werden kann. Das wird mit Hilfe eines *Verzögerungselementes* Δ realisiert (mit Anfangsspeicherung 0), das gewissen Knoten des Schaltkreisgraphen zugeordnet ist.

Definition 5.7 $S = (E, K, \beta, x_1, x_2, \ldots, x_n)$ *heißt* logischer Schaltkreis *über* $F \subseteq \mathbf{BF}$, *wenn gilt*

1. E *ist eine endliche Menge (die Menge der* Knoten *oder* Gatter)

2. $K \subseteq E \times E \times \mathbb{N}$ $((u, v, m) \in K$ *ist eine Kante mit der Nummer* m, *die von* u *nach* v *führt). Die Kantenmenge* K *erfüllt die folgenden Bedingungen:*

   a) *Aus* $(u_1, u_2, m), (v_1, v_2, m) \in K$ *folgt* $(u_1, u_2) = (v_1, v_2)$ *(verschiedenen Kanten haben verschiedene Nummern).*

   b) *Sind* $(v_1, v_2, m_1), (v_2, v_3, m_2), \ldots, (v_{k-1}, v_k, m_{k-1}), (v_k, v_1, m_k) \in K$, *so gibt es ein* $i \in \{1, \ldots, k\}$ *mit* $\beta(v_i) = \Delta$ *(es gibt keine Zyklen ohne Verzögerungselemente).*

3. $x_1, x_2, \ldots, x_n \in E$ *sind die* Eingänge *von* S. *In diese Knoten führen keine Kanten hinein.*

4. $\beta \colon E \setminus \{x_1, x_2, \ldots, x_n\} \to F \cup \{\Delta\}$ *ist eine totale Funktion mit folgender Eigenschaft: Ist für einen Knoten* v *die boolesche Funktion* $\beta(v) \in F$ *eine* k-*stellige Funktion, so ist* k *gleich der Anzahl der Kanten, die in* v *hineinführen. Gilt jedoch* $\beta(v) = \Delta$, *so führt genau eine Kante in* v.

Die Bedingung 2. (b) läßt sich wie folgt interpretieren: Sind $u_1, \ldots, u_k \in E$ die Knoten mit Verzögerungselementen und nimmt man die in diese Knoten einlaufenden Kanten weg, so entsteht ein kombinatorischer Schaltkreis S' mit den Eingängen $x_1, \ldots, x_n, u_1, \ldots, u_k$, den wir *den zu S gehörigen kombinatorischen Schaltkreis* nennen.

Die folgende Abbildung zeigt einen einfachen logischen Schaltkreis über $\{et, vel, non\}$.

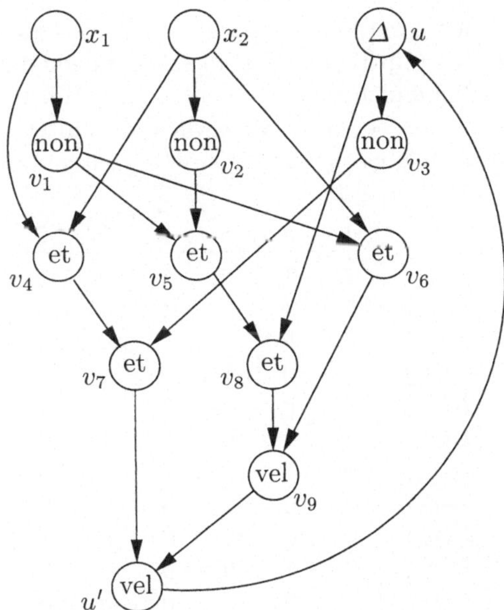

Bei der Festlegung der Semantik logischer Schaltkreise muß der zeitliche Aspekt berücksichtigt werden, d. h. es muß nicht nur (wie bei den kombinatorischen Schaltkreisen) festgelegt werden, was bei einer einmaligen Eingabe in den Eingabeknoten passiert, sondern wir müssen Festlegungen für eine Folge von Eingabewerten für die Takte $t = 1, 2, 3, \ldots$ treffen.

Definition 5.8 *(Fortsetzung einer Folge $I_t \colon \{x_1, x_2, \ldots, x_n\} \to \{0, 1\}$ von Belegungen $(t = 1, 2, \ldots)$ der Eingänge eines logischen Schaltkreises $S = (E, K, \beta, x_1, x_2, \ldots, x_n)$ zu einer Folge von Interpretationen aller seiner Knoten)*

Es seien $u_1, u_2, \ldots, u_k \in E$ diejenigen Knoten, denen durch β ein Verzögerungselement zugeordnet wird. Für $i = 1, \ldots, k$ sei u_i' derjenige Knoten, von dem eine Kante nach u_i führt. Ferner sei S' der zu S gehörige kombinatorische Schaltkreis mit den Eingängen $x_1, \ldots, x_n, u_1, \ldots, u_k$. Wir definieren für $v \in E \smallsetminus \{x_1, \ldots, x_n\}$ durch Induktion über t:

(IA) $I_1(v) =_{\text{def}} f_v^{S'}(I_1(x_1), \ldots, I_1(x_n), 0, \ldots, 0)$

(IS) $I_t(v) =_{\text{def}} f_v^{S'}(I_t(x_1), \ldots, I_t(x_n), I_{t-1}(u_1'), \ldots, I_{t-1}(u_k'))$ *für $t > 1$.*

Auch bei der Interpretation wird noch einmal deutlich, daß sich ein logischer Schaltkreis in einem gegebenen Takt t bei seiner Arbeit wie ein kombinatorischer Schaltkreis verhält, wenn man die Knoten mit Verzögerungselementen mit deren vom vorhergehenden Takt gespeicherten Werten als zusätzliche Eingabeknoten betrachtet.

Beispiel 5.9 Der oben dargestellte logische Schaltkreis mit den Eingängen x_1 und x_2 realisiert ein RS-Flip-Flop, wobei die Belegungen 0 und 1 des Verzögerungselementes den Zuständen z_0 bzw. z_1 entspricht. Wir beobachten das Verhalten dieses Schaltkreises bei einer willkürlich gewählten Folge $I_1, I_2, \ldots, I_6$ von Belegungen der Eingänge x_1 und x_2 in den Takten $1, 2, \ldots, 6$.

t	1	2	3	4	5	6
$I_t(x_1)$	1	1	0	1	0	1
$I_t(x_2)$	0	1	0	1	1	0
$I_t(u)$	0	0	1	1	0	1
$I_t(v_1)$	0	0	1	0	1	0
$I_t(v_2)$	1	0	1	0	0	1
$I_t(v_3)$	1	1	0	0	1	0
$I_t(v_4)$	0	1	0	1	0	0
$I_t(v_5)$	0	0	1	0	0	0
$I_t(v_6)$	0	0	0	0	1	0
$I_t(v_7)$	0	1	0	0	0	0
$I_t(v_8)$	0	0	1	0	0	0
$I_t(v_9)$	0	0	1	0	1	0
$I_t(u')$	0	1	1	0	1	0

5.2.2 Logische Schaltkreise und endliche Automaten

Legt man bei einem logischen Schaltkreis $S = (E, K, \beta, x_1, x_2, \ldots, x_n)$ eine Folge $v_1, \ldots, v_m \in E$ als Ausgangsknoten fest, so läßt er sich insofern als endlicher Automat A_S mit Ausgabe interpretieren, als man die Belegung der Eingänge als Eingabe, die in den Verzögerungselementen gespeicherten Werte als Zustand und die in den Ausgangsknoten berechneten Werte als Ausgabe ansehen kann. Genauer definieren wir diesen Automaten A_S wie folgt.

Es seien $u_1, \ldots, u_k$ diejenigen Knoten von S, denen durch β ein Verzögerungselement zugeordnet wird. Für $i = 1, \ldots, k$ sei u_i' derjenige Knoten, von dem eine Kante nach u_i führt. Ferner sei S' der zu S gehörige kombinatorische Schaltkreis mit den Eingängen $x_1, \ldots, x_n, u_1, \ldots, u_k$. Wir setzen $A_S =_{\mathrm{def}} (\{0,1\}^n, \{0,1\}^m, \{0,1\}^k, g, f, (0, \ldots, 0))$ mit

$$f((b_1, \ldots, b_k), (a_1, \ldots, a_n)) =_{\mathrm{def}}$$
$$(f_{u_1'}^{S'}(a_1, \ldots, a_n, b_1, \ldots, b_k), \ldots, f_{u_k'}^{S'}(a_1, \ldots, a_n, b_1, \ldots, b_k)) \quad \text{und}$$

$$g((b_1,\ldots,b_k),(a_1,\ldots,a_n)) =_{\text{def}}$$
$$(f_{v_1}^{S'}(a_1,\ldots,a_n,b_1,\ldots,b_k),\ldots,f_{v_m}^{S'}(a_1,\ldots,a_n,b_1,\ldots,b_k)).$$

Umgekehrt läßt sich jeder endliche Automat mit Ausgabe durch einen logischen Schaltkreis „realisieren", einen Begriff, den wir zunächst definieren müssen. Das Problem besteht darin, daß Eingabe-, Ausgabe- und Zustandsmenge eines endlichen Automaten beliebige endliche Mengen sein können, während bei den Schaltkreisen nur endliche Mengen von 0-1-Vektoren auftreten können. Die Idee ist nun, beliebige endliche Mengen durch Mengen von 0-1-Vektoren zu codieren. Objekte, die in einfacher und eineindeutiger Weise einander zugeordnet sind, betrachten wir in dem gegebenen Kontext als gleich, da es uns nicht auf die Namen der Dinge, sondern auf die Beziehungen zwischen ihnen ankommt (in diesem Fall das Ausgabe- und Überführungsverhalten).

Definition 5.10 *Ein logischer Schaltkreis* $S = (E, K, \beta, x_1, x_2, \ldots, x_n)$ *realisiert den endlichen Automaten* $A = (\Sigma, \Pi, Z, f, g, z_0)$ *mit Ausgabe, falls es* $k, m \geq 1$*, Knoten* $u_1, \ldots, u_k, v_1, \ldots, v_m \in E$ *und eineindeutige Funktionen (Codierungen)* $\alpha_\Sigma \colon \Sigma \to \{0,1\}^n$*,* $\alpha_\Pi \colon \Pi \to \{0,1\}^m$ *und* $\alpha_Z \colon Z \to \{0,1\}^k$ *gibt mit*

- *Die Knoten* $u_1, \ldots, u_k$ *sind genau diejenigen Knoten, denen durch* β *ein Verzögerungselement zugeordnet wird*

- *Es gilt* $\alpha_Z(z_0) = (0, \ldots, 0)$

- *Ist* $u_i' \in E$ *derjenige Knoten, von dem eine Kante nach* u_i *führt* $(i = 1, \ldots, k)$*, und ist* S' *der zu* S *gehörige kombinatorische Schaltkreis mit den Eingängen* $x_1, \ldots, x_n, u_1, \ldots, u_k$*, so gilt für alle* $z \in Z$ *und* $a \in \Sigma$*:*

$$\alpha_Z(f(z,a)) = (f_{u_1'}^{S'}(\alpha_\Sigma(a), \alpha_Z(z)), \ldots, f_{u_k'}^{S'}(\alpha_\Sigma(a), \alpha_Z(z))) \ und$$
$$\alpha_\Pi(g(z,a)) = (f_{v_1}^{S'}(\alpha_\Sigma(a), \alpha_Z(z)), \ldots, f_{v_m}^{S'}(\alpha_\Sigma(a), \alpha_Z(z))).$$

Das bedeutet: Werden die Eingänge mit dem Code von a und die „Verzögerungsknoten" mit dem Code von z belegt, so entsteht an den Ausgabeknoten $v_1, \ldots, v_m$ der Code von $g(z,a)$, und in $u_1', \ldots, u_k'$ entsteht der Code von $f(z,a)$, der dann in den „Verzögerungsknoten" für den nächsten Takt gespeichert wird.

Satz 5.11 *Ist* $F \subseteq \mathbf{BF}$ *vollständig, so gibt es zu jedem endlichen Automaten mit Ausgabe einen logischen Schaltkreis über* F*, der ihn realisiert.*

Beweis. Es sei $A = (\Sigma, \Pi, Z, f, g, z_0)$ ein endlicher Automat mit Ausgabe. Wir wählen $n, m, k \in \mathbb{N}$ und Codierungen $\alpha_\Sigma \colon \Sigma \to \{0,1\}^n$, $\alpha_\Pi \colon \Pi \to \{0,1\}^m$ und $\alpha_Z \colon Z \to \{0,1\}^k$ mit $\alpha_Z(z_0) = (0, 0, \ldots, 0)$. Die Überführungsfunktion $f \colon Z \times \Sigma \to Z$ induziert durch diese Codierungen eine totale Funktion $f' \colon \{0,1\}^k \times \{0,1\}^n \to \{0,1\}^k$, die auf den Codes das Gleiche leistet wie f auf den Urbildern, also $f'(\alpha_Z(z), \alpha_\Sigma(a)) =_{\text{def}} \alpha_Z(f(z,a))$ für alle $z \in Z$ und $a \in \Sigma$. Für Argumente, die nicht die Form $(\alpha_Z(z), \alpha_\Sigma(a))$ besitzen, kann

f' dabei beliebig definiert werden. Die Funktion f' „besteht" aus k booleschen Funktionen $f_1, \ldots, f_k \colon \{0,1\}^{k+n} \to \{0,1\}$, die die k Komponenten des Funktionswertes von f' liefern, d. h. es gilt

$$f'(d) = (f_1(d), \ldots, f_k(d)) \text{ für alle } d \in \{0,1\}^{k+n}.$$

In der gleichen Weise induziert die Ausgabefunktion $g \colon Z \times \Sigma \to \Pi$ eine Funktion $g' \colon \{0,1\}^k \times \{0,1\}^n \to \{0,1\}^m$ mit $g'(\alpha_Z(z), \alpha_\Sigma(a)) =_{\text{def}} \alpha_\Pi(g(z,a))$ für alle $z \in Z$ und $a \in \Sigma$. Die Funktion g' „besteht" aus m booleschen Funktionen $g_1, \ldots, g_m \colon \{0,1\}^{k+n} \to \{0,1\}$, d. h. es gilt

$$g'(d) = (g_1(d), \ldots, g_m(d)) \text{ für alle } d \in \{0,1\}^{k+n}.$$

Da F vollständig ist, gibt es nach Folgerung 4.17 kombinatorische Schaltkreise $S_1, \ldots, S_k, T_1, \ldots, T_m$ über F, die die booleschen Funktionen $f_1, \ldots, f_k, g_1, \ldots, g_m$ in den Knoten $u'_1, \ldots, u'_k, v_1, \ldots, v_m$ berechnen, d. h. es gilt $f_i = f^{S_i}_{u'_i}$ für $i = 1, \ldots, k$ und $g_j = f^{T_j}_{v_j}$ für $j = 1, \ldots, m$. Aus diesen kombinatorischen Schaltkreisen konstruieren wir nun den in der folgenden Abbildung dargestellten logischen Schaltkreis $R = (E, K, \beta, x_1, \ldots, x_n)$ über F.

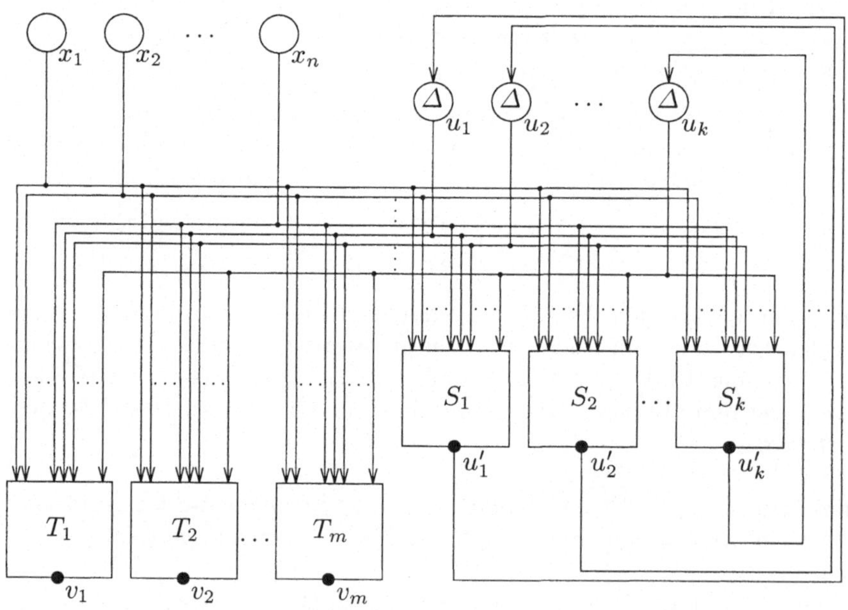

Der Schaltkreis R besitzt genau k Knoten $u_1, \ldots, u_k$ mit Verzögerungselementen, d. h. es gilt $\beta(u_i) = \Delta$ für $i = 1, \ldots, k$. Der zu R gehörige kombinatorische Schaltkreis R' hat die Eingänge $u_1, \ldots, u_k, x_1, \ldots, x_n$. Offensichtlich gilt für $f^{S_i}_{u'_i} = f^{R'}_{u'_i}$ für $i = 1, \ldots, k$ und $f^{T_j}_{v_j} = f^{R'}_{v_j}$ für $j = 1, \ldots, m$. Für $z \in Z$ und $a \in \Sigma$ erhalten wir deshalb die Gleichungsketten

$$\begin{aligned}
\alpha_Z(f(z,a)) &= f'(\alpha_Z(z),\alpha_\Sigma(a)) \\
&= (f_1(\alpha_Z(z),\alpha_\Sigma(a)),\ldots,f_k(\alpha_Z(z),\alpha_\Sigma(a))) \\
&= (f_{u_1'}^{S_1}(\alpha_Z(z),\alpha_\Sigma(a)),\ldots,f_{u_k'}^{S_k}(\alpha_Z(z),\alpha_\Sigma(a))) \\
&= (f_{u_1'}^{R'}(\alpha_Z(z),\alpha_\Sigma(a)),\ldots,f_{u_k'}^{R'}(\alpha_Z(z),\alpha_\Sigma(a)))
\end{aligned}$$

und

$$\begin{aligned}
\alpha_\Pi(g(z,a)) &= g'(\alpha_Z(z),\alpha_\Sigma(a)) \\
&= (g_1(\alpha_Z(z),\alpha_\Sigma(a)),\ldots,g_m(\alpha_Z(z),\alpha_\Sigma(a))) \\
&= (g_{v_1}^{T_1}(\alpha_Z(z),\alpha_\Sigma(a)),\ldots,g_{v_m}^{T_m}(\alpha_Z(z),\alpha_\Sigma(a))) \\
&= (g_{v_1}^{R'}(\alpha_Z(z),\alpha_\Sigma(a)),\ldots,g_{v_m}^{R'}(\alpha_Z(z),\alpha_\Sigma(a))).
\end{aligned}$$

Also realisiert R' den endlichen Automaten A. $\qquad\square$

Damit haben wir gezeigt, daß endliche Automaten mit Ausgabe und logische Schaltkreise einander genau entsprechen: Während durch einen endlichen Automaten lediglich das abstrakte Eingabe-Überführungs-Ausgabe-Verhalten eines Systems mit endlichem Gedächtnis beschrieben wird, wird durch einen logischen Schaltkreis genau beschrieben, wie man vorgegebene Elementarbausteine „zusammenlöten" muß, damit ein solches Verhalten auch realisiert wird. Der Beweis des letzten Satzes ist sogar konstruktiv in dem Sinne, daß er ein algorithmisches Verfahren liefert, mit dessen Hilfe aus einem endlichen Automaten A und einer vollständigen Menge F von booleschen Funktionen ein logischer Schaltkreis über F konstruiert wird, der A realisiert. Hier ist wichtig, daß es nach dem in den Abschnitten 4.3 und 4.4 Gezeigten ein algorithmisches Verfahren gibt, mit dem die dabei benötigten kombinatorischen Schaltkreise über F konstruiert werden können. Da man zum Beispiel die Steuereinheit eines Rechners als endlichen Automaten auffassen kann, wird hiermit auch ein prinzipielles Verfahren geliefert, wie man sich einen Rechner aus vorgegebenen Elementarbausteinen zusammenbauen kann.

5.3 Endliche Automaten ohne Ausgabe

5.3.1 Deterministische endliche Automaten

Nachdem wir bisher das Eingabe-Ausgabe-Verhalten von endlichen Automaten betrachtet haben, wollen wir jetzt untersuchen, welche Mengen von endlichen Automaten entschieden werden können. Bei den RAM und Turingmaschinen hatten wir definiert: Eine Maschine M entscheidet eine Menge L, wenn sie deren charakteristische Funktion c_L berechnet, d.h. wenn sie bei der Arbeit auf der Eingabe w im Falle $w \in L$ ($w \notin L$) das Resultat 1 (0) liefert. Diesen Begriff kann man sinngemäß auf einen endlichen Automaten mit Ausgabe übertragen.

Zur Akzeptierung von Wortmengen durch endliche Automaten verwendet man
aber im allgemeinen einen anderen, gleichmächtigen Typ von endlichen Automaten, nämlich solche ohne Ausgabe. Ob ein Wort akzeptiert (d. h. positiv
entschieden) wird, kann dann nur anhand des erreichten Zustandes festgestellt werden. Diese Automaten haben also anstelle einer Ausgabefunktion
eine Menge von akzeptierenden Zuständen.

Definition 5.12 $A = (\Sigma, Z, f, z_0, Z')$ *heißt* endlicher Automat (ohne Ausgabe), *wenn gilt*

- Σ *ist eine endliche Menge, das* Eingabealphabet,
- Z *ist eine endliche Menge, die* Zustandsmenge,
- $f \colon Z \times \Sigma \to Z$ *ist eine totale Funktion, die* Überführungsfunktion,
- $z_0 \in Z$ *ist der* Startzustand *und*
- $Z' \subseteq Z$ *ist die Menge der* akzeptierenden Zustände.

Um den Zustand zu bezeichnen, in den der im Zustand z befindliche endliche
Automat durch die Eingabe eines ganzen Wortes w überführt wird, definie-
ren wir wie im Falle der endlichen Automaten mit Ausgabe die *erweiterte
Überführungsfunktion* $\bar{f}$ induktiv durch

(IA) $\bar{f}(z, \varepsilon) =_{\mathrm{def}} z$ für alle $z \in Z$ und

(IS) $\bar{f}(z, wa) =_{\mathrm{def}} f(\bar{f}(z, w), a)$ für alle $z \in Z, w \in \Sigma^*$ und $a \in \Sigma$.

Definition 5.13 *Es sei* $A = (\Sigma, Z, f, z_0, Z')$ *ein endlicher Automat.*

- *Ein Wort* $w \in \Sigma^*$ *heißt* von A akzeptiert, *falls* $\bar{f}(z_0, w) \in Z'$ *gilt.*
- *Die Menge* $L(A) =_{\mathrm{def}} \{w \colon w \in \Sigma^* \ und \ \bar{f}(z_0, w) \in Z'\}$ *heißt* die von A
  akzeptierte Wortmenge.

Die graphische Darstellung endlicher Automaten ohne Ausgabe geschieht wie
bei denen mit Ausgabe mit folgenden Modifikationen: An den Pfeilen steht
natürlich nur das Eingabesymbol, und akzeptierende Zustände werden mit
einem Quadrat umgeben.

Beispiel 5.14 Der endliche Automat

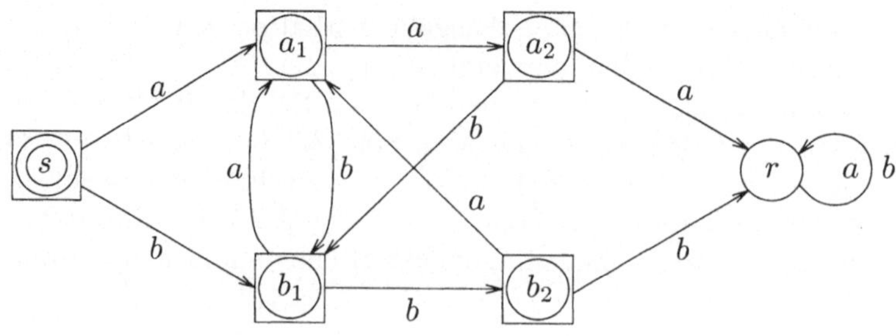

$A = (\{a,b\}, \{s,a_1,a_2,b_1,b_2,r\}, f, s, \{s,a_1, a_2,b_1,b_2\})$ akzeptiert genau diejenigen Wörter aus $\{a,b\}^*$, in denen kein Buchstabe dreimal hintereinander vorkommt.

5.3.2 Nichtdeterministische endliche Automaten

Wie bei den Turingmaschinen (und den anderen Maschinentypen) werden wir auch hier Automaten mit nichtdeterministischer Arbeitsweise betrachten. Es wird sich zwar herausstellen, daß jede von einem nichtdeterministischen endlichen Automaten akzeptierte Wortmenge auch von einem deterministischen endlichen Automaten akzeptiert werden kann (ganz im Gegensatz zu den Verhältnissen bei den Turingmaschinen, wo das bei Polynomialzeit-Beschränkung genau das ungelöste P-NP-Problem ist), aber gerade dadurch werden die nichtdeterministischen endlichen Automaten zu einem wichtigen Hilfsmittel: Oft ist es nämlich viel einfacher, anstelle eines deterministischen endlichen Automaten einen nichtdeterministischen endlichen Automaten zur Akzeptierung einer bestimmten Wortmenge zu konstruieren. Auch kann sich die notwendige Zustandszahl bei Verwendung des Nichtdeterminismus drastisch reduzieren.

Definition 5.15 *$A = (\Sigma, Z, f, z_0, Z')$ heißt* nichtdeterministischer endlicher Automat, *wenn gilt*

- *Σ ist eine endliche Menge, das* Eingabealphabet,
- *Z ist eine endliche Menge, die* Zustandsmenge,
- *$f : Z \times \Sigma \to \mathcal{P}(Z)$ ist eine totale Funktion, die* Überführungsfunktion,
- *$z_0 \in Z$ ist der* Startzustand *und*
- *$Z' \subseteq Z$ ist die Menge der* akzeptierenden Zustände.

Der Nichtdeterminismus bei der Arbeit eines solchen Automaten besteht darin, daß ein Zustand z durch eine Eingabe a in alle Zustände der Menge $f(z,a) \subseteq Z$ gleichzeitig überführt wird. Das stellen wir uns wieder so vor, daß sich die Arbeit in mehrere Rechenwege aufspaltet und daß auf jedem dieser Wege einer der Zustände aus $f(z,a)$ angenommen wird. Die *erweiterte Überführungsfunktion $\bar{f}: Z \times \Sigma^* \to \mathcal{P}(Z)$* wird wieder induktiv definiert durch

(IA) $\bar{f}(z,\varepsilon) =_{\text{def}} \{z\}$ für alle $z \in Z$,

(IS) $\bar{f}(z,wa) =_{\text{def}} \bigcup_{z' \in \bar{f}(z,w)} f(z',a)$ für alle $z \in Z, w \in \Sigma^*$ und $a \in \Sigma$.

Für $z \in Z$ und $w \in \Sigma^*$ ist also $\bar{f}(z,w)$ die Menge aller Zustände, die A am Ende der Eingabe des Wortes w auf mindestens einem der entstandenen Rechenwege erreicht hat. Das Wort w wird von A akzeptiert, wenn darunter mindestens ein akzeptierender Zustand aus Z' ist.

Definition 5.16 *Es sei* $A = (\Sigma, Z, f, z_0, Z')$ *ein nichtdeterministischer Automat.*

- *Ein Wort* $w \in \Sigma^*$ *heißt* von A akzeptiert, *falls* $\bar{f}(z_0, w) \cap Z' \neq \emptyset$ *gilt.*
- *Die Menge* $L(A) =_{\text{def}} \{w\colon w \in \Sigma^*$ *und* $\bar{f}(z_0, w) \cap Z' \neq \emptyset\}$ *heißt* die von A akzeptierte Wortmenge.

Beispiel 5.17 Die Menge $L_7 = \{a, b\}^* \cdot \{a\} \cdot \{a, b\}^7 \cdot \{a\} \cdot \{a, b\}^*$ aller Wörter aus $\{a, b\}^*$, in denen zwei Buchstaben a mit genau 7 dazwischenliegenden Buchstaben vorkommen, wird durch den folgenden nichtdeterministischen endlichen Automaten $A = (\{a, b\}, \{s, s^+, s^-, 0, 1, 2, 3, 4, 5, 6, 7\}, f, s, \{s^+\})$ akzeptiert:

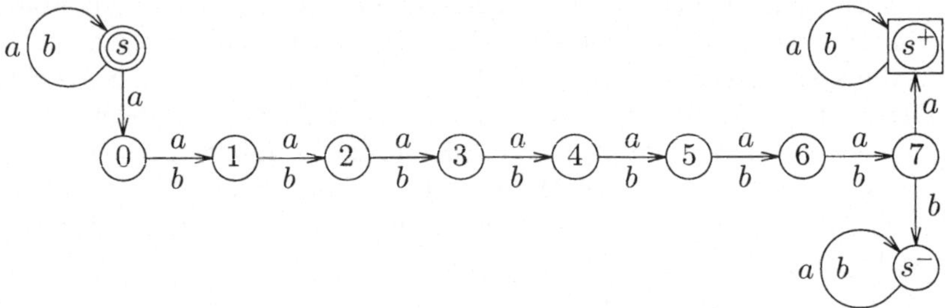

Der Automat arbeitet nur im Zustand s wirklich nichtdeterministisch, und zwar genau dann, wenn ein a eingegeben wird. In diesem Fall verzweigt sich seine Arbeit in zwei Rechenwege. Auf dem ersten Rechenweg bleibt A zunächst in s, und auf dem zweiten Rechenweg testet A in deterministischer Weise, ob nach genau 8 Eingabesymbolen wieder ein a kommt. Genau dann, wenn dies der Fall ist, mündet dieser Rechenweg in einen akzeptierenden Zustand.

Es ist weitaus aufwendiger, einen deterministischen Automaten A' zu entwerfen, der das gleiche leistet wie A. Um stets korrekt reagieren zu können, müßte A' die Positionen der Symbole a in der Folge der letzten 8 Eingabesymbole mit dem jeweiligen Zustand „merken". Da es 256 verschiedene Eingabefolgen der Länge 8 gibt, müßte A mindestens ebensoviele Zustände besitzen (für eine exakte Begründung siehe Aufgabe 5.11). $\qquad\square$

5.3.3 Die Äquivalenz deterministischer und nichtdeterministischer endlicher Automaten

Es ist leicht zu sehen, daß jeder endliche Automat auch als nichtdeterministischer endlicher Automat aufgefaßt werden kann. Umgekehrt gilt dies natürlich nicht, aber trotzdem leisten beide Typen von endlichen Automaten bei der Akzeptierung von Wortmengen prinzipiell das gleiche.

Satz 5.18 *Eine Wortmenge kann genau dann von einem nichtdeterministischen endlichen Automaten akzeptiert werden, wenn sie von einem deterministischen endlichen Automaten akzeptiert werden kann.*

Beweis. 1. Es sei $A = (\Sigma, Z, f, z_0, Z')$ ein deterministischer endlicher Automat. Offensichtlich hat der nichtdeterministische endliche Automat $A' =_{\mathrm{def}}$ (Σ, Z, f', z_0, Z') mit $f'(z, a) =_{\mathrm{def}} \{f(z, a)\}$ für alle $z \in Z$ und $a \in \Sigma$ bei jeder Eingabe $w \in \Sigma^*$ nur einen Rechenweg, und dieser entspricht dem Rechenweg von A bei Eingabe w. (Es gilt $\overline{f'}(z, w) = \{\overline{f}(z, w)\}$ für alle $z \in Z$ und $w \in \Sigma^*$, was man durch Induktion leicht zeigen kann, siehe Übungsaufgabe 5.13.1.) Also gilt $L(A') = L(A)$.

2. Es sei $A = (\Sigma, Z, f, z_0, Z')$ ein nichtdeterministischer endlicher Automat. Die Idee bei der Konstruktion eines äquivalenten deterministischen Automaten A' besteht darin, daß die Menge der Zustände, die bei A gleichzeitig erreicht werden, als ein Zustand von A' aufgefaßt wird (*Potenzmengenkonstruktion*). Jede Teilmenge von Zuständen von A ist also ein Zustand des deterministischen endlichen Automaten $A' = (\Sigma, \mathcal{P}(Z), f', \{z_0\}, Z'')$ mit

$$f'(S, a) =_{\mathrm{def}} \bigcup_{z \in S} f(z, a) \text{ für jedes } S \subseteq Z \text{ und } a \in \Sigma, \text{ sowie}$$
$$Z'' =_{\mathrm{def}} \{S \colon S \subseteq Z \text{ und } S \cap Z' \neq \emptyset\}.$$

Wir zeigen zunächst induktiv, daß $\overline{f'}(\{z\}, w) = \overline{f}(z, w)$ für alle $z \in Z$ und $w \in \Sigma^*$ gilt.

(IA) Für $w = \varepsilon$ gilt nach Definition der erweiterten Überführungsfunktion

$$\overline{f'}(\{z\}, \varepsilon) = \{z\} = \overline{f}(z, \varepsilon)$$

(IS) Für $w \in \Sigma^*$ und $a \in \Sigma$ schließen wir unter Verwendung der Definitionen und der Induktionsvoraussetzung

$$\begin{aligned}
\overline{f'}(\{z\}, wa) &= f'(\overline{f'}(\{z\}, w), a) \\
&= f'(\overline{f}(z, w), a) \\
&= \bigcup\nolimits_{z' \in \overline{f}(z,w)} f(z', a) \\
&= \overline{f}(z, wa).
\end{aligned}$$

Also gilt die Äquivalenzkette

$$\begin{aligned}
w \in L(A') &\iff \overline{f'}(\{z_0\}, w) \in Z'' \\
&\iff \overline{f'}(\{z_0\}, w) \cap Z' \neq \emptyset \\
&\iff \overline{f}(z_0, w) \cap Z' \neq \emptyset \\
&\iff w \in L(A)
\end{aligned}$$

und damit $L(A') = L(A)$. $\qquad\square$

5.3.4 Die Klasse EA der von endlichen Automaten akzeptierten Mengen

Bezüglich ihrer Fähigkeit Wortmengen zu akzeptieren unterscheiden sich deterministische und nichtdeterministische Automaten nicht. Das Modell der endlichen Automaten ist also recht robust gegenüber verschiedenen Variationen (von denen man noch andere nennen könnte, siehe Aufgaben 5.6 und 5.7). Die Klasse

$$\mathbf{EA} =_{\mathrm{def}} \{L(A)\colon A \text{ ist ein endlicher Automat}\}$$

ist damit offenbar eine sehr natürliche Klasse von Wortmengen. Dieser Eindruck wird sich durch weitere, noch zu beweisende Eigenschaften bestätigen. Zunächst werden wir feststellen, daß die Anwendung einiger wichtiger Wortmengen-Operationen nicht aus der Klasse $\mathbf{EA}$ herausführt.

Satz 5.19 *Die Klasse* $\mathbf{EA}$ *ist unter Vereinigung, Durchschnittsbildung, Komplementbildung, Konkatenation und Iteration abgeschlossen. Mit anderen Worten: Sind* L, L' *in* $\mathbf{EA}$, *so sind auch* $L \cup L'$, $L \cap L'$, $\bar{L}$, $L \cdot L'$ *und* L^* *in* $\mathbf{EA}$.

Beweis. 1. Komplementbildung. Ist $L \in \mathbf{EA}$, so gibt es einen deterministischen endlichen Automaten $A = (\Sigma, Z, f, z_0, Z')$ mit $L = L(A)$. Offensichtlich gilt dann $\bar{L} = L((\Sigma, Z, f, z_0, Z \smallsetminus Z'))$.

2. Vereinigung. Sind $L_1, L_2 \in \mathbf{EA}$, so gibt es nichtdeterministische endliche Automaten $A_1 = (\Sigma, Z_1, f_1, z_{10}, Z_1')$ und $A_2 = (\Sigma, Z_2, f_2, z_{20}, Z_2')$ mit $Z_1 \cap Z_2 = \emptyset$, $L_1 = L(A_1)$ und $L_2 = L(A_2)$. Wir konstruieren einen nichtdeterministischen endlichen Automaten $A = (\Sigma, Z, f, z_0, Z')$ mit $L(A) = L_1 \cup L_2$. Dieser Automat spaltet beim Start seine Arbeit nichtdeterministisch in zwei Teile auf, in denen er dann genau wie A_1 bzw. A_2 arbeitet. Dazu benötigen wir zusätzlich nur einen neuen Startzustand $z_0 \notin Z_1 \cup Z_2$; also

$$Z =_{\mathrm{def}} Z_1 \cup Z_2 \cup \{z_0\},$$

$$f(z,a) =_{\mathrm{def}} \left\{ \begin{array}{ll} f_1(z,a), & \text{falls } z \in Z_1 \\ f_2(z,a), & \text{falls } z \in Z_2 \\ f_1(z_{10},a) \cup f_2(z_{20},a), & \text{falls } z = z_0 \end{array} \right\} \begin{array}{l} \text{für } z \in Z \\ \text{und } a \in \Sigma, \end{array}$$

$$Z' =_{\mathrm{def}} \left\{ \begin{array}{ll} Z_1' \cup Z_2', & \text{falls } z_{10} \notin Z_1' \text{ und } z_{20} \notin Z_2' \\ Z_1' \cup Z_2' \cup \{z_0\} & \text{sonst.} \end{array} \right.$$

Diese Konstruktion ist nachfolgend graphisch dargestellt. Der nichtdeterministische endliche Automat A akzeptiert offenbar ein Eingabewort genau dann, wenn es von A_1 oder von A_2 akzeptiert wird, d. h. $L(A) = L(A_1) \cup L(A_2)$. (Durch Induktion zeigt man leicht, daß $\bar{f}(z,w) = \bar{f_1}(z,w) \cup \bar{f_2}(z,w)$ für alle $z \neq z_0$ und $w \in \Sigma^*$ gilt, siehe Übungsaufgabe 5.13.2.)

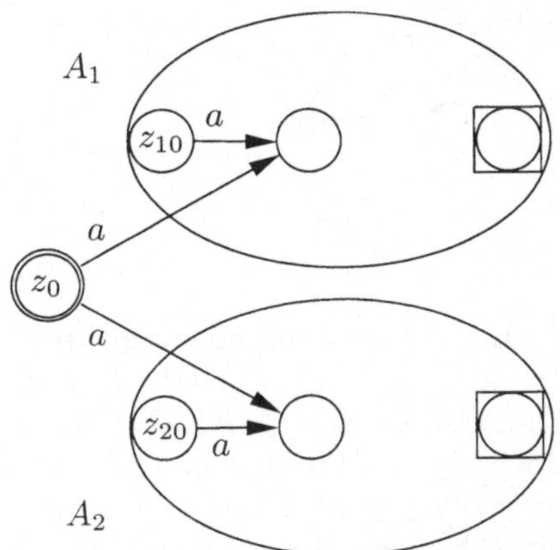

3. Durchschnitt. Wegen der Aussagen 1. und 2. ist mit $L_1, L_2 \in \mathbf{EA}$ auch $L_1 \cap L_2 = (\overline{\overline{L_1} \cup \overline{L_2}})$ (eine der de-Morganschen Regeln) in $\mathbf{EA}$.

4. Konkatenation. Sind $L_1, L_2 \in \mathbf{EA}$, so gibt es nichtdeterministische endliche Automaten $A_1 = (\Sigma, Z_1, f_1, z_{10}, Z_1')$ und $A_2 = (\Sigma, Z_2, f_2, z_{20}, Z_2')$ mit $Z_1 \cap Z_2 = \emptyset$, $L_1 = L(A_1)$ und $L_2 = L(A_2)$. Wir konstruieren einen nichtdeterministischen endlichen Automaten $A = (\Sigma, Z, f, z_0, Z')$ mit $L(A) = L_1 \cdot L_2$. Dieser prüft bei einem Eingabewort w, ob es eine Zerlegung $w = uv$ mit $u \in L_1$ und $v \in L_2$ gibt, indem er zunächst wie A_1 arbeitet. Gelangt A nach Eingabe eines gewissen Anfangswortes u von w in einen akzeptierenden Zustand von A_1, so gilt $u \in L_1$. Dann arbeitet A auf dem Restwort v von w wie A_2 vom Startzustand aus, um festzustellen, ob $v \in L_2$ ist. Gleichzeitig (nichtdeterministisch) arbeitet A aber auch weiter wie in A_1, um noch andere mögliche Zerlegungen $w = u'v'$ testen zu können. Die akzeptierenden Zustände von A sind also genau die akzeptierenden Zustände von A_2; nur im Falle $\varepsilon \in L_2$ (d. h. $z_{20} \in Z_2'$) müssen wegen $L_1 \subseteq L_1 \cdot L_2$ auch die akzeptierenden Zustände von A_1 mit hinzugenommen werden. Dies führt zu folgender Definition des Automaten A:

$$Z =_{\text{def}} Z_1 \cup Z_2,$$

$$f(z, a) =_{\text{def}} \left\{ \begin{array}{ll} f_1(z, a), & \text{falls } z \in Z_1 \smallsetminus Z_1' \\ f_1(z, a) \cup f_2(z_{20}, a), & \text{falls } z \in Z_1' \\ f_2(z, a), & \text{falls } z \in Z_2 \end{array} \right\} \begin{array}{l} \text{für } z \in Z \\ \text{und } a \in \Sigma, \end{array}$$

$$z_0 =_{\text{def}} z_{10} \text{ und}$$

$$Z' =_{\text{def}} \left\{ \begin{array}{ll} Z_2', & \text{falls } z_{20} \notin Z_2', \\ Z_1' \cup Z_2', & \text{falls } z_{20} \in Z_2'. \end{array} \right.$$

Diese Konstruktion kann graphisch wie folgt dargestellt werden:

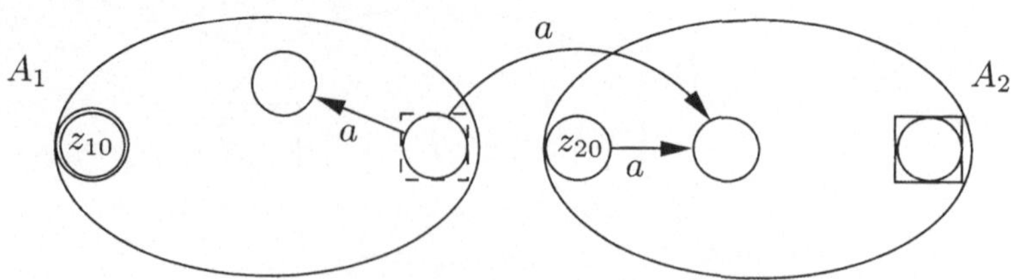

5. Iteration. Ist $L \in \mathbf{EA}$, so gibt es einen nichtdeterministischen endlichen Automaten $A_1 = (\Sigma, Z_1, f_1, z_{10}, Z_1')$ mit $L = L(A_1)$. Da die Iteration L^* von L nichts anderes als die wiederholte Konkatenation von L mit sich selbst ist, können wir einen nichtdeterministischen endlichen Automaten $A = (\Sigma, Z, f, z_0, Z')$ mit $L(A) = L^*$ genau wie im Falle der Konkatenation konstruieren. Da L mit L konkateniert wird, müssen die Rollen von A_1 und A_2 im Beweis für die Konkatenation hier beide von A_1 übernommen werden, womit dann automatisch auch die Mehrfach-Konkatenation von L realisiert ist. Außerdem muß wegen $\{\varepsilon\} = L^0 \subseteq L^*$ ein neuer Anfangszustand $z_0 \notin Z_1$ hinzugenommen werden, der auch ein akzeptierender Zustand von A ist. Wir definieren also:

$$Z =_{\text{def}} Z_1 \cup \{z_0\},$$

$$f(z,a) =_{\text{def}} \left\{ \begin{array}{ll} f_1(z_{10}, a), & \text{falls } z = z_0 \\ f_1(z, a), & \text{falls } z \in Z_1 \smallsetminus Z_1' \\ f_1(z, a) \cup f_1(z_{10}, a), & \text{falls } z \in Z_1' \end{array} \right\} \begin{array}{l} \text{für } z \in Z \\ \text{und } a \in \Sigma, \end{array}$$

$$Z' =_{\text{def}} Z_1' \cup \{z_0\}.$$

Diese Konstruktion kann graphisch wie folgt dargestellt werden:

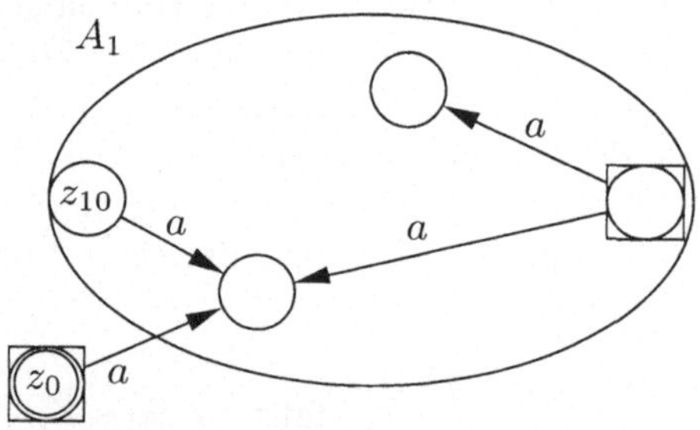

Vom komplexitätstheoretischen Standpunkt sind die von endlichen Automaten akzeptierten Mengen sehr einfache Mengen. Ein endlicher Automat kann nämlich als eine Turingmaschine aufgefaßt werden, die von links nach rechts über die Eingabe läuft, dabei die Eingabe löscht und beim Verlassen der Eingabe stoppt. Eine solche Maschine arbeitet bei Eingaben der Länge n genau $n + 1$ Takte. Also gilt:

Eigenschaft 5.20 EA $\subseteq$ P, *d. h., jede von einem endlichen Automaten akzeptierte Wortmenge kann in Polynomialzeit entschieden werden.*

5.4 Reguläre Mengen

In diesem Abschnit wollen wir die durch endliche Automaten definierte Klasse **EA** auf algebraische Weise durch die *regulären Mengen* charakterisieren.

5.4.1 Definition und Beispiele

Eine algebraische Definition ist stets eine induktive Definition. Wir werden also einfachste reguläre Mengen auszeichnen und dann sagen, wie wir mit Hilfe von Mengenoperationen alle reguläre Mengen erhalten.

Definition 5.21

- *Induktive Definition der* regulären Mengen über einem Alphabet Σ:

  (IA) Die Mengen $\emptyset$ und $\{a\}$ für $a \in \Sigma$ sind reguläre Mengen über Σ.

  (IS) Sind L und L' reguläre Mengen über Σ, so sind auch $L \cup L'$, $L \cdot L'$ und L^* reguläre Mengen über Σ.

  Weitere reguläre Mengen über Σ gibt es nicht. Das heißt:
  $\Gamma_{\cup, \cdot, *}(\{\emptyset\} \cup \{\{a\} : a \in \Sigma\})$ *ist die Klasse der regulären Mengen über Σ.*

- *Eine Wortmenge heißt* regulär, *wenn sie eine reguläre Menge über einem geeigneten endlichen Alphabet Σ ist.*

- *Mit* **REG** *sei die Klasse der regulären Mengen bezeichnet.*

Mit Hilfe der bei den regulären Mengen definierten Operationen der Vereinigung, Konkatenation und Iteration können wir oft auf sehr einfache Weise Mengen beschreiben, die auch von endlichen Automaten akzeptiert werden können.

Beispiel 5.22 Die Menge L_7 aus dem letzten Beispiel, bei deren Wörtern zwei Symbole a mit genau 7 dazwischenliegenden Buchstaben vorkommen müssen, kann wie folgt aufgeschrieben werden:

$$L_7 = (\{a\} \cup \{b\})^* \cdot \{a\} \cdot \underbrace{(\{a\} \cup \{b\}) \cdots (\{a\} \cup \{b\})}_{7-mal} \cdot \{a\} \cdot (\{a\} \cup \{b\})^*$$

Wir werden der Einfachheit halber auch die Mengenklammern um die Einermengen weglassen:

$$L_7 = (a \cup b)^* \cdot a \cdot \underbrace{(a \cup b) \cdots (a \cup b)}_{7-mal} \cdot a \cdot (a \cup b)^*$$

Solche Ausdrücke nennen wir auch *reguläre Ausdrücke*. Zur Klammersparung vereinbaren wir, daß in solchen Ausdrücken die Operation $\cdot$ stärker bindet als die Operation $\cup$, d. h. $B \cdot C \cup D = (B \cdot C) \cup D$. $\qquad \Box$

Beispiel 5.23 Die Menge aller Wörter aus $\{a, b\}^*$ mit gerader Länge wird durch den regulären Ausdruck $((a \cup b) \cdot (a \cup b))^*$ beschrieben. $\square$

Beispiel 5.24 Die Menge aller Wörter aus $\{a, b\}^*$, bei denen niemals zwei Symbole b direkt nebeneinander auftreten, wird durch den regulären Ausdruck $a^* \cdot (b \cdot a \cdot a^*)^* \cup a^* \cdot (b \cdot a \cdot a^*)^* \cdot b$ beschrieben. $\square$

5.4.2 Reguläre Mengen und endliche Automaten

Es stellt sich überraschenderweise heraus, daß sogar jede von einem endlichen Automaten akzeptierte Wortmenge durch einen regulären Ausdruck beschrieben werden kann, d. h. regulär ist. Und es gilt auch die Umkehrung, womit wir zu der Charakterisierung der regulären Mengen in Satz 5.26 kommen. Für diesen Satz benötigen wir das folgende Lemma über die Auflösung von bestimmten Gleichungen für Wortmengen.

Lemma 5.25 *Für beliebige Mengen $B, C \subseteq \Sigma^*$ mit $\varepsilon \notin B$ gilt: Die einzige Lösung der Gleichung $L = B \cdot L \cup C$ (d. h., die einzige Wortmenge $L \subseteq \Sigma^*$, die die Gleichung $L = B \cdot L \cup C$ erfüllt), ist $L = B^* \cdot C$.*

Beweis. Wir führen den Beweis in zwei Schritten.

1. Gilt $L = B \cdot L \cup C$ für eine Wortmenge L, so ist $B^* \cdot C \subseteq L$. Wir zeigen durch Induktion über k, daß jedes $B^k \cdot C$ in L enthalten ist.

(IA) Es gilt $B^0 \cdot C = \{\varepsilon\} \cdot C = C \subseteq B \cdot L \cup C = L$.

(IS) Mit der Induktionsvoraussetzung $B^k \cdot C \subseteq L$ schließt man

$$B^{k+1} \cdot C = B \cdot (B^k \cdot C) \subseteq B \cdot L \subseteq B \cdot L \cup C = L.$$

2. Gilt $L = B \cdot L \cup C$ für eine Wortmenge L, so ist $L \subseteq B^* \cdot C$. Durch Induktion über die Länge des Wortes w zeigen wir, daß aus $w \in L$ stets $w \in B^* C$ folgt.

(IA) Ist $|w| = 0$, so ist $w = \varepsilon$. Gilt $\varepsilon \in L$, so folgt aus $L = B \cdot L \cup C$ und $\varepsilon \notin B$ sofort $\varepsilon \in C$. Dann ist aber auch $\varepsilon \in B^* \cdot C$.

(IS) Es sei $|w| > 0$, und nach Induktionsvoraussetzung gelte $v \in B^* \cdot C$ für alle $v \in L$ mit $|v| < |w|$. Es sei nun $w \in L = B \cdot L \cup C$. Im Falle $w \in C$ folgt sofort $w \in B^* \cdot C$. Im Falle $w \in B \cdot L$ gibt es ein $u \in B$ und $v \in L$ mit $w = u \cdot v$. Wegen $\varepsilon \notin B$ gilt $|u| > 0$ und folglich $|v| < |w|$. Nach Induktionsvoraussetzung haben wir damit $v \in B^* \cdot C$, und wir schließen $w = u \cdot v \in B \cdot (B^* \cdot C) \subseteq B^* \cdot C$. $\square$

Nun zu unserem Charakterisierungssatz.

Satz 5.26 *Die folgenden Aussagen sind für eine Wortmenge $L \subseteq \Sigma^*$ äquivalent:*

(1) *L ist regulär.*

(2) *L kann von einem endlichen Automaten akzeptiert werden.*

(3) *Es existieren $k \geq 1$, $L_1, L_2, \ldots, L_k \subseteq \Sigma^*$ und reguläre Mengen $B_{ij}, C_i \subseteq \Sigma^*$ für $i, j \in \{1, \ldots k\}$ mit $\varepsilon \notin B_{ij}$, $L = L_1$, so daß für alle $i \in \{1, \ldots k\}$ gilt:*

$$L_i = \bigcup_{j=1}^{k} B_{ij} \cdot L_j \cup C_i$$

Beweis. (1) $\implies$ (2). Wir beweisen diese Inklusion induktiv über die Erzeugung der regulären Mengen über einem endlichen Alphabet Σ.

(IA) Die Mengen $\emptyset$ und $\{a\}$ für $a \in \Sigma$ werden durch die folgenden deterministischen endlichen Automaten akzeptiert:

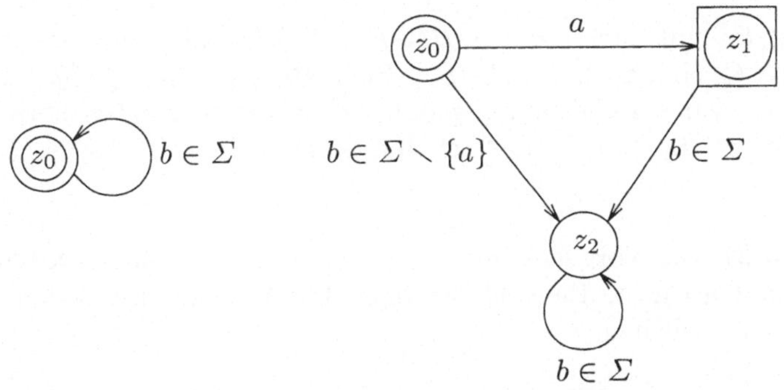

(IS) Können L und L' von einem endlichen Automaten akzeptiert werden, so nach Satz 5.19 auch die Mengen $L \cup L'$, $L \cdot L'$ und L^*.

(2) $\implies$ (3). Es werde L durch einen deterministischen endlichen Automaten $A = (\Sigma, Z, f, z_0, Z')$ akzeptiert mit $\Sigma = \{a_1, \ldots, a_k\}$. Für jedes $z \in Z$ definieren wir die Wortmenge $L_z =_{\mathrm{def}} \{w \colon \overline{f}(z, w) \in Z'\}$ als sie Menge aller Wörter, die vom Zustand z in einen akzeptierenden Zustand führen. Die Mengen L_z stehen in wechselseitiger Abhängigkeit, denn es gilt offensichtlich

$$L_z = \bigcup_{i=1}^{k} a_i \cdot L_{f(z, a_i)} \qquad \text{für } z \notin Z' \text{ und}$$

$$L_z = \bigcup_{i=1}^{k} a_i \cdot L_{f(z, a_i)} \cup \varepsilon \qquad \text{für } z \in Z'.$$

(2) $\implies$ (3). Wir führen eine Induktion über die Anzahl k der „Unbekannten" $L_1, \ldots, L_k$.

(IA) Aus $L_1 = B_{11} \cdot L_1 \cup C_1$ folgt $L_1 = B_{11}^* \cdot C_1$ nach Lemma 5.25. Da B_{11} und C_1 regulär sind, ist auch L_1 regulär.

(IS) Aus

$$L_k = B_{kk} \cdot L_k \cup \bigcup_{j=1}^{k-1} B_{kj} \cdot L_j \cup C_k$$

folgt nach Lemma 5.25 und unter Verwendung der offensichtlichen Gleichheiten $B \cdot C \cup B \cdot D = B \cdot (C \cup D)$ und $C \cdot B \cup D \cdot B = (C \cup D) \cdot B$ für alle $B, C, D \subseteq \Sigma^*$

$$L_k = B_{kk}^* \cdot \left(\bigcup_{j=1}^{k-1} B_{kj} \cdot L_j \cup C_k \right) = \bigcup_{j=1}^{k-1} B_{kk}^* \cdot B_{kj} \cdot L_j \cup B_{kk}^* \cdot C_k.$$

Wir setzen L_k in die anderen Gleichungen ein und erhalten für $i = 1, \ldots j-1$

$$L_i = B_{ik} \cdot \left(\bigcup_{j=1}^{k-1} B_{kk}^* \cdot B_{kj} \cdot L_j \cup B_{kk}^* \cdot C_k \right) \cup \bigcup_{j=1}^{k-1} B_{ij} \cdot L_j \cup C_i$$

$$= \bigcup_{j=1}^{k-1} (B_{ik} \cdot B_{kk}^* \cdot B_{kj} \cup B_{ij}) \cdot L_j \cup (B_{ik} \cdot B_{kk}^* \cdot C_k \cup C_i).$$

Wegen $\varepsilon \notin B_{ij}$ gilt auch $\varepsilon \notin B_{ik} \cdot B_{kk}^* \cdot B_{kj} \cup Bij$, und wegen der Regularität der B_{ij} und C_i sind auch die $B_{ik} \cdot B_{kk}^* \cdot B_{kj} \cup B_{ij}$ und $B_{ik} \cdot B_{kk}^* \cdot C_k \cup C_i$ regulär. Damit haben wir ein Gleichungssystem der in (3) verlangten Form mit $k-1$ „Unbekannten" $L_1, \ldots, L_{k-1}$. Nach Induktionsvoraussetzung ist L_1 regulär. $\square$

Beispiel 5.27 Das Vorgehen im zweiten und dritten Teil des vorangehenden Beweises wollen wir am Beispiel des folgenden Automaten mit dem Alphabet $\{a, b\}$ veranschaulichen.

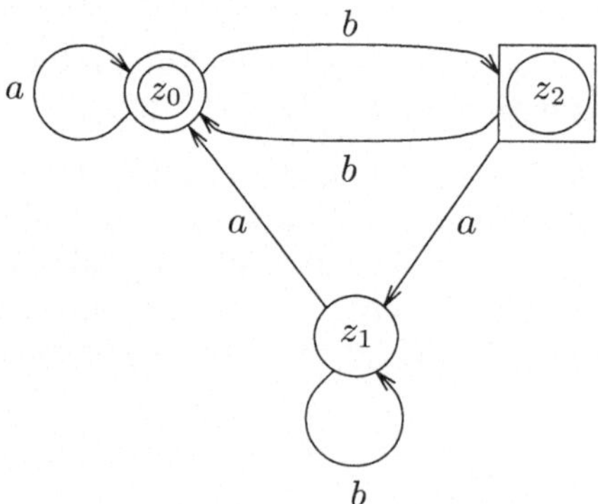

Das dazugehörige Gleichungssystem besteht aus 3 Gleichungen:

$$L_{z_0} = a \cdot L_{z_0} \cup b \cdot L_{z_2}$$
$$L_{z_1} = a \cdot L_{z_0} \cup b \cdot L_{z_1}$$
$$L_{z_2} = a \cdot L_{z_1} \cup b \cdot L_{z_0} \cup \varepsilon$$

Die Variable L_{z_2} können wir ohne Anwendung von Lemma 5.25 eliminieren, indem wir in den ersten beiden Gleichungen L_{z_2} durch die rechte Seite der dritten Gleichung ersetzen. (Eigentlich müßten wir die Gleichung $L_{z_2} = a \cdot L_{z_1} \cup b \cdot L_{z_0} \cup \varepsilon = b \cdot L_{z_0} \cup a \cdot L_{z_1} \cup \emptyset \cdot L_{z_2} \cup \varepsilon$ nach Lemma 5.25 auflösen, aber das ergibt wegen $L_{z_2} = \emptyset^* \cdot (b \cdot L_{z_0} \cup a \cdot L_{z_1} \cup \varepsilon) = b \cdot L_{z_0} \cup a \cdot L_{z_1} \cup \varepsilon$ nichts Neues.) Wir erhalten:

$$L_{z_0} = a \cdot L_{z_0} \cup b \cdot (a \cdot L_{z_1} \cup b \cdot L_{z_0} \cup \varepsilon) = (a \cup bb) \cdot L_{z_0} \cup ba \cdot L_{z_1} \cup b$$
$$L_{z_1} = a \cdot L_{z_0} \cup b \cdot L_{z_1}$$

Nun wenden wir auf die zweite Gleichung Lemma 5.25 an und erhalten $L_{z_1} = b^* a \cdot L_{z_0}$. Damit können wir jetzt L_{z_1} in der ersten Gleichung ersetzen:

$$L_{z_0} = (a \cup bb) \cdot L_{z_0} \cup ba \cdot b^* a \cdot L_{z_0} \cup b = (a \cup bb \cup bab^* a) \cdot L_{z_0} \cup b$$

Nun wenden wir abermals Lemma 5.25 an und erhalten

$$L_{z_0} = (a \cup bb \cup bab^* a)^* b.$$

5.5 Aufgaben

5.1 Man gebe einen endlichen Automaten mit Ausgabe an, der bei Eingabe einer Bitfolge $a_0 a_1 \cdots a_n$ die Ausgabe $b_0 b_1 \cdots b_n$ produziert, wobei folgendes gilt: Ist $a_n a_{n-1} \cdots a_0$ die Binärdarstellung einer Zahl x (eventuell mit führenden Nullen), so sind $b_n b_{n-1} \cdots b_0$ die letzten $n + 1$ Bits der Binärdarstellung von $3 \cdot x$.

5.2 Man gebe einen endlichen Automaten mit Ausgabe für folgende Abwandlung des sequentiellen Addierers an: Es wird abwechselnd je ein Bit der beiden Summanden, beginnend mit deren letzter Stelle, eingegeben. Die Summanden sind beliebige, aber gleich lange Binärzahlen (eventuell mit führenden Nullen). In jedem ungeraden Takt wird $*$ ausgegeben, in jedem geraden Takt ein Bit der Summe.

5.3 Es seien $A_1 = (\Sigma_1, \Sigma_2, Z_1, f_1, g_1, z_{10})$ und $A_2 = (\Sigma_2, \Sigma_3, Z_2, f_2, g_2, z_{20})$ endliche Automaten mit Ausgabe. Man gebe einen endlichen Automaten A an, der die „Hintereinanderschaltung" von A_1 und A_2 realisiert, d. h. für den $g_A = g_{A_2} \circ g_{A_1}$ gilt.

5.4 Für einen beliebigen endlichen Automaten $A = (\Sigma, \Pi, Z, f, g, z_0)$ mit Ausgabe gilt

$$\bar{f}(z, wv) = \bar{f}(\bar{f}(z, w), v) \text{ und}$$
$$\bar{g}(z, wv) = \bar{g}(z, w) \bar{g}(\bar{f}(z, w), v)$$

für alle $z \in Z$ und $w, v \in \Sigma^*$.

Hinweis: Man beweise zuerst durch Induktion über die Länge von v die erste Gleichung und dann mit deren Hilfe und einer Induktion über die Länge von v die zweite Gleichung.

5.5 Für eine sequentielle Funktion $h\colon \Sigma^* \to \Pi^*$ und $w \in \Sigma^*$ ist h_w wieder eine sequentielle Funktion. Die Zustände von h_w sind auch Zustände von h, und es gilt $(h_w)_v = h_{wv}$ für alle $w, v \in \Sigma^*$.

5.6 Ein endlicher Automat $A = (\Sigma, \{0,1\}, Z, f, g, z_0)$ mit Ausgabe *akzeptiert* ein Wort $w \in \Sigma^*$, falls $\bar{g}(z_0, w) = v1$ für ein geeignetes v gilt, d. h. wenn das letzte Ausgabesymbol bei Eingabe eines Wortes $w \in L$ eine 1 ist. Die Menge $L(A) =_{\mathrm{def}} \{w\colon w \in \Sigma^*$ und w wird von A akzeptiert$\}$ heißt *die von A akzeptierte Wortmenge.* Man zeige: Eine Wortmenge L mit $\varepsilon \notin L$ kann genau dann von einem endlichen Automaten mit Ausgabe akzeptiert werden, wenn sie von einem endlichen Automaten (ohne Ausgabe) akzeptiert werden kann.

5.7 Einen endlichen Automaten $A = (\Sigma, \Pi, Z, f, g, z_0)$ mit Ausgabe nennt man *Moore-Automat*, wenn es eine Funktion $h\colon Z \to \Pi$ gibt mit $g(z, x) = h(f(z, x))$ (d. h. die Ausgabefunktion g hängt nur vom neuen Zustand, jedoch nicht direkt vom jeweiligen Eingabesymbol ab). Man zeige, daß diese Einschränkung der endlichen Automaten mit Ausgabe nicht wesentlich ist, d. h. daß es für jeden endlichen Automaten A mit Ausgabe einen Moore-Automaten B mit $g_A = g_B$ gibt.

5.8 Man gebe einen logischen Schaltkreis über $\{$et, vel, non$\}$ an, der den sequentiellen Addierer (Beispiel 5.4) realisiert.

5.9 Man gebe einen logischen Schaltkreis über $\{$et, vel, non$\}$ an, der den endlichen Automaten mit Ausgabe von Aufgabe 5.1 realisiert.

5.10 Man konstruiere einen endlichen Automaten, der genau diejenigen Wörter aus $\{a, b\}^*$ akzeptiert, bei denen die Anzahl der vorkommenden Buchstaben a durch 5 teilbar ist.

5.11 Für $n \geq 0$ definieren wir die Sprache

$$L_n =_{\mathrm{def}} \{a, b\}^* \cdot \{a\} \cdot \{a, b\}^n \cdot \{a\} \cdot \{a, b\}^*$$

aller Wörter aus $\{a, b\}^*$, in denen zwei Buchstaben a mit genau n dazwischen liegenden Buchstaben vorkommen. Folgendes ist zu zeigen:

1. Es gibt einen nichtdeterministischen Automaten mit $n + 4$ Zuständen, der L_n akzeptiert.

2. Es gibt einen deterministischen Automaten mit 2^{n+2} Zuständen, der L_n akzeptiert.

3. Es gibt keinen deterministischen Automaten mit weniger als 2^{n+1} Zuständen, der L_n akzeptiert.

Hinweis: Zum Beweis der Aussage 3 nehme man an, daß es einen deterministischen Automaten mit weniger als 2^{n+1} Zuständen gibt, der L_n akzeptiert. Dann muß es zwei verschiedene Eingabewörter der Länge $n + 1$ geben, nach deren Eingabe sich der Automat im gleichen Zustand befindet. Eine geschickte Fortsetzung dieser beiden Eingabewörter führt zur Akzeptierung eines Wortes aus $\overline{L_n}$.

5.12 1. Jede Menge L aus EA mit $\varepsilon \notin L$ läßt sich durch einen nichtdeterministischen endlichen Automaten akzeptieren, der nur einen akzeptierenden Zustand besitzt.

2. Nicht jede Menge L aus EA mit $\varepsilon \notin L$ läßt sich durch einen deterministischen endlichen Automaten akzeptieren, der nur einen akzeptierenden Zustand besitzt.

3. Warum läßt sich $L =_{\mathrm{def}} \{\varepsilon, a\} \subseteq \{a, b\}^*$ nicht durch einen nichtdeterministischen endlichen Automaten akzeptieren, der nur einen akzeptierenden Zustand besitzt.

5.13 1. Man zeige für den im ersten Teil des Beweises von Satz 5.18 konstruierten endlichen Automaten $A = (\Sigma, Z, f, z_0, Z')$, daß $\overline{f'}(z, w) = \{\overline{f}(z, w)\}$ für alle $z \in Z$ und $w \in \Sigma^*$ gilt.

2. Man zeige für den im Beweis von Satz 5.19 für die Vereinigung konstruierten endlichen Automaten $A = (\Sigma, Z, f, z_0, Z')$, daß $\overline{f}(z, w) = \overline{f_1}(z, w) \cup \overline{f_2}(z, w)$ für alle $z \neq z_0$ und $w \in \Sigma^*$ gilt.

5.14 Man gebe einen regulären Ausdruck für die Menge aller Wörter aus $\{a, b\}^*$ an, in denen eine gerade Anzahl von Buchstaben a vorkommt.

5.15 Für eine Menge $L \subseteq \Sigma^*$ definieren wir ihre *Anfangswortmenge* $A(L)$ mit

$$A(L) =_{\mathrm{def}} \{w : w \in \Sigma^* \text{ und es gibt ein } v \in \Sigma^* \text{ mit } wv \in L\}.$$

1. Für beliebige Sprachen L und L' gilt

$$\begin{aligned}
A(L \cup L') &= A(L) \cup A(L') \\
A(L \cdot L') &= A(L) \cup L \cdot A(L') \\
A(L^*) &= L^* \cdot A(L).
\end{aligned}$$

2. Man folgere aus Aussage 1, daß für jede reguläre Sprache L auch $A(L)$ regulär ist.

3. Man konstruiere aus einem endlichen Automaten, der eine Sprache L akzeptiert, direkt einen endlichen Automaten, der $A(L)$ akzeptiert.

5.16 Für eine Menge $L \subseteq \Sigma^*$ definieren wir ihre *Spiegelwortmenge* $R(L)$ mit

$$R(L) =_{\mathrm{def}} \{w : w^R \in L\}.$$

1. Für beliebige Sprachen L und L' gilt

$$\begin{aligned}
R(L \cup L') &= R(L) \cup R(L') \\
R(L \cdot L') &= R(L') \cdot R(L) \\
R(L^*) &= R(L)^*.
\end{aligned}$$

2. Man folgere aus Aussage 1, daß für jede reguläre Sprache L auch $R(L)$ regulär ist.

    3. Man konstruiere aus einem endlichen Automaten, der eine Sprache L akzeptiert, direkt einen nichtdeterministischen endlichen Automaten, der $R(L)$ akzeptiert.

5.17 Man zeige, daß für eine reguläre Menge $L \subseteq \Sigma^*$ und ein Wort $w \in \Sigma^*$ die Mengen $w^{-1}L =_{\text{def}} \{v : wv \in L\}$ und $Lw^{-1} =_{\text{def}} \{v : vw \in L\}$ wieder regulär sind.

5.18 Man gewinne nach der im Beweis von Satz 5.26 entwickelten Methode einen regulären Ausdruck für die Menge $L(A)$, wobei A der im Beispiel 5.14 behandelte Automat ist.

Formale Sprachen

6.1 Die Chomsky-Hierarchie

In einer natürlichen Sprache dient die Grammatik dazu festzulegen, welche Aneinanderreihungen von Wörtern und Satzzeichen syntaktisch korrekte Sätze ergeben. Grammatiken machen also keine Aussagen über die Semantik, d. h. die Bedeutung von Sätzen. So ist zum Beispiel der Satz „Heidnische Heilbutte heiraten heiser", dem sicher nur mit großer Mühe eine Bedeutung zugeordnet werden kann, syntaktisch ein durchaus korrekter Satz der deutschen Sprache.

Von dem amerikanischen Sprachwissenschaftler NOAM CHOMSKY (geb. 1928) stammt die Idee, alle syntaktisch korrekten Sätze einer natürlichen Sprache durch ein System von formalen Regeln zu erzeugen. Ein solches Regelsystem nennt man eine *generative Grammatik*. Die Tragfähigkeit dieses Konzepts für die Sprachwissenschaft ist bis heute umstritten, in der Informatik hat es sich jedoch in mancher Hinsicht als sehr fruchtbar erwiesen. Hier sei nur die Verwendung von generativen Grammatiken bei der Beschreibung und Manipulation von Programmiersprachen erwähnt.

Wir werden in diesem Kapitel vier wichtige Grammatiktypen und die dazugehörigen Klassen von erzeugten Sprachen (d. h. Wortmengen) untersuchen. Diese Klassen haben sehr interessante Eigenschaften, und wir werden von jeder dieser Klassen nachweisen können, daß sie mit einer auf ganz andere Weise definierten Klasse übereinstimmt. In drei Fällen haben wir diese Klassen bereits in den früheren Kapiteln über Aufzählbarkeit, Berechnungskomplexität und endliche Automaten behandelt. Solche Zusammenhänge zwischen verschiedenen Gebieten der Theoretischen Informatik haben zentrale Bedeutung und zeigen, daß die untersuchten Begriffe und Sprachklassen nicht willkürlich definiert, sondern sehr natürlich und für die gesamte Informatik wichtig sind.

Wir beginnen mit der Definition des Grammatikbegriffes nach CHOMSKY.

Definition 6.1 $G = (\Sigma, N, S, R)$ *heißt* (generative) Grammatik, *wenn gilt*

- Σ *ist eine endliche Menge, das Alphabet der* Terminalsymbole,
- N *ist eine endliche Menge, das Alphabet der* Nichtterminalsymbole; *es gilt* $\Sigma \cap N = \emptyset$,
- $S \in N$ *ist das* Startsymbol *und*
- R *ist eine endliche Menge von* Erzeugungsregeln (v, w) *mit* $v, w \in (\Sigma \cup N)^*$ *und* $|v| \geq 1$. *Eine Regel* $(v, w) \in R$ *schreiben wir auch in der Form* $v \to w$.

Wichtig ist nun der Begriff der Erzeugung von Sprachen durch generative Grammatiken. Ist Σ ein endliches Alphabet, so bezeichnen wir jede Menge $L \subseteq \Sigma^*$ von Wörtern über Σ als *formale Sprache* oder kurz *Sprache* über dem Alphabet Σ.

Definition 6.2 *Es sei* $G = (\Sigma, N, S, R)$ *eine Grammatik.*

- *Sind* $u_1, u_2, v, w \in (\Sigma \cup N)^*$ *und ist* $(v, w) \in R$, *so heißt* $u_1 w u_2$ *von* G *aus* $u_1 v u_2$ in einem Schritt erzeugt. *Wir schreiben dafür kurz* $u_1 v u_2 \underset{G}{\Longrightarrow} u_1 w u_2$.

- *Das Wort* $w \in (\Sigma \cup N)^*$ *heißt von* G in t Schritten $(t \geq 0)$ *aus* $v \in (\Sigma \cup N)^*$ *erzeugt, wenn es* $w_0, w_1, \ldots, w_t \in (\Sigma \cup N)^*$ *gibt mit* $v = w_0 \underset{G}{\Longrightarrow} w_1$, $w_1 \underset{G}{\Longrightarrow} w_2, \ldots, w_{t-1} \underset{G}{\Longrightarrow} w_t = w$. *Wir schreiben dafür kurz* $v \underset{G}{\overset{t}{\Longrightarrow}} w$.

- *Das Wort* $w \in (\Sigma \cup N)^*$ *heißt von* G *aus* $v \in (\Sigma \cup N)^*$ *erzeugt, wenn es ein* $t \geq 0$ *mit* $v \underset{G}{\overset{t}{\Longrightarrow}} w$ *gibt. Wir schreiben dafür kurz* $v \underset{G}{\overset{*}{\Longrightarrow}} w$. *Damit gilt* $w \underset{G}{\overset{*}{\Longrightarrow}} w$ *für jedes* $w \in (\Sigma \cup N)^*$.

- *Die Sprache* $L(G) =_{\text{def}} \{w \colon w \in \Sigma^* \text{ und } S \underset{G}{\overset{*}{\Longrightarrow}} w\}$ *heißt* die von G erzeugte Sprache.

Die Sprache $L(G)$ besteht also nur aus Terminalsymbolwörtern. Die Nichtterminalsymbole sind Hilfszeichen, die im Prozeß der Erzeugung benötigt werden, zum Schluß aber wieder durch geeignete Regeln eliminiert werden müssen.

Definition 6.3 *Die Grammatiken* G *und* G' *heißen* äquivalent, *falls* $L(G) = L(G')$ *gilt.*

Es ist eine Grundeigenschaft von Grammatiken, daß ihre Regeln in einem gegebenen Wort im allgemeinen gleichzeitig an verschiedenen Stellen angewendet werden können und damit aus diesem Wort auch mehrere verschiedene Wörter erzeugt werden können. So gesehen entspricht der Prozeß der Erzeugung aus einem Wort durch eine Grammatik durchaus dem Prozeß der Berechnung auf einem Wort durch einen nichtdeterministischen Algorithmus. Wir stellen deshalb den Vorgang der Erzeugung der Sprache $L(G)$ durch eine

Grammatik G aus ihrem Startsymbol auch in Form eines Baumes dar, des *Erzeugungsbaumes* von G.

Beispiel 6.4 Die Grammatik

$$G_1 = (\{a,b\}, \{S\}, S, \{S \to aSa, S \to bSb, S \to a, S \to b, S \to \varepsilon\})$$

erzeugt die Menge $L(G_1) = \text{PAL} = \{w: w \in \{a,b\}^* \text{ und } w = w^R\}$ der symmetrischen Wörter. Die ersten drei „Etagen" des dazugehörigen Erzeugungsbaumes sind in der folgenden Abbildung dargestellt.

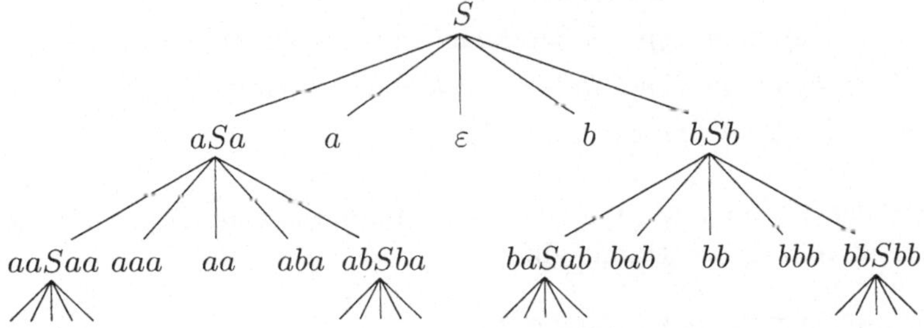

Es ist zu bemerken, daß von G_1 jedes symmetrische Wort auf genau eine Weise erzeugt werden kann. $\square$

CHOMSKY hat auch bereits eine Klassifizierung der Grammatiken nach der Form ihrer Regeln vorgenommen. Die oben definierte Klasse aller Grammatiken wird in drei Stufen eingeschränkt.

Definition 6.5 *Es sei $G = (\Sigma, N, S, R)$ eine Grammatik.*

- *Jede solche Grammatik heißt auch* Grammatik vom Typ 0.

- *G heißt* Grammatik vom Typ 1 *oder* kontextsensitive Grammatik, *falls jede Regel von G die Form $u_1 A u_2 \to u_1 w u_2$ mit $A \in N$, $u_1, u_2, w \in (\Sigma \cup N)^*$ und $|w| \geq 1$ besitzt.*

- *G heißt* Grammatik vom Typ 2 *oder* kontextfreie Grammatik, *falls jede Regel von G die Form $A \to w$ mit $A \in N$, $w \in (\Sigma \cup N)^*$ und $|w| \geq 1$ besitzt.*

- *G heißt* Grammatik vom Typ 3 *oder* rechtslineare Grammatik, *falls jede Regel von G die Form $A \to aB$ oder $A \to a$ mit $A, B \in N$ und $a \in \Sigma$ besitzt.*

Die Bezeichnungen *kontextsensitiv* und *kontextfrei* erklären sich aus der Tatsache, daß mit den für kontextsensitive Grammatiken typischen Regeln $u_1 A u_2 \to u_1 w u_2$ das Symbol A nur im Kontext $u_1 - u_2$ durch w ersetzt werden kann, während mit den für kontextfreien Grammatiken typischen Regeln $A \to w$ das Symbol A in beliebigen Kontexten durch w ersetzt werden kann.

Bei den Grammatiken der Typen 1, 2, und 3 kann ein Wort durch die Anwendung der Regeln $u_1 A u_2 \to u_1 w u_2$ nie verkürzt wird. Folglich kann das leere Wort ε nicht aus dem Startsymbol erzeugt werden. Da man aber auch Wortmengen betrachten möchte, die das leere Wort enthalten, wird bei der folgenden Definition der Sprachen vom Typ i das leere Wort wahlweise zu der erzeugten Sprache hinzugenommen.

Definition 6.6 *Es sei* $i \in \{0, 1, 2, 3\}$.

- *Eine Sprache L heißt* Sprache vom Typ i, *falls es eine Grammatik G vom Typ i mit* $L(G) = L \smallsetminus \{\varepsilon\}$ *gibt.*
- *Die Sprachen vom Typ 1 heißen auch* kontextsensitive Sprachen.
- *Die Sprachen vom Typ 2 heißen auch* kontextfreie Sprachen.
- $\mathbf{L}_i =_{\mathrm{def}} \{L : L$ *ist Sprache vom Typ* $i\}$

Offensichtlich ist für $i \in \{1, 2, 3\}$ jede Grammatik vom Typ $i+1$ auch eine Grammatik vom Typ i. Damit gilt:

Eigenschaft 6.7 $\mathbf{L}_3 \subseteq \mathbf{L}_2 \subseteq \mathbf{L}_1 \subseteq \mathbf{L}_0$.

Wir werden später zeigen, daß alle diese Inklusionen echt sind. Die aufsteigende Folge $\mathbf{L}_3 \subset \mathbf{L}_2 \subset \mathbf{L}_1 \subset \mathbf{L}_0$ von Sprachklassen heißt *Chomsky-Hierarchie*.

Beispiel 6.8 Die Grammatik G_1 von Beispiel 6.4 ist wegen der Regel $S \to \varepsilon$ nicht kontextsensitiv. Die Sprache $L(G_1) = \mathrm{PAL}$ ist aber sogar kontextfrei, da die kontextfreie Grammatik

$$G_1' = (\{a, b\}, \{S\}, S, \{S \to aSa, S \to bSb, S \to aa, S \to bb, S \to a, S \to b\})$$

die Sprache $\mathrm{PAL} \smallsetminus \{\varepsilon\}$ erzeugt.

Beispiel 6.9 Die kontextfreie Grammatik

$$G_2 = (\{(,)\}, \{S\}, S, \{S \to (), S \to (S), S \to SS\})$$

erzeugt die Menge aller *korrekten Klammerwörter*. Ein Wort aus $\{(,)\}^*$ heißt korrektes Klammerwort, wenn bei Zählung von links nach rechts die Anzahl der schließenden Klammern die Anzahl der öffnenden Klammern zu keinem Zeitpunkt übersteigt und insgesamt beide Anzahlen gleich sind. Die folgende Abbildung zeigt ein Anfangsstück des Erzeugungsbaumes. Offensichtlich wird u.a. das Wort $(()())$ doppelt erzeugt. Allerdings geschieht das dadurch, daß bei der Erzeugung das Symbol S zweimal in einem Wort auftritt und an diesen Stellen unabhängig voneinander ersetzt werden kann. Das Ergebnis dieser Ersetzungen ist natürlich unabhängig von deren Reihenfolge.

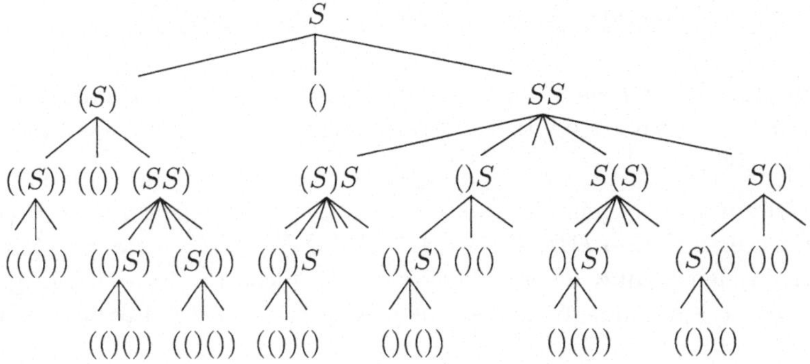

Beispiel 6.10 Die Erzeugung durch die kontextfreie Grammatik

$$G_3 = (\{a, b\}, \{S, A, B\}, S, R)$$

mit

$$R = \{S \to A, S \to B, A \to ab, A \to aA, A \to aAb, B \to ab, B \to Bb, B \to aBb\})$$

zerfällt in zwei Teile: Aus A wird die Menge $\{a^n b^m : n \geq m \geq 1\}$ und aus B die Menge $\{a^n b^m : m \geq n \geq 1\}$ erzeugt. Da $S \to A$ und $S \to B$ die einzigen Regeln sind, in denen S vorkommt, ist die Menge $L(G_3)$ der aus S erzeugbaren Wörter die Vereinigung beider Mengen, also $L(G_3) = \{a^n b^m : n, m \geq 1\}$. Dabei sind die Wörter aus $\{a^n b^n : n \geq 1\}$ genau diejenigen, die sowohl aus A als auch aus B erzeugt werden können, und zwar auf voneinander wesentlich verschiedenen Wegen (d. h. durch Anwendung ganz unterschiedlicher Regeln).

Die Sprache $L(G_3)$ ist aber sogar vom Typ 3, da sie auch durch die Grammatik

$$G_3' = (\{a, b\} : \{S, T\}, S, \{S \to aS, S \to aT, T \to bT, T \to b\})$$

erzeugt wird.

Beispiel 6.11 Die Grammatik

$$G_4 = (\{a, b, c\}, \{S, B\}, S, \{S \to aSBc, S \to abc, cB \to Bc, bB \to bb\})$$

erzeugt die Menge $L(G_4) = \{a^n b^n c^n : n \geq 1\}$. Um zu sichern, daß gleichviele Symbole a, b und c erzeugt werden, werden diese stets gemeinsam erzeugt durch die Regeln $S \to aSBc$ und $S \to abc$, wobei B noch in b umgewandelt werden muß. Allerdings ist die so entstehende Reihenfolge der Symbole B und c nicht wie gewünscht, zum Beispiel

$$S \underset{G_4}{\Longrightarrow} aSBc \underset{G_4}{\Longrightarrow} aaSBcBc \underset{G_4}{\Longrightarrow} aaabcBcBc.$$

Durch $cB \to Bc$ wird die richtige Reihenfolge hergestellt:

$$aaabcBcBc \underset{G_4}{\Longrightarrow} aaabBccBc \underset{G_4}{\Longrightarrow} aaabBcBcc \underset{G_4}{\Longrightarrow} aaabBBccc.$$

Nun können durch die Regel $bB \to bb$ die Symbole B in b umgewandelt werden:

$$aaabBBccc \underset{G_4}{\Longrightarrow} aaabbBccc \underset{G_4}{\Longrightarrow} aaabbbccc.$$

Die Anwendung der Regeln kann zum Teil auch in anderer Reihenfolge erfolgen, das Endresultat ist bei dieser Grammatik aber stets das gleiche.

Wegen der Regel $cB \to Bc$, durch die gleichzeitig zwei Symbole ersetzt werden, ist die Grammatik G_4 nicht kontextsensitiv. Diese Regel kann aber äquivalent durch die Regeln $cB \to DB$, $DB \to DC$, $DC \to BC$, $BC \to Bc$ mit den neuen Nichtterminalen C und D ersetzt werden, da diese nur in der angegebenen Reihenfolge angewendet werden können. Also ist $L(G_4)$ kontextsensitiv.

6.2 Sprachen vom Typ 3

In diesem Abschnitt werden wir zwei wichtige Aussagen über Sprachen vom Typ 3 kennenlernen.

6.2.1 Reguläre Sprachen und Sprachen vom Typ 3

Von Satz 5.26 wissen wir, daß **EA = REG** gilt, daß also die regulären Sprachen genau diejenigen Sprachen sind, die von endlichen Automaten akzeptiert werden können. Hier erhalten wir eine weitere Charakterisierung dieser Sprachklasse. Dabei zeigen wir auch, daß die Hinzunahme von sogenannten ε-Regeln $A \to \varepsilon$ bei den Grammatiken vom Typ 3 die Klasse $\mathbf{L}_3$ nicht vergrößert.

Satz 6.12 *Für eine Sprache L sind folgende Aussagen äquivalent:*

(1) L ist regulär.

(2) L ist eine Sprache vom Typ 3.

(3) L wird von einer Grammatik erzeugt, deren Regeln die Form $A \to aB$, $A \to a$ oder $A \to \varepsilon$ besitzen, wobei A, B Nichtterminalsymbole sind und a ein Terminalsymbol ist.

Beweis. $(1) \Rightarrow (2)$. Für eine reguläre Sprache L gibt es einen deterministischen endlichen Automaten $A = (\Sigma, Z, f, z_0, Z')$ mit $L = L(A)$. Die Konstruktionsidee für eine Grammatik G mit $L(G) = L(A)$ besteht darin, die Zustände von A als Nichtterminalsymbole aufzufassen und den Zustandsübergang von z nach $f(z, a)$ bei Eingabe von a durch die Regel $z \to af(z, a)$ von G zu „simulieren". Wir definieren die Grammatik $G =_{\text{def}} (\Sigma, Z, z_0, R)$ vom Typ 3 mit $R =_{\text{def}} \{z \to af(z, a) : z \in Z, a \in \Sigma\} \cup \{z \to a : f(z, a) \in Z', z \in Z, a \in \Sigma\}$. Für $n \geq 1$ und $a_1, a_2, \ldots, a_n \in \Sigma$ gilt $a_1 a_2 \ldots a_n \in L(A)$ genau dann, wenn es Zustände $z_1, z_2, \ldots, z_n \in Z$ gibt mit $z_n \in Z'$ und

$$f(z_0, a_1) = z_1, \; f(z_1, a_2) = z_2, \; \ldots, \; f(z_{n-2}, a_{n-1}) = z_{n-1}, \; f(z_{n-1}, a_n) = z_n.$$

Nach Definition der Grammatik G ist das gleichbedeutend damit, daß es $z_1, z_2, \ldots, z_n \in Z$ gibt mit

$$z_0 \to a_1 z_1, \qquad z_1 \to a_2 z_2, \qquad \ldots \quad , z_{n-2} \to a_{n-1} z_{n-1}, \qquad z_{n-1} \to a_n,$$

was aber nichts anderes bedeutet als $z_0 \overset{*}{\underset{G}{\Longrightarrow}} a_1 a_2 \ldots a_n$, d.h. $a_1 a_2 \ldots a_n \in L(G)$. Somit gilt $L(G) = L \setminus \{\varepsilon\}$, und folglich ist L eine Sprache vom Typ 3.

(2) $\Rightarrow$ (3). Es sei L eine Sprache vom Typ 3. Dann gibt es eine Grammatik $G = (\Sigma, N, S, R)$ vom Typ 3 mit $L(G) = L \setminus \{\varepsilon\}$. Im Fall $\varepsilon \notin L$ wird L bereits von einer Grammatik der gewünschten Form erzeugt, im Fall $\varepsilon \in L$ gilt $L = L(G')$, wobei die Grammatik $G' =_{\text{def}} (\Sigma, N, S, R \cup \{S \to \varepsilon\})$ die gewünschte Form besitzt.

(3) $\Rightarrow$ (1). Es sei $G = (\Sigma, N, S, R)$ eine Grammatik, deren Regeln die Form $A \to aB$, $A \to a$ oder $A \to \varepsilon$ besitzen. Für jedes $A \in N$ definieren wir $L_A -_{\text{def}}$ $\{w : w \in \Sigma^* \wedge A \overset{*}{\underset{G}{\Longrightarrow}} w\}$. Gibt es mit $A \in N$ auf der linken Seite genau die Regeln $A \to a_1 B_1, A \to a_2 B_2, \ldots, A \to a_m B_m, A \to b_1, A \to b_2, \ldots, A \to b_k$, so gilt die Gleichung

$$L_A = \{a_1\} \cdot L_{B_1} \cup \{a_2\} \cdot L_{B_2} \cup \cdots \cup \{a_m\} \cdot L_{B_m} \cup \{b_1, b_2, \ldots, b_b\}.$$

Gibt es noch zusätzlich die Regel $A \to \varepsilon$, so gilt

$$L_A = \{a_1\} \cdot L_{B_1} \cup \{a_2\} \cdot L_{B_2} \cup \cdots \cup \{a_m\} \cdot L_{B_m} \cup \{b_1, b_2, \ldots, b_b\} \cup \{\varepsilon\}$$

Das führt zu einem Gleichungssystem, wie es im Satz 5.26 beschrieben ist. Nach diesem Satz ist dann $L(G) = L_S$ regulär. $\qquad\qquad\square$

6.2.2 Das Pumping-Lemma für reguläre Sprachen

Unser nächster Satz zeigt, daß reguläre Sprachen stets gewisse Regelmäßigkeiten aufweisen. Damit kann man dann von gewissen Sprachen zeigen, daß sie nicht regulär sind, indem man zeigt, daß sie derartige Regelmäßigkeiten nicht besitzen.

Satz 6.13 (Pumping-Lemma für reguläre Sprachen, uvw-Theorem)
Für jede reguläre Menge L gibt es ein $n_0 > 0$ mit folgender Eigenschaft: Für jedes $z \in L$ mit $|z| \geq n_0$ gibt es eine Zerlegung $z = uvw$ mit $|uv| \leq n_0$, $|v| > 0$ und $uv^k w \in L$ für alle $k \geq 0$.

Beweis. Es sei $G = (\Sigma, N, S, R)$ eine Grammatik vom Typ 3 mit $L(G) = L \setminus \{\varepsilon\}$. Wir wählen $n_o =_{\text{def}} \#N + 1$. Es sei $z = a_1 a_2 \ldots a_n \in L$ mit $a_1, a_2, \ldots, a_n \in \Sigma$ und $n \geq n_0$. Dann gibt es $A_1, A_2, \ldots, A_{n-1} \in N$ so, daß z mit Hilfe der Regeln $S = A_1 \to a_1 A_2$, $A_2 \to a_2 A_3$, $\ldots$, $A_{n-1} \to a_{n-1} A_n$,

$A_n \to a_n$ erzeugt wird. Da es nur $n_0 - 1$ verschiedene Nichtterminalsymbole gibt, müssen Zahlen i und j mit $1 \leq i < j \leq n_0 \leq n$ und $A_i = A_j$ existieren. Es gilt also $S \overset{*}{\underset{G}{\Rightarrow}} a_1 a_2 \ldots a_{i-1} A_i$, $A_i \overset{*}{\underset{G}{\Rightarrow}} a_i a_{i+1} \ldots a_{j-1} A_i$ und $A_i \overset{*}{\underset{G}{\Rightarrow}} a_j a_{j+1} \ldots a_n$, woraus folgt, daß

$$S \overset{*}{\underset{G}{\Rightarrow}} a_1 a_2 \ldots a_{i-1} (a_i a_{i+1} \ldots a_{j-1})^k a_j a_{j+1} \ldots a_n$$

für jedes $k \geq 0$ gilt. Wegen $|a_1 a_2 \ldots a_{i-1} a_i a_{i+1} \ldots a_{j-1}| = j - 1 < n_0$ und $|a_i a_{i+1} \ldots a_{j-1}| = j - i > 0$ ist der Satz bewiesen. $\qquad\Box$

Mit Hilfe des Pumping-Lemmas können wir sehr elegant den Nachweis führen, daß bestimmte Sprachen nicht regulär sind. Wir führen das an unserer Beispielsprache $L(G_1) = \text{PAL}$ vor.

Satz 6.14 *Die Sprache* PAL *der symmetrischen Wörter über* $\{a, b\}$ *ist nicht regulär.*

Beweis. Wir nehmen an, die Sprache der symmetrischen Wörter über dem Alphabet $\{a, b\}$ sei regulär. Es sei n_0 die im Pumping-Lemma erwähnte Konstante. Das Wort $a^{n_0} b a^{n_0}$ ist offenbar symmetrisch. Nach dem Pumping-Lemma gibt es eine Zerlegung $a^{n_0} b a^{n_0} = uvw$ mit $|uv| \leq n_0$ und $|v| > 0$, und es wird behauptet, daß auch $uw = a^{n_0 - |v|} b a^{n_0}$ symmetrisch sei. Wegen $|v| > 0$ ist dieses Wort aber nicht symmetrisch. Aus diesem Widerspruch schließen wir, daß die Menge der symmetrischen Wörter nicht regulär ist. $\qquad\Box$

Folgerung 6.15 $\mathbf{L}_3 \subset \mathbf{L}_2$;
d. h. es gibt kontextfreie Sprachen, die nicht regulär sind.

Beweis. Die Sprache $L(G_1)$ ist kontextfrei, aber nach Satz 6.14 nicht regulär. $\qquad\Box$

6.3 Kontextfreie Sprachen

In diesem Abschnitt wollen wir eine Reihe wichtiger Eigenschaften kontextfreier Sprachen herleiten.

- Die Hinzunahme von ε-Regeln bei den kontextfreien Grammatiken vergrößert die Klasse $\mathbf{L}_2$ nicht.

- Jede kontextfreie Sprache läßt sich von einer kontextfreien Grammatik erzeugen, deren Regeln eine sehr einfache Form, nämlich die *Chomsky-Normalform* besitzen.

- Für kontextfreie Sprachen gilt ein *Pumping-Lemma* ähnlich wie für reguläre Sprachen. Dieses erweist sich als elegantes Hilfsmittel, um nachzuweisen, daß Sprachen nicht kontextfrei sind.

- Die Klasse der kontextfreien Sprachen ist abgeschlossen unter Vereinigung, Konkatenation und Iteration, nicht jedoch unter Durchschnitt und Komplementbildung.

- Jede kontextfreie Sprache kann von einem geeigneten deterministischen RIES-Programm (und damit auch von einer geeigneten RAM, siehe Satz 3.6) in der Zeit $O(n^3)$ entschieden werden.

- Eine Sprache ist genau dann kontextfrei, wenn sie von einem nichtdeterministischen *Kellerautomaten* akzeptiert werden kann. Diese Charakterisierung der kontextfreien Sprachen ist vergleichbar mit der Charakterisierung der Sprachen vom Typ 3 durch endliche Automaten.

6.3.1 Die Hinzunahme von ε-Regeln

Wir liberalisieren nun den Begriff der kontextfreien Grammatik dadurch, daß wir auch ε-Regeln $A \to \varepsilon$ zulassen. Aber auch solche Grammatiken erzeugen ausschließlich kontextfreie Sprachen.

Satz 6.16 *Für eine Sprache L sind folgende Aussagen äquivalent:*

(1) *L ist kontextfrei.*

(2) *L wird von einer Grammatik $G = (\Sigma, N, S, R)$ erzeugt, deren Regeln die Form $A \to w$ mit $A \in N$ und $w \in (\Sigma \cup N)^*$ besitzen.*

Beweis. (1) $\Rightarrow$ (2). Für eine kontextfreie Sprache L gibt es eine kontextfreie Grammatik $G = (\Sigma, N, S, R)$ mit $L(G) = L(G) \smallsetminus \{\varepsilon\}$. Im Fall $\varepsilon \notin L$ wird L bereits von einer Grammatik der gewünschten Form erzeugt, im Fall $\varepsilon \in L$ gilt $L = L(G')$, wobei die Grammatik $G' =_{\text{def}} (\Sigma, N, S, R \cup \{S \to \varepsilon\})$ die gewünschte Form besitzt.

(2) $\Rightarrow$ (1). Es sei $G = (\Sigma, N, S, R)$ eine beliebige Grammatik wie unter (2) beschrieben. Wir erweitern die Regelmenge R wie folgt: Gibt es in R die Regel $A \to u_1 B_1 u_2 B_2 \ldots u_k B_k u_{k+1}$ mit $u_1, \ldots, u_{k+1} \in (\Sigma \cup N)^*$ und $B_1, \ldots, B_k \in N$ und gilt $B_1 \overset{*}{\underset{G}{\Rightarrow}} \varepsilon, \ldots, B_k \overset{*}{\underset{G}{\Rightarrow}} \varepsilon$, so wird auch die Regel $A \to u_1 u_2 \ldots u_k u_{k+1}$ in die Regelmenge aufgenommen. Mit der so definierten Grammatik $G' = (\Sigma, N, S, R')$ werden natürlich die gleichen Wörter erzeugt wie mit G, also $L(G') = L(G)$. Für die kontextfreie Grammatik $G'' =_{\text{def}} (\Sigma, N, S, R' \smallsetminus \{A \to \varepsilon : A \in N\})$ gilt somit $L(G'') \subseteq L(G')$. Daß auch die Inklusion $L(G') \subseteq L(G'') \cup \{\varepsilon\}$ gilt (und damit $L(G'') = L(G') \smallsetminus \{\varepsilon\}$), folgt aus der folgenden Behauptung, die wir durch Induktion über t beweisen:

$$\text{Aus } A \overset{t}{\underset{G'}{\Rightarrow}} w \text{ folgt } A \overset{*}{\underset{G''}{\Rightarrow}} w \text{ für alle } A \in N \text{ und } w \in \Sigma^* \smallsetminus \{\varepsilon\}.$$

(IA) Ist $A \overset{1}{\underset{G'}{\Longrightarrow}} w$, so wird w durch die Regel $A \to w$ erzeugt, die wegen $w \neq \varepsilon$ keine ε-Regel ist.

(IS) Ist $A \overset{t+1}{\underset{G'}{\Longrightarrow}} w$, so gibt es $u_0, u_1, \ldots, u_k, w_1, \ldots, w_k \in \Sigma^*$ und $B_1, \ldots, B_k \in N$ mit

- $w = u_0 w_1 u_1 \ldots u_{k-1} w_k u_k,$

- $A \to u_0 B_1 u_1 \ldots u_{k-1} B_k u_k$ ist eine Regel von G' und

- $B_i \overset{t_i}{\underset{G'}{\Longrightarrow}} w_i$ für $i = 1, \ldots, k$ und geeignete $t_1, \ldots t_k$ mit $\sum_{i=1}^{k} t_i = t$.

Wir definieren $B_i' =_{\text{def}} \varepsilon$, falls $w_i = \varepsilon$ und $B_i' =_{\text{def}} B_i$ sonst. Die Regel $A \to u_1 B_1' u_2 \ldots u_k B_k' u_{k+1}$ wurde mit in die Regelmenge R' aufgenommen. Wegen $w \neq \varepsilon$ gilt $u_1 B_1' u_2 \ldots u_k B_k' u_{k+1} \neq \varepsilon$, und damit ist $A \to u_1 B_1' u_2 \ldots u_k B_k' u_{k+1}$ auch eine Regel von G''. Nach Induktionsvoraussetzung gilt $B_i' = w_i = \varepsilon$ oder $B_i' = B_i \overset{*}{\underset{G''}{\Longrightarrow}} w_i$ für jedes $i = 1, \ldots, k$. Folglich gilt $A \overset{*}{\underset{G''}{\Longrightarrow}} w$. $\qquad\square$

6.3.2 Grammatiken in Chomsky-Normalform

Im letzten Abschnitt haben wir die Klasse der kontextfreien Grammatiken durch die Hinzunahme von ε-Regeln vergrößert und festgestellt, daß sich die Klasse der so erzeugten Sprachen nicht vergrößert. Hier schränken wir nun die Klasse der kontextfreien Grammatiken ein und zeigen, daß sich die Klasse der so erzeugten Sprachen nicht verkleinert.

Wir sagen, daß eine Grammatik $G = (\Sigma, N, S, R)$ in *Chomsky-Normalform* ist, falls sie nur Regeln der Form $A \to BC$ und $A \to a$ mit $A, B, C \in N$ und $a \in \Sigma$ besitzt. Natürlich ist eine Grammatik in Chomsky-Normalform stets kontextfrei. Der folgende Satz zeigt, daß Grammatiken in Chomsky-Normalform aber genauso mächtig wie die kontextfreien Grammatiken sind.

Satz 6.17 *Für jede kontextfreie Grammatik gibt es eine äquivalente Grammatik in Chomsky-Normalform.*

Beweis. Es sei $G = (\Sigma, N, S, R)$ eine kontextfreie Grammatik. Wir gehen in drei Schritten vor.

1. *Eliminieren von Terminalen a außer in Terminalregeln $A \to a$.* Wir formen G zu einer äquivalenten Grammatik $G_1 = (\Sigma, N_1, S, R_1)$ um, bei der nur Regeln der Form $A \to B_1 B_2 \ldots B_m$ und $A \to a$ mit $m \geq 1$, $A, B_1, B_2, \ldots, B_m \in N_1$ und $a \in \Sigma$ vorkommen. Das wird erreicht, indem man für jedes $a \in \Sigma$ ein neues Nichtterminalsymbol D_a einführt, das Symbol a an jeder Stelle seines Vorkommens in einer Regel durch D_a ersetzt und dann die Regel $D_a \to a$ hinzunimmt. Für die so konstruierte Grammatik $G_1 = (\Sigma, N_1, S, R_1)$ gilt offensichtlich $L(G_1) = L(G) = L$.

2. *Eliminieren von Nichtterminalregeln der Form $A \to B$.* Wir formen G_1 zu einer äquivalenten Grammatik $G_2 = (\Sigma, N_2, S, R_2)$ um, bei der nur Regeln der Form $A \to B_1 B_2 \ldots B_m$ und $A \to a$ mit $m \geq 2$, $A, B_1, B_2, \ldots, B_m \in N_2$ und $a \in \Sigma$ vorkommen. Es müssen also in G_1 alle Regeln der Form $A \to B$ mit $A, B \in N_1$ eliminiert werden. Wird bei einer Erzeugung eine Folge $A_1 \to A_2$, $A_2 \to A_3, \ldots, A_{k-1} \to A_k$ von Regeln mit $A_1, A_2, \ldots, A_k \in N_1$ nacheinander angewendet, so muß dies schließlich mit einer Regel $A_k \to B_1 B_2 \ldots B_m$ mit $m \geq 2$ und $B_1, B_2, \ldots, B_m \in N_1$ oder mit einer Regel $A_k \to a$ mit $a \in \Sigma$ fortgeführt werden. Das gleiche Resultat kann erzielt werden, wenn man anstelle dieser Folge von Regeln nur die Regel $A_1 \to B_1 B_2 \ldots B_m$ bzw. $A_1 \to a$ anwendet. Wir führen also für jede Folge $A_1 \to A_2$, $A_2 \to A_3, \ldots, A_{k-1} \to A_k$, $A_k \to B_1 B_2 \ldots B_m$ $(m \geq 2, A_1, A_2, \ldots, A_k, B_1, B_2, \ldots, B_m \in N_1)$ von Regeln aus R_1 die neue Regel $A_1 \to B_1 B_2 \ldots B_m$, und für jede Folge $A_1 \to A_2$, $A_2 \to A_3, \ldots, A_{k-1} \to A_k$, $A_k \to a$ $(A_1, A_2, \ldots, A_k \in N_1, a \in \Sigma)$ von Regeln aus R_1 die neue Regel $A_1 \to a$ ein. Schließlich eliminieren wir die (nun nicht benötigten) Regeln der Form $A \to B$ mit $A, B \in N_1$. Für die so konstruierte Grammatik $G_2 = (\Sigma, N_2, S, R_2)$ gilt $L(G_2) = L(G_1) = L$.

3. *Eliminieren von Regeln mit zu langer rechter Seite.* Wir formen G_2 zu einer äquivalenten Grammatik $G_3 = (\Sigma, N_3, S, R_3)$ um, bei der nur Regeln der Form $A \to BC$ und $A \to a$ mit $A, B, C \in N_3$ und $a \in \Sigma$ vorkommen. Es müssen also in G_2 alle Regeln der Form $A \to B_1 B_2 \ldots B_m$ mit $m \geq 3$ und $A, B_1, B_2, \ldots, B_m \in N_2$ eliminiert werden. Das geschieht wie folgt. Wir nehmen neue Nichtterminalsymbole $D_2, \ldots, D_{m-1} \notin N_2$ und ersetzen $A \to B_1 B_2 \ldots B_m$ äquivalent durch $A \to B_1 D_2$, $D_i \to B_i D_{i+1}$ für $i = 2, \ldots, m-2$ und $D_{m-1} \to B_{m-1} B_m$. Für die so konstruierte Grammatik $G_3 = (\Sigma, N_3, S, R_3)$ gilt $L(G_3) = L(G_2) = L$. $\qquad\square$

6.3.3 Das Pumping-Lemma für kontextfreie Sprachen

Ähnlich wie die regulären Mengen weisen auch die kontextfreien Sprachen bestimmte Regularitäten auf, was wir auch hier durch ein Pumping-Lemma ausdrücken können. Mit Hilfe dieses Lemmas kann man von bestimmten Sprachen auf sehr elegante Weise nachzuweisen, daß sie nicht kontextfrei sind, indem man zeigt, daß diese derartige Regularitäten nicht besitzen.

Der im Abschnitt 6.1 eingeführte *Erzeugungsbaum* veranschaulichte graphisch die Erzeugung einer Sprache durch die Grammatik. Die Erzeugung eines einzelnen Wortes durch eine kontextfreie Sprache veranschaulicht man graphisch durch einen *Syntaxbaum*, der wie folgt aufgebaut wird: Ausgangspunkt ist die mit dem Startsymbol markierte Wurzel. Wird bei der Erzeugung eines Wortes w das Symbol $A \in N$ mit Hilfe der Regel $A \to b_1 b_2 \ldots b_k$ $(k \geq 1$ und $b_1, b_2, \ldots, b_k \in \Sigma \cup N)$ ersetzt, so werden an den entsprechenden mit A markierten Knoten des Syntaxbaumes k Nachfolgerknoten angehängt, die mit den Symbolen $b_1, b_2, \ldots, b_k$ markiert werden. Im vollständigen Syntaxbaum eines Wortes w sind die inneren Knoten des Baumes (d. h. die Knoten mit Nachfolgern) mit Nichtterminalsymbolen markiert, während die Blätter des Baumes (d. h. die Knoten ohne Nachfolger) mit Terminalsymbolen markiert sind, die von links nach rechts gelesen das Wort w ergeben.

Beispiel 6.18 Der Syntaxbaum

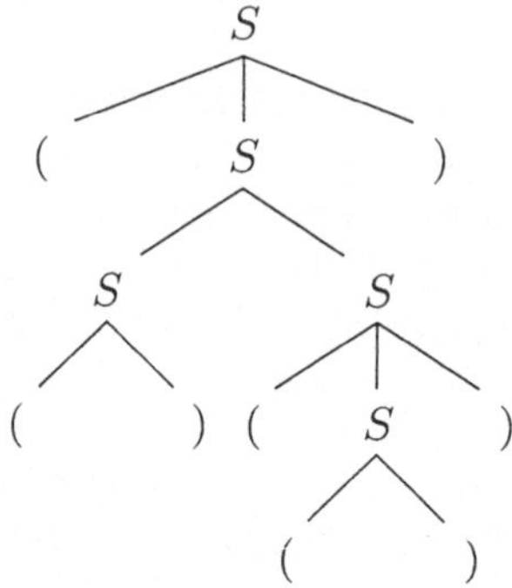

beschreibt die Erzeugung von $(()(()))$ durch die Grammatik $G_2 = (\{(,)\}, \{S\},$ $S, \{S \to (), S \to (S), S \to SS\})$. □

Satz 6.19 (Pumping-Lemma für kontextfreie Sprachen, $uvwxy$-Theorem)
Für jede kontextfreie Sprache L gibt es ein $n_0 \geq 0$ mit folgender Eigenschaft: Für jedes $z \in L$ mit $|z| \geq n_0$ gibt es eine Zerlegung $z = uvwxy$ mit $|vwx| \leq n_0$, $|vx| > 0$ und $uv^k wx^k y \in L$ für alle $k \geq 0$.

Beweis. Es sei $G = (\Sigma, N, S, R)$ eine kontextfreie Grammatik in Chomsky-Normalform, die L erzeugt; also $L(G) = L \setminus \{\varepsilon\}$. Es sei r die Anzahl der Nichtterminalsymbole von G. Der Syntaxbaum eines Wortes $w \in L$ verzweigt sich bei jeder Anwendung einer Regel der Form $A \to BC$ in zwei Wege; Regeln der Form $A \to a$ führen stets zur Beendigung eines solchen Weges (siehe folgende Abbildung). Hat ein längster Weg in einem solchen Syntaxbaum die Länge r, so hat das erzeugte Wort höchstens die Länge 2^{r-1}. Haben wir also ein Wort $z \in L$ mit $|z| \geq n_0 =_{\text{def}} 2^r$, so hat ein längster Weg im Syntaxbaum von w eine Länge $s \geq r + 1$. Die durch Regeln ersetzten Nichtterminalsymbole auf einem solchen Weg seien $S = A_1, A_2, \ldots, A_s$, wobei A_s dann schließlich mit Hilfe der Regel $A_s \to a$ ersetzt werde. Da es nur r verschiedene Nichtterminalsymbole gibt, müssen in der Folge $A_{s-r}, A_{s-r+1}, \ldots, A_s$ zwei gleiche Symbole vorkommen, also $A_i = A_j$ mit $s - r \leq i < j \leq s$. Es gibt also $u, v, w, x, y \in \Sigma^*$ mit $z = uvwxy$, $S \overset{*}{\underset{G}{\Rightarrow}} uA_i y$, $A_i \overset{*}{\underset{G}{\Rightarrow}} vA_j x = vA_i x$, $A_i = A_j \overset{*}{\underset{G}{\Rightarrow}} w$ und $A_s \underset{G}{\Rightarrow} a$. Diese Situation ist durch folgenden schematischen Syntaxbaum von z dargestellt:

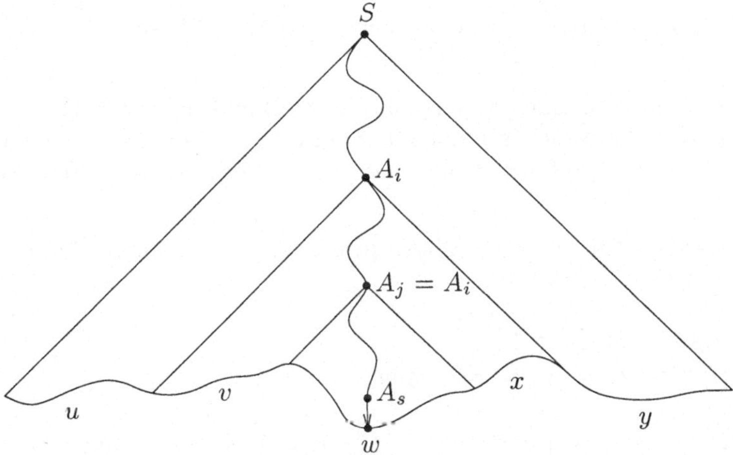

Wir zeigen nun, daß u, v, w, x und y die Bedingungen des Satzes erfüllen. Da der mit $S - A_i - A_j - A_s$ markierte Weg ein längster Weg im Syntaxbaum ist, muß der mit $A_i - A_j - A_s$ markierte Teilweg auch ein längster Weg in dem durch das obere A_i definierten Teilbaum sein. Da dieser Teilweg höchstens die Länge $r + 1$ besitzt, hat das in diesem Teilbaum erzeugte Wort $vwx = vw_1aw_2x$ höchstens die Länge $2^r = n_0$. Da bei der Erzeugung $A_i \overset{*}{\underset{G}{\Rightarrow}} vA_jx$ als erstes eine Regel der Form $A_i \to BC$ und sonst nur nichtverkürzende Regeln angewendet werden, muß $|vA_jx| \geq 2$ und damit $|vx| \geq 1$ sein.

Schließlich folgt aus $S \overset{*}{\underset{G}{\Rightarrow}} uA_iy$, $A_i \overset{*}{\underset{G}{\Rightarrow}} vA_ix$ und $A_i \overset{*}{\underset{G}{\Rightarrow}} w_1aw_2 = w$ neben der von uns zunächst betrachteten Erzeugungskette

$$S \overset{*}{\underset{G}{\Rightarrow}} uA_iy \overset{*}{\underset{G}{\Rightarrow}} uvA_ixy \overset{*}{\underset{G}{\Rightarrow}} uvwxy = z$$

auch

$$S \overset{*}{\underset{G}{\Rightarrow}} uA_iy \overset{*}{\underset{G}{\Rightarrow}} uwy$$

und

$$S \overset{*}{\underset{G}{\Rightarrow}} uA_iy \overset{*}{\underset{G}{\Rightarrow}} uvA_ixy \overset{*}{\underset{G}{\Rightarrow}} uvvA_ixxy \overset{*}{\underset{G}{\Rightarrow}} ... \overset{*}{\underset{G}{\Rightarrow}} uv^kA_ix^ky \overset{*}{\underset{G}{\Rightarrow}} uv^kwx^ky$$

für $k \geq 2$. Also ist $uv^kwx^ky \in L$ für jedes $k \geq 0$. $\square$

Wir zeigen nun, wie man das Pumping-Lemma anwenden kann, um von gewissen Sprachen zu zeigen, daß sie nicht kontextfrei sind.

Satz 6.20 *Die Sprache* $\{a^nb^nc^n : n \geq 1\}$ *ist nicht kontextfrei.*

Beweis. Wir nehmen an, $T =_{\mathrm{def}} \{a^nb^nc^n : n \geq 1\}$ sei kontextfrei. Es sei n_0 die nach dem Pumping-Lemma existierende Konstante. Also gibt es für $a^{n_0}b^{n_0}c^{n_0}$ eine Zerlegung $a^{n_0}b^{n_0}c^{n_0} = uvwxy$ mit $|vx| > 0$, $uwy \in T$ und $uv^2wx^2y \in T$. Wir unterscheiden drei Fälle.

Fall 1: In v kommen verschiedene Buchstaben vor. Dann kann uv^2wx^2y nicht in $a^*b^*c^*$ sein. Das ist wegen $T \subseteq a^*b^*c^*$ ein Widerspruch.

Fall 2: In x kommen verschiedene Buchstaben vor. Wir schließen wie im Fall 1.

Fall 3: In v und x kommen jeweils nur gleiche Buchstaben vor. Dann existiert ein Buchstabe, der weder in v noch in x vorkommt, also in uwy genau n_0-mal vorkommt. Wegen $|uvwxy| = 3n_0$ und $|vx| > 0$ gilt $|uwy| < 3n_0$. Also kann uwy nicht in T sein.

Da wir in jedem Fall zu einem Widerspruch gelangen, muß die Annahme, daß T kontextfrei sei, falsch sein. $\qquad\square$

Eigenschaft 6.21 $\mathbf{L}_2 \subset \mathbf{L}_1$;
d. h. es gibt kontextsensitive Sprachen, die nicht kontextfrei sind.

Beweis. Die Sprache $\{a^n b^n c^n : n \geq 1\}$ ist nach Satz 6.20 nicht kontextfrei; wir haben aber in Beispiel 6.11 gesehen, daß diese Sprache kontextsensitiv ist. $\qquad\square$

6.3.4 Abschlußeigenschaften der Klasse der kontextfreien Sprachen

Von der Klasse der regulären Sprachen haben wir im Satz 5.19 bereits gezeigt, daß sie abgeschlossen gegenüber Vereinigung, Durchschnittsbildung, Komplementbildung, Konkatenation und Iteration ist. Die Verhältnisse bei den kontextfreien Sprachen sind jedoch anders.

Satz 6.22

1. *Die Klasse der kontextfreien Sprachen ist abgeschlossen unter Vereinigung, Konkatenation und Iteration.*
2. *Die Klasse der kontextfreien Sprachen ist nicht abgeschlossen unter Durchschnittsbildung und Komplementbildung.*

Beweis. Den recht einfachen Beweis von Aussage 1 führen wir hier nicht aus (Aufgabe 6.12).

Zu 2. Es ist leicht zu sehen, daß die Sprachen $\{a^n b^n c^m : n, m \geq 1\}$ und $\{a^n b^m c^m : n, m \geq 1\}$ kontextfrei sind. Die Sprache $\{a^n b^n c^n : n \geq 1\}$ ist der Durchschnitt dieser kontextfreien Sprachen, nach Satz 6.20 aber nicht kontextfrei.

Nun kann aber die Klasse der kontextfreien Sprachen auch nicht abgeschlossen gegenüber Komplementbildung sein, denn dann wäre sie wegen der de-Morganschen Regel $A \cap B = \overline{(\overline{A} \cup \overline{B})}$ auch gegenüber Durchschnittsbildung abgeschlossen. $\qquad\square$

6.3.5 Die Zeitkomplexität kontextfreier Sprachen

Als nächstes untersuchen wir die Zeitkomplexität für die Entscheidung von kontextfreien Sprachen. Die Erzeugung eines Wortes w durch eine kontextfreie Grammatik in Chomsky-Normalform besteht aus höchstens $2 \cdot |w|$ Schritten (siehe Aufgabe 6.13). Dieser Erzeugungsprozeß ist aber im allgemeinen nichtdeterministisch, d. h. es gibt viele Erzeugungswege, die daraufhin untersucht werden müssen, ob auf ihnen das Wort w erzeugt wird. Man bekommt mit dieser Idee recht einfach ein nichtdeterministisches RIES-Programm, das eine gegebene kontextfreie Sprache in der Zeit $O(n^2)$ akzeptiert (siehe Aufgabe 6.14). Also gilt $\mathbf{L_2} \subseteq \mathbf{NP}$, ein Resultat, das durch den folgenden Satz verbessert wird.

Satz 6.23 $\mathbf{L_2} \subseteq \mathbf{P}$;
d. h. jede kontextfreie Sprache kann durch einen deterministischen Polynomialzeitalgorithmus entschieden werden.

Beweis. Es sei L eine kontextfreie Sprache und $G = (\Sigma, N, S, R)$ eine Grammatik in Chomsky-Normalform mit $L(G) = L \smallsetminus \{\varepsilon\}$. Um für ein Wort $w = a_1 a_2 \ldots a_n$ mit $n \geq 1$ und $a_1, a_2, \ldots, a_n \in \Sigma$ feststellen zu können, ob $S \stackrel{*}{\underset{G}{\Longrightarrow}} a_1 a_2 \ldots a_n$ gilt, untersuchen wir allgemeiner für ein beliebiges Teilstück $a_i a_{i+1} \ldots a_j$ von w und ein beliebiges Nichtterminal A, ob $A \stackrel{*}{\underset{G}{\Longrightarrow}} a_i a_{i+1} \ldots a_j$ gilt. Für unser fixiertes Wort $w = a_1 a_2 \ldots a_n$ definieren wir

$$M(A, i, j) =_{\mathrm{def}} \begin{cases} 1, \text{ falls } A \stackrel{*}{\underset{G}{\Longrightarrow}} a_i a_{i+1} \ldots a_j \\ 0 \text{ sonst.} \end{cases}$$

für i, j mit $1 \leq i \leq j \leq n$ und $A \in N$.

Offensichtlich gelten für diese Funktion M die folgenden Beziehungen:

- $M(A, i, i) = 1 \iff A \to a_i$ ist Regel in R.
- Für $k \geq 1$ gilt:
  $M(A, i, i+k) = 1 \iff$ es existiert eine Regel $A \to BC$ in R
  und ein $j \in \{0, 1, \ldots, k-1\}$ mit
  $M(B, i, i+j) = M(C, i+j+1, i+k) = 1$.

- $M(S, 1, n) = 1 \iff w \in L \iff c_L(w) = 1$.

Diese Beziehungen werden durch den folgenden, im RIES-Stil notierten Algorithmus verwendet, um nacheinander für $k = 0, 1, \ldots, n-1$ alle Werte $M(A, i, i+k)$ (also für $A \in N$ und $1 \leq i \leq n-k$) zu berechnen und dann durch $M(S, 1, n)$ den Wert $c_L(w)$ der charakteristischen Funktion von L zu bestimmen.

```
function c_L(a_1 a_2 ... a_n);
begin
  for i := 1 to n do
    for (A→a_i) ∈ R do M(A,i,i) := 1;
  for k := 1 to (n-1) do
    for i := 1 to (n-k) do
      for j := 0 to (k-1) do
        for (A→BC) ∈ R do
          if (M(A,i,i+k) = 0)
            then M(A,i,i+k) := (M(B,i,i+j) * M(C,i+j+1,i+k));
  if (n > 0) then c_L := M(S,1,n);
  if (n = 0) then c_L := 1                                        (*)
end
```

Die Zeile $(*)$ gehört nur im Falle $\varepsilon \in L$ zum Programm.

Die Laufzeit des Programmes wird durch die vier geschachtelten `for`-Schleifen
bestimmt. Die Anzahl der Durchläufe der innersten Schleife kann durch eine
Konstante, die der anderen durch n beschränkt werden. Damit arbeitet das
Programm in der Zeit $O(n^3)$. $\qquad\qquad\qquad\qquad\qquad\qquad\qquad\qquad$ □

Recht einfach läßt sich aus dem Programm im vorstehenden Beweis ein „sau-
beres" RIES-Programm mit den gleichen Laufzeitabschätzungen herstellen.
Damit kann nach Satz 3.6 jede kontextfreie Sprache auch von einer RAM in
der Zeit $O(n^3)$ entschieden werden.

Der Algorithmus in diesem Beweis wird nach seinen „Erfindern" COCKE,
YOUNGER und KASAMI auch *CYK-Algorithmus* genannt. Die in ihm verwendete Methode, für eine gegebene Aufgabe systematisch alle Teilaufgaben zu
lösen und ihre Ergebnisse zu speichern, um zeitaufwendige Mehrfachberech-
nungen zu vermeiden, heißt *dynamische Programmierung*.

6.3.6 Kellerautomaten

In diesem Abschnitt wollen wir die Klasse der kontextfreien Sprachen als die
Klasse aller Sprachen charakterisieren, die von einer eingeschränkten Klasse
von Maschinen, nämlich den nichtdeterministischen Kellerautomaten, akzeptiert werden können. Informell kann man *Kellerautomaten* (auch *Pushdown-
Automaten* genannt) als Turingmaschinen mit zwei Bändern beschreiben, die
in ihrer Arbeitsweise wie folgt eingeschränkt wird:

- Das ersten Band ist das *Eingabeband*. Das auf ihm stehende Eingabewort
  aus Σ^* kann nur von links nach rechts gelesen werden, d. h. der Kopf
  des ersten Bandes kann sich nur nach rechts bewegen oder stehenbleiben.
  Befindet sich der Kopf auf dem ersten □ rechts vom Eingabewort, so bleibt
  er dort stehen.

- Das zweite Band, *Keller* oder *Pushdown* (oder auch *Stack*) genannt, ist ein
  linksseitig unendliches Band, dessen wesentliche Eigenart darin besteht,
  daß in den Feldern rechts vom Kopf und in dem vom Kopf betrachteten
  Feld Symbole aus dem *Kelleralphabet* Δ stehen und links vom Kopf nur
  Leersymbole $\square \notin \Delta$ stehen. Im Keller steht also ein *Kellerwort Av* mit $v \in$
  Δ^* und dem *Topsymbol* $A \in \Delta$. Das Topsymbol wird in einem Arbeitstakt
  durch ein Wort $u \in \Delta^*$ ersetzt. Genauer bedeutet das: Ist $u = D_1 D_2 \ldots D_k$
  mit $D_1, D_2, \ldots, D_k \in \Delta$ und $k \geq 1$, so wird A durch D_k ersetzt und in den
  nächsten $k-1$ Feldern links werden die Leersymbole $\square$ durch $D_1, \ldots, D_{k-1}$
  ersetzt. Neues Topsymbol ist dann das Symbol D_1. Man spricht in diesem
  Falle vom *Pushen* des Wortes u in den Keller. Ist $u = \varepsilon$, so wird A durch $\square$
  ersetzt und man spricht vom *Löschen* des Symbols A. Das linkeste Symbol
  von v wird dann neues Topsymbol. Wird das einzige im Keller befindliche
  Symbol aus Δ gelöscht (ist also $v = \varepsilon$), so ist der Keller *leer* und der
  Kellerautomat stoppt.

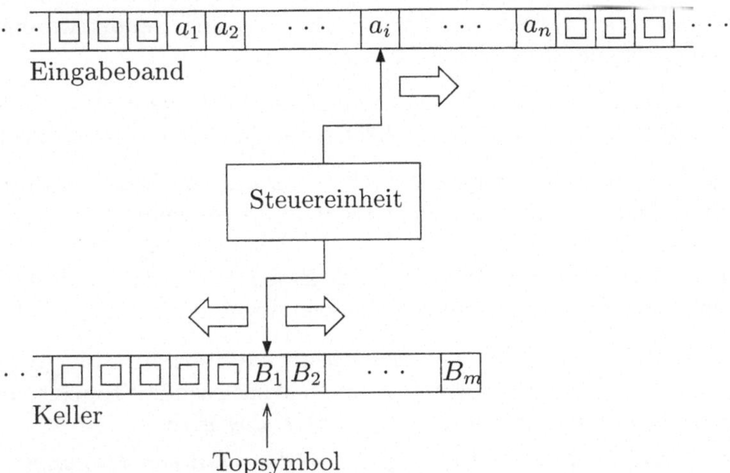

In einem Keller enthält also nur das Bandstück zwischen dem Bandanfang
rechts und dem Kopf Informationen. Will man eine auf diesem Band abge-
speicherte Information lesen, so müssen alle weiter links gespeicherten Informationen vorher gelöscht werden. Diese Eigenschaft eines Kellers stellt
eine wesentliche Einschränkung gegenüber dem Speicherverhalten eines Tu-
ringbandes dar. Andererseits ist natürlich evident, daß die Arbeitsweise eines
Kellers sehr einfach durch ein „normales" Turingband simuliert werden kann.

Eine *Situation* (z, w, v) eines Kellerautomaten besteht aus allen Informationen, die für die weitere Arbeit von Bedeutung sind: dem Zustand z, dem noch
nicht gelesenen „Rest-Eingabewort" w (in der Abbildung $a_i a_{i+1} \ldots a_n$) und
dem Kellerwort v (in der Abbildung $B_1 B_2 \ldots B_m$). Eine Situation (z, w, ε) ist
eine *Stoppsituation*, hier arbeitet der Kellerautomat nicht weiter.

Wir betrachten zunächst die *nichtdeterministische Variante der Kellerautomaten.* Formal ist ein solcher Kellerautomat ein Quintupel $M = (\Sigma, \Delta, Z, f, z_0)$ mit

- dem Eingabealphabet Σ mit $\square \notin \Sigma$,
- dem Kelleralphabet Δ mit $\square \notin \Delta$,
- der Zustandsmenge Z mit dem Startzustand $z_0 \in Z$ und
- der Überführungsfunktion $f \colon Z \times (\Sigma \cup \{\varepsilon\}) \times \Delta \to \mathcal{P}(Z \times \Delta^*)$.

Die Beziehung $(z', u) \in f(z, a, A)$ (auch als *Befehl $zaA \to z'u$* geschrieben) beschreibt die Arbeit von M in einem Arbeitsschritt. Durch den Befehl $zaA \to z'u$ mit $a \in \Sigma$ wird eine Situation (z, aw, Av) in die Situation (z', w, uv) überführt, und durch den Befehl $z\varepsilon A \to z'u$ wird eine Situation (z, w, Av) in die Situation (z', w, uv) überführt. Bei der Ausführung des Befehles $z\varepsilon A \to z'u$ wird also das auf dem Eingabeband gelesene Symbol ignoriert. Aus diesen Festlegungen folgt auch, daß nach Verlassen des Eingabewortes nur noch Befehle der Form $z\varepsilon A \to z'u$ angewendet werden können, da es keine Befehle der Form $z\square A \to z'u$ gibt.

Ein nichtdeterministischer Kellerautomat M heißt *deterministisch*, falls in jeder möglichen Situation von M höchstens ein Befehl anwendbar ist.

Wir definieren nun den Begriff der Akzeptierung von Wörtern durch Kellerautomaten. Dafür wird ein spezielles Symbol $\boxdot$ verwendet.

Definition 6.24 *Es sei* $M = (\Sigma, \Delta, Z, f, z_0)$ *ein nichtdeterministischer Kellerautomat, der ein spezielles* Kellergrundsymbol $\boxdot \in \Delta$ *besitzt.*

- M *akzeptiert das Wort* $w \in \Sigma^*$, *wenn die* Startsituation $(z_0, w, \boxdot)$ *auf mindestens einem Rechenweg in eine* akzeptierende Stoppsituation, *d. h. in eine Situation der Form* $(z, \varepsilon, \varepsilon)$, *überführt wird.*
- *Die Menge* $L(M) =_{\mathrm{def}} \{w \colon w \in \Sigma^*$ *und w wird von M akzeptiert$\}$ heißt die *von M akzeptierte Wortmenge.*

Es sei angemerkt, daß ein leerer Keller natürlich auch schon auftreten kann, bevor der Eingabebandkopf die Eingabe nach rechts verläßt. In diesem Fall tritt eine Situation (z, w', ε) mit $w' \neq \varepsilon$ ein, das ist eine Stoppsituation ohne Akzeptierung.

Definition 6.25 *Mit* **PDA** *und* **NPDA** *bezeichnen wir die Klassen der von determinischen bzw. nichtdeterministischen Kellerautomaten (**P**ushd**o**wn-**A**utomaten) akzeptierten Wortmengen.*

Es gibt viele verschiedene Spielarten bei der Definition der Akzeptierung durch einen Kellerautomaten. Zum Beispiel kann man, wie bei einem endlichen Automaten, eine Menge von akzeptierenden Zuständen festlegen und sagen: Ein Eingabewort heißt akzeptiert, wenn der Kellerautomat nach Verlassen des

Eingabewortes durch den Eingabebandkopf nach rechts einen akzeptierenden Zustand annimmt (unabhängig vom Inhalt des Kellers). Diese und andere Modifizierungen des Akzeptierungsbegriffes für Kellerautomaten verändern die Klassen der von deterministischen bzw. nichtdeterministischen Kellerautomaten nicht.

Beispiel 6.26 Die Menge der korrekten Klammerwörter (siehe Beispiel 6.9) wird durch den nichtdeterministischen Kellerautomaten $M = (\{(,)\}, \{\square, \oplus\}, \{z, z'\}, f, z)$ akzeptiert, wobei die Überführungsfunktion f durch die folgenden Befehle gegeben ist:

$$
\begin{aligned}
z\,(\,\square\; &\to\; z\;\oplus\square \\
z\,(\,\oplus\; &\to\; z\;\oplus\oplus \\
z\,)\,\oplus\; &\to\; z\;\varepsilon \\
z\,)\,\square\; &\to\; z'\,\square \\
z\,\varepsilon\,\square\; &\to\; z\;\varepsilon
\end{aligned}
$$

Für jedes gelesene (wird ein + eingekellert, und für jedes gelesene) wird ein + im Keller gelöscht. Wurden bis zu irgendeinem Zeitpunkt mehr) als (gelesen, so wird der neue Zustand z' angenommen, worauf die Maschine nichts mehr tun kann, da es keinen Befehl für diesen Zustand gibt. Ist das bisher gelesene Wort ein korrektes Klammerwort, so kann durch den letzten Befehl der Keller geleert werden, was bei einem vollständig eingelesenen Eingabewort einer akzeptierenden Stoppsituation entspricht. Alternativ kann aber auch das eventuell noch nicht vollständig gelesene Eingabewort weiter gelesen werden.

Beispiel 6.27 Die Menge PAL der symmetrischen Wörter (siehe Beispiel 6.4) wird durch den nichtdeterministischen Kellerautomaten $M = (\{a, b\}, \{\square, A, B\}, \{z, z'\}, f, z)$ akzeptiert, wobei die Überführungsfunktion f durch die folgenden Befehle gegeben ist:

$$
\begin{aligned}
z\,a\,X\; &\to\; z\,AX & &\text{für alle } X \in \{\square, A, B\} \\
z\,b\,X\; &\to\; z\,BX & &\text{für alle } X \in \{\square, A, B\} \\
z\,a\,X\; &\to\; z'\,X & &\text{für alle } X \in \{\square, A, B\} \\
z\,b\,X\; &\to\; z'\,X & &\text{für alle } X \in \{\square, A, B\} \\
z\,\varepsilon\,X\; &\to\; z'\,X & &\text{für alle } X \in \{\square, A, B\} \\
z'\,a\,A\; &\to\; z'\,\varepsilon \\
z'\,b\,B\; &\to\; z'\,\varepsilon \\
z'\,\varepsilon\,\square\; &\to\; z'\,\varepsilon
\end{aligned}
$$

Zunächst speichert M im Zustand z für jedes gelesene a ein A und für jedes gelesene b ein B in den Keller. Nichtdeterministisch wird bei oder nach jedem Eingabebuchstaben vermutet, daß hier die Wortmitte sei und zum Zustand z' übergegangen. In diesem Zustand wird bei jedem gelesenen Buchstaben a das eventuell vorhandene Topsymbol A gelöscht und bei jedem gelesenen Buchstaben b das eventuell vorhandene Topsymbol B gelöscht. Bei den Kombinationen aB und bA, die auf ein Nichtsymmetrie hinweisen, ist keine Weiterarbeit möglich, und die Eingabe kann folglich nicht akzeptiert werden. Ist das bisher gelesene Eingabewort symmetrisch, so kann durch den letzten Befehl der Keller geleert werden, was bei einem vollständig eingelesenen Eingabewort einer akzeptierenden Stoppsituation entspricht. Bei einem noch nicht vollständig gelesenem Eingabewort geht es auf diesem Rechenweg nicht weiter. Die Wortmitte wurde hier falsch vermutet.

Für dieses Beispiel wird die nichtdeterministische Arbeitsweise des Kellerautomaten wesentlich ausgenutzt, um die Wortmitte zu „raten". Man kann zeigen, daß die Menge PAL nicht durch einen deterministischen Kellerautomaten akzeptiert werden kann. Daraus folgt sofort **PDA $\subset$ NPDA**.

Die in diesen Beispielen behandelten Sprachen können sowohl von nichtdeterministischen Pushdownautomaten akzeptiert als auch von kontextfreien Grammatiken erzeugt werden. Damit wird eine ganz allgemein gültige, wichtige Beziehung zwischen kontextfreien Sprachen und Kellerautomaten deutlich, die wir jetzt beweisen wollen.

Satz 6.28 $L_2 = $ NPDA;
d. h. eine Sprache ist genau dann kontextfrei, wenn sie von einem nichtdeterministischen Kellerautomaten akzeptiert werden kann.

Beweis. In diesem Beweis werden wir den Sachverhalt „der Kellerautomat M kann in t Schritten von der Situation (z, w, v) in die Situation (z', z', v') gelangen" durch $(z, w, v) \underset{M}{\overset{t}{\Longrightarrow}} (z', w', v')$ beschreiben.

$L_2 \subseteq$ NPDA. Für eine kontextfreie Sprache L gibt es eine kontextfreie Grammatik $G = (\Sigma, N, S, R)$ mit $L(G) = L \setminus \{\varepsilon\}$. Ohne Beschränkung der Allgemeinheit können wir voraussetzen, daß G die Chomsky-Normalform besitzt (Satz 6.17), daß $S = \square$ gilt (durch Umbenennung) und daß das Startsymbol $\square$ niemals rechts in einer Regel vorkommt (siehe Aufgabe 6.18). Wir konstruieren aus G den nichtdeterministischen Kellerautomaten $M = (\Sigma, N, \{z\}, f, z)$ wie folgt:

Die Grammatikregel	führt zum Kellerautomatenbefehl
$A \to BC$	$z\,\varepsilon\,A \to z\,BC$
$A \to a$	$z\,a\,A \to z\,\varepsilon$

Die folgende Beziehung zwischen der Arbeit von M und der Erzeugung durch G beweisen wir durch Induktion über t.

(1) *Für $w \in \Sigma^*$, $v \in \Delta^*$ und $t \geq 0$ gilt* $(z, w, v) \underset{M}{\overset{t}{\Longrightarrow}} (z, \varepsilon, \varepsilon) \iff v \underset{G}{\overset{t}{\Longrightarrow}} w$.

(IA) Es gilt $(z, w, v) \underset{M}{\overset{0}{\Longrightarrow}} (z, \varepsilon, \varepsilon) \iff w = v = \varepsilon \iff v \underset{G}{\overset{0}{\Longrightarrow}} w$.

(IS) Fall 1: Es gilt $w = \varepsilon$ oder $v = \varepsilon$. Der Kellerautomat M kann aufgrund seiner Befehle eine Situation (z, w, v) nicht in $t + 1 > 0$ Schritten in die Situation $(z, \varepsilon, \varepsilon)$ überführen, und die Grammatik G kann aufgrund ihrer Regeln das Wort v nicht mit $t + 1$ Regelanwendungen in das Wort w überführen.

Fall 2: Es gilt $w = ax$ und $v = Au$ mit $a \in \Sigma$ und $A \in N$. Wir schließen:

$$(z, ax, Au) \xRightarrow[M]{t+1} (z, \varepsilon, \varepsilon) \Longleftrightarrow$$

$$\Longleftrightarrow \quad \exists B \exists C \left((z, ax, Au) \xRightarrow[M]{1} (z, ax, BCu) \xRightarrow[M]{t} (z, \varepsilon, \varepsilon) \right)$$

$$\text{oder } (z, ax, Au) \xRightarrow[M]{1} (z, x, u) \xRightarrow[M]{t} (z, \varepsilon, \varepsilon)$$

$$\Longleftrightarrow \quad \exists B \exists C \left(A \to BC \text{ Regel in } G \text{ und } BCu \xRightarrow[G]{t} ax \right)$$

$$\text{oder } A \to a \text{ Regel in } G \text{ und } u \xRightarrow[G]{t} x$$

$$\Longleftrightarrow \quad Au \xRightarrow[G]{t+1} ax.$$

Mit Hilfe von (1) können wir nun für $w \in \Sigma^*$ schließen:

$$(2) \quad w \in L(G) \quad \Longleftrightarrow \quad \Box \xRightarrow[G]{*} w$$

$$\Longleftrightarrow \quad \exists t \left(\Box \xRightarrow[G]{t} w \right)$$

$$\Longleftrightarrow \quad \exists t \left((z, w, \Box) \xRightarrow[M]{t} (z, \varepsilon, \varepsilon) \right)$$

$$\Longleftrightarrow \quad w \in L(M).$$

Im Falle $\varepsilon \notin L$ haben wir damit gezeigt, daß L von einem nichtdeterministischen Kellerautomaten akzeptiert werden kann. Im Falle $\varepsilon \in L$ fügen wir dem oben beschriebenen Kellerautomaten noch den Befehl $z\Box\Box \to z\varepsilon$ hinzu. Da bei der Grammatik das Startsymbol $\Box$ nur am Beginn einer Erzeugung auftritt, steht $\Box$ auch nur bei Beginn der Berechnung von M im Keller. Also wird zusätzlich nur das leere Wort ε akzeptiert.

NPDA $\subseteq$ L$_2$. Im Grunde werden wir das im Beweis von **L$_2$ $\subseteq$ NPDA** verwendete Verfahren „rückwärts" an. Die Schwierigkeit besteht darin, daß der dort konstruierte Kellerautomat nur einen Zustand hat und wir hier von einem Kellerautomaten mit mehreren Zuständen ausgehen müssen. Dadurch wird die Konstruktion etwas komplizierter.

Es sei $M = (\Sigma, \Delta, Z, f, z_0)$ ein nichtdeterministischer Kellerautomat, von dem wir ohne Beschränkung der Allgemeinheit (siehe Aufgabe 6.15) annehmen können, daß er in jedem Arbeitstakt im Keller entweder das Topsymbol löscht oder durch zwei Kellersymbole ersetzt. Wir konstruieren eine kontextfreie Grammatik $G = (\Sigma, Z \times \Delta \times Z \cup \{S\}, S, R)$ wie folgt.

Der Befehl von M	führt zur Grammatikregel
$z_1 aA \to z_2 \varepsilon$	$(z_1 A z_2) \to a$
$z_1 aA \to z_2 BC$	$(z_1 A z_3) \to a(z_2 B z_4)(z_4 C z_3)$ für alle $z_3, z_4 \in Z$

Zusätzlich gibt es noch die Regel $S \to (z_0 \boxdot z)$ für jedes $z \in Z$. Da in der Tabelle auch $a = \varepsilon$ sein kann, kann es in G auch ε-Regeln geben, d.h., G kann eine nicht-kontextfreie Grammatik sein. Nach Satz 6.16 ist aber $L(G)$ kontextfrei.

Es gilt nun folgende Beziehung zwischen der Erzeugung durch G und der Arbeit von M.

(3) *Für $z, z' \in Z$, $w \in \Sigma^*$, $A \in \Delta$ und $t \geq 0$ gilt:*

$$(z, w, A) \xRightarrow[M]{t} (z', \varepsilon, \varepsilon) \iff (zAz') \xRightarrow[G]{t} w$$

Wir führen einen Beweis durch Induktion über t.

(IA) Offensichtlich kann weder $(z, w, A) \xRightarrow[M]{0} (z', \varepsilon, \varepsilon)$ noch $(zAz') \xRightarrow[G]{0} w$ gelten.

(IS) 1. Es sei $(z, w, A) \xRightarrow[M]{t+1} (z', \varepsilon, \varepsilon)$

Fall 1: Der erste bei $(z, w, A) \xRightarrow[M]{t+1} (z', \varepsilon, \varepsilon)$ ausgeführte Befehl ist $zaA \to z_1\varepsilon$. Folglich muß $t = 0$, $z_1 = z'$ und $w = a$ gelten. Wegen $zaA \to z_1\varepsilon$ gibt es in G die Regel $(zAz_1) \to a$, und daraus folgt $(zAz') = (zAz_1) \xRightarrow[G]{t+1} a = w$.

Fall 2: Der erste bei $(z, w, A) \xRightarrow[M]{t+1} (z', \varepsilon, \varepsilon)$ ausgeführte Befehl ist $zaA \to z_1BC$. Also gibt es ein $r \leq t$, $z_2 \in Z$ und $x, y \in \Sigma^*$ mit $w = axy$ und

$$(z, w, A) \xRightarrow[M]{1} (z_1, xy, BC) \xRightarrow[M]{r} (z_2, y, C) \xRightarrow[M]{t-r} (z', \varepsilon, \varepsilon).$$

Wählen wir nun r minimal mit dieser Eigenschaft, so gilt auch $(z_1, x, B) \xRightarrow[M]{r} (z_2, \varepsilon, \varepsilon)$. Nach Induktionsvoraussetzung gilt $(z_1 B z_2) \xRightarrow[G]{r} x$ und $(z_2 C z') \xRightarrow[G]{t-r} y$. Wegen des Befehls $zaA \to z_1BC$ gibt es in der Grammatik G die Regel $(zAz') \to a(z_1 B z_2)(z_2 C z')$. Folglich gibt es die Erzeugung

$$(zAz') \xRightarrow[G]{1} a(z_1 B z_2)(z_2 C z') \xRightarrow[G]{r} ax(z_2 C z') \xRightarrow[G]{t-r} axy = w.$$

2. Es sei $(zAz') \xRightarrow[G]{t+1} w$.

Fall 1: Die erste bei $(zAz') \xRightarrow[G]{t+1} w$ angewendete Regel ist $(zAz') \to a$. Daraus folgt $t = 0$ und $w = a$. Wegen $(zAz') \to a$ gibt es bei M den Befehl $zaA \to z'\varepsilon$, und daraus folgt $(z, w, A) \xRightarrow[M]{t+1} (z', \varepsilon, \varepsilon)$.

Fall 2: Die erste bei der Erzeugung $(zAz') \xRightarrow[G]{t+1} w$ angewendete Regel ist $(zAz') \to a(z_1 B z_2)(z_2 C z')$. Also gibt es ein $r \leq t$ und $x, y \in \Sigma^*$ mit $w = axy$, $(z_1 B z_2) \xRightarrow[G]{r} x$ und $(z_2 C z') \xRightarrow[G]{t-r} y$. Nach Induktionsvoraussetzung gilt

$(z_1, x, B) \underset{M}{\overset{r}{\Longrightarrow}} (z_2, \varepsilon, \varepsilon)$ und $(z_2, y, C) \underset{M}{\overset{t-r}{\Longrightarrow}} (z', \varepsilon, \varepsilon)$. Wegen der Regel $(zAz') \to a(z_1 B z_2)(z_2 C z')$ gibt es bei M den Befehl $zaA \to z_1 BC$. Folglich gilt

$$(z, w, A) \underset{M}{\overset{1}{\Longrightarrow}} (z_1, xy, BC) \underset{M}{\overset{r}{\Longrightarrow}} (z_2, y, C) \underset{M}{\overset{t-r}{\Longrightarrow}} (z', \varepsilon, \varepsilon).$$

Damit ist (3) bewiesen. Mit Hilfe dieser Aussage können wir nun exakt wie bei (2) die Gleichheit $L(M) = L(G)$ zeigen. $\qquad\qquad\square$

Der im Beweis von $\mathbf{L_2} \subseteq \mathbf{NPDA}$ konstruierte nichtdeterministischen Kellerautomat hatte sehr spezielle Eigenschaften. Zusammen mit $\mathbf{NPDA} \subseteq \mathbf{L_2}$ kann man daraus schließen:

Folgerung 6.29 *Jede von einem nichtdeterministischen Kellerautomaten akzeptierte Sprache (also jede kontextfreie Sprache) kann von einem nichtdeterministischen Kellerautomaten mit nur einem Zustand akzeptiert werden, der nur Befehle der Form $zaA \to z\varepsilon$ und $z\varepsilon A \to zu$ mit $|u| = 2$ besitzt.*

6.4 Kontextsensitive Sprachen

In diesem Abschnitt werden wir zwei Charakterisierungen der Klasse der kontextsensitiven Sprachen beweisen:

- Die sogenannten *nichtverkürzenden* Grammatiken (eine Erweiterung des Begriffs der kontextsensitiven Grammatiken) erzeugen auch nur kontextsensitive Sprachen.

- Die Klasse der kontextsensitiven Sprachen ist gleich der Klasse $\mathbf{NLIN}$ der von nichtdeterministischen Turingmaschinen mit Speicherplatzbedarf $O(n)$ akzeptierbaren Mengen.

Die Tatsache, daß man eine Klasse auf ganz verschiedene Weise definieren kann, weist darauf hin, daß es sich dabei um eine natürliche und in größeren Zusammenhängen wichtige Klasse handelt.

6.4.1 Nichtverkürzende Grammatiken

Definition 6.30 *Eine Grammatik $G = (\Sigma, N, S, R)$ heißt nichtverkürzend, falls jede Regel von G die Form $v \to w$ mit $v, w \in (\Sigma \cup N)^*$ und $|v| \leq |w|$ besitzt.*

Offenbar ist jede kontextsensitive Grammatik nichtverkürzend. Umgekehrt kann zu jeder nichtverkürzenden Grammatik eine äquivalente kontextsensitive Grammatik konstruiert werden.

Satz 6.31 *Eine Sprache kann genau dann von einer kontextsensitiven Grammatik erzeugt werden, wenn sie von einer nichtverkürzenden Grammatik erzeugt werden kann.*

Beweis. Es bleibt zu zeigen, daß zu jeder nichtverkürzenden Grammatik $G = (\Sigma, N, S, R)$ eine kontextsensitive Grammatik existiert, die die gleiche Wortmenge erzeugt. Es sei $\Sigma = \{a_1, \ldots, a_k\}$, und wir wählen neue Nichtterminale $A_1, \ldots, A_k \notin N$. Es sei R' die Menge der Regeln, die aus den Regeln von R entstehen, indem man dort jedes a_i durch A_i ersetzt und die Regeln $A_i \to a_i$ $(i = 1, \ldots, k)$ hinzufügt. Die Grammatik $G' = (\Sigma, N', S, R')$ mit $N' = N \cup \{A_1, \ldots, A_k\}$ erzeugt offensichtlich die gleiche Sprache wie G, und jede ihrer Regeln hat auf der linken Seite nur Nichtterminalsymbole.

Eine Regel der Grammatik G' hat die Form $B_1 B_2 \ldots B_r \to C_1 C_2 \ldots C_s$ mit $1 \leq r \leq s$ und Nichtterminalen $B_1, B_2, \ldots, B_r$. Im Falle $r = 1$ hat diese Regel bereits die bei kontextsensitiven Grammatiken verlangte Form. Im Falle $r \geq 2$ führen wir speziell für diese Regel neue Nichtterminale $D_1, D_2, \ldots, D_r$ ein mit den Regeln

$$B_1 B_2 B_3 \ldots B_{r-2} B_{r-1} B_r \to D_1 B_2 B_3 \ldots B_{r-2} B_{r-1} B_r,$$
$$C_1 C_2 \ldots C_{i-1} D_i B_{i+1} B_{i+2} \ldots B_r \to C_1 C_2 \ldots C_{i-1} D_i D_{i+1} B_{i+2} \ldots B_r$$
$$C_1 C_2 \ldots C_{i-1} D_i D_{i+1} B_{i+2} \ldots B_r \to C_1 C_2 \ldots C_{i-1} C_i D_{i+1} B_{i+2} \ldots B_r$$
$$C_1 C_2 \ldots C_{r-2} C_{r-1} D_r \to C_1 C_2 \ldots C_{r-2} C_{r-1} C_r C_{r+1} \ldots C_s,$$

für $i = 1, \ldots r - 1$, die die bei kontextsensitiven Grammatiken verlangte Form besitzen. Sie können nur in der angegebenen Reihenfolge angewendet werden und müssen auch so angewendet werden, damit die Nichtterminale $D_1, D_2, \ldots, D_r$ wieder verschwinden. Somit haben diese Regeln die gleiche Wirkung wie die Regel $B_1 B_2 \ldots B_r \to C_1 C_2 \ldots C_s$. Also erzeugt die so definierte Grammatik die gleiche Sprache wie G' und G. $\qquad\square$

6.4.2 Kontextsensitive Sprachen und linearer Speicherplatz

Nun zeigen wir, daß es sich bei der Klasse $\mathbf{L}_1$ um eine uns bereits bekannte Komplexitätsklasse handelt.

Satz 6.32 $\mathbf{L}_1 = \mathbf{NLIN}$*;*
d. h. eine Sprache ist genau dann kontextsensitiv, wenn sie von einer nichtdeterministischen Turingmaschine mit Speicherplatzbedarf $O(n)$ akzeptiert werden kann.

Beweis. $\mathbf{NLIN} \subseteq \mathbf{L}_1$. Nach Satz 3.50 gibt es für jede Sprache $L \subseteq \Sigma^*$ aus $\mathbf{NLIN}$ eine 1-Band-Turingmaschine $M = (\Sigma', Z, f, z_0, z_1)$, die L mit Speicherplatzbedarf $n + 1$ entscheidet. Ohne Beschränkung der Allgemeinheit testet M beim Start zunächst, ob der Kopf wirklich im ersten Feld links steht und stoppt, falls dies nicht der Fall ist. Für die eigentlichen Berechnungen hat das keinen besonderen Sinn, aber es verhindert, daß von der weiter unten konstruierten Grammatik auch solche „unerlaubten" Berechnungen von M simuliert werden, bei denen sich der Kopf beim Start nicht ganz links befindet.

Bei genau denjenigen Wörtern $a_1 a_2 \ldots a_n$, die zu L gehören, überführt M die Startsituation (der Zustand markiert die Kopfposition)

$$\overset{z_0}{a_1}\, a_2 \ldots a_{n-1} a_n \square\square\square \ldots$$

in die „akzeptierende" Stoppsituation

$$\overset{z_1}{1}\, \square\square\square \ldots$$

wobei während der Arbeit ausschließlich die ersten $n + 1$ Bandfelder verwendet werden. Da bei einer Grammatik das Wort $a_1 a_2 \ldots a_{n-1} a_n$ am Ende eines mit dem Startsymbol beginnenden Erzeugungsprozesses steht, werden wir eine Grammatik konstruieren, die den Berechnungsprozeß von M in der umgekehrten Richtung nachbildet. Dazu stellen wir eine Situation

$$b_1 b_2 \ldots b_{i-1}\, \overset{z}{b_i}\, b_{i+1} \ldots b_{n-1} b_n b_{n+1} \square\square\square \ldots$$

durch das *Situationswort* $b_1 b_2 \ldots b_{i-1}(z b_i) b_{i+1} \ldots b_{n-1}(b_n b_{n+1})$ der Länge n dar, d. h. der Zustand z wird zusammen mit dem vom Kopf betrachteten Symbol b_i durch das neue Symbol $(z b_i)$ codiert, und die beiden letzten Symbole b_n und b_{n+1} werden zusammen durch das neue Symbol $(b_n b_{n+1})$ codiert. In den Fällen $i = n$ und $i = n + 1$ werden die beiden letzten Symbole b_n und b_{n+1} zusammen mit dem Zustand z durch das neue Symbol $(z b_n b_{n+1})$ bzw. $(b_n z b_{n+1})$ codiert. Diese Art der Codierung erfolgt, damit kein bei der Arbeit von M auf der Eingabe $a_1 a_2 \ldots a_n$ auftretendes Situationswort eine Länge besitzt, die größer als n ist. Dies ist notwendig, weil wir ja die Folge der Situationswörter bei einem Rechenweg von M auf der Eingabe $a_1 a_2 \ldots a_n$ durch eine kontextsensitive Grammatik in der umgekehrten Reihenfolge erzeugen wollen und weil eine kontextsensitive Grammatik keine verkürzenden Regeln besitzt.

Wir geben nun eine nichtverkürzende Grammatik an, die die Berechnungen von M in der eben angedeuteten Weise „rückwärts simuliert". Terminalsymbole sind die Symbole von Σ, das Startsymbol ist S, und die anderen Nichtterminalsymbole ergeben sich aus den nachfolgend angegebenen Regeln.

Alle Wörter $w \in L$ mit $|w| \leq 1$ werden durch eigene Regeln $S \to w$ erzeugt. Zur Erzeugung der Wörter $w \in L$ mit $|w| \geq 2$ werden folgende Regeln verwendet.

In der Startphase werden durch die Regeln $S \to T(\square\square)$, $T \to T\square$ und $T \to (z_1 1)$ alle Wörter der Form $(z_1 1)\square\square\square \ldots \square\square\square(\square\square)$ erzeugt.

In der Simulationssphase werden durch die folgenden, längenerhaltenden Regeln die durch die Anwendung von Turingmaschinenbefehlen von M bewirkten Veränderungen des Situationswortes „rückgängig gemacht":

Der Befehl von M	führt zu den Grammatikregeln	
$za \to z'b\mathrm{O}$	$(z'b) \to (za)$	
	$(z'bc) \to (zac)$	für alle $c \in \Sigma'$
	$(cz'b) \to (cza)$	für alle $c \in \Sigma'$
$za \to z'b\mathrm{R}$	$b(z'c) \to (za)c$	für alle $c \in \Sigma'$
	$b(z'cd) \to (za)(cd)$	für alle $c,d \in \Sigma'$
	$(bz'c) \to (zac)$	für alle $c \in \Sigma'$
$za \to z'b\mathrm{L}$	$(z'c)b \to c(za)$	für alle $c \in \Sigma'$
	$(z'c)(bd) \to c(zad)$	für alle $c,d \in \Sigma'$
	$(z'cb) \to (cza)$	für alle $c \in \Sigma'$

Mit Hilfe dieser Regeln kann also aus dem Wort $(z_1 1)\square\square\square\ldots\square\square\square(\square\square)$ der Länge $n \geq 2$ ein Wort der Form $(z_0 a_1)a_2 a_3 \ldots a_{n-1}(a_n\square)$ mit $a_1, a_2, \ldots, a_n \in \Sigma$ genau dann erzeugt werden, wenn $a_1 a_2 \ldots a_n \in L$ gilt.

In der Schlußphase wird dann durch die Regeln $(z_0 a) \to a$ und $(a\square) \to a$ (für alle $a \in \Sigma$) die Erzeugung der Wörter $a_1 a_2 \ldots a_n \in L$ vollendet.

$\mathbf{L_1} \subseteq \mathbf{NLIN}$. Es sei $G = (\Sigma, N, S, R)$ eine kontextsensitive Grammatik, die die Sprache $L \subseteq \Sigma^*$ erzeugt. Hier werden wir nun umgekehrt die Erzeugung eines Wortes $a_1 a_2 \ldots a_n \in L$ aus dem Startsymbol durch eine nichtdeterministische Turingmaschine, die $a_1 a_2 \ldots a_n$ als Eingabe bekommt, „rückwärts simulieren". Eine nichtdeterministische 1-Band-Turingmaschine M kann das wie folgt tun:

1. Ist das Band beim Start leer, so stoppt M. Ist das Band nicht leer, so ersetzt M in den beiden Feldern unmittelbar links und rechts neben der Eingabe das Symbol $\square$ durch ein neues Symbol $\boxdot$. Danach läuft der Kopf zurück zum linken $\boxdot$.

2. Ist $\ldots\square\square\square\boxdot S\boxdot\square\square\square\ldots$ der Inhalt des Bandes, so wird $\boxdot S\boxdot$ durch $\square 1\square$ ersetzt, und M stoppt.

3. Der Kopf von M läuft nach rechts und prüft an jeder Stelle, ob dort ein Wort w vorkommt, für das es ein v mit $(v \to w) \in R$ gibt. Wird an einer Stelle ein solches Wort w gefunden, so spaltet sich die Berechnung nichtdeterministisch auf: Auf dem ersten Rechenweg läuft der Kopf weiter nach rechts und setzt die Suche nach Teilwörtern w mit $(v \to w) \in R$ fort. Wird das Symbol $\boxdot$ erreicht, so bewegt sich der Kopf nach links zum Bandanfang. Nun verfährt M weiter wie unter 2. Der zweite Rechenweg wird in soviele Wege aufgespaltet, wie es v mit $(v \to w) \in R$ gibt. Auf jedem dieser Wege wird w durch das entsprechende v ersetzt. Ist v kürzer als w, so wird das rechts von w stehende Wort (bis einschließlich $\boxdot$) entsprechend nach links verschoben. Dann bewegt sich der Kopf nach links zum Bandanfang. Nun verfährt M weiter wie unter 2.

Offensichtlich akzeptiert M die Menge L und benötigt auf jedem seiner Rechenwege $n + 2$ Bandfelder.
$\qquad\qquad\square$

6.4.3 Abschlußeigenschaften der Klasse der kontextsensitiven Sprachen

Im folgenden Satz wollen wir noch einige Abschlußeigenschaften der Klasse $\mathbf{L}_1$ behandeln. Es sei angemerkt, daß die Klasse $\mathbf{L}_1$ auch abgeschlossen unter Komplementbildung ist; wir beweisen das aber hier nicht (siehe Bemerkung nach Satz 3.51).

Satz 6.33 *Die Klasse* $\mathbf{L}_1$ *der kontextsensitiven Sprachen ist abgeschlossen unter Vereinigung, Durchschnitt, Konkatenation und Iteration, d. h. aus A, B $\in \mathbf{L}_1$ folgt $A \cup B, A \cap B, A \cdot B, A^* \in \mathbf{L}_1$.*

Beweis. Für die Vereinigung und den Durchschnitt wissen wir das bereits wegen $\mathbf{L}_1 = \mathbf{NLIN}$ und Satz 3.51.2. Sehr leicht zu sehen ist die Abgeschlossenheit unter Konkatenation und Iteration (siehe Aufgabe 6.19). $\quad\square$

6.5 Sprachen vom Typ 0

6.5.1 Sprachen vom Typ 0 und aufzählbare Mengen

Während die Sprachen vom Typ 1, also die kontextsensitiven Sprachen, sogar in einer „ziemlich kleinen" Teilklasse der entscheidbaren Mengen enthalten sind, nämlich in der Klasse der in Exponentialzeit entscheidbaren Mengen (siehe Sätze 6.32 und 3.52), bilden die Sprachen vom Typ 0 eine Klasse, die größer als die der entscheidbaren Mengen ist.

Satz 6.34 *Eine Sprache ist genau dann vom Typ 0, wenn sie aufzählbar ist.*

Beweis. 1. Ist $L \subseteq \Sigma^*$ aufzählbar, so gibt es eine berechenbare totale Funktion $f \colon \{1, 2\}^* \to \Sigma^*$ mit $W_f = L$. Es sei M eine Turingmaschine mit einem Band, die f berechnet, wobei $\Sigma' \supseteq \Sigma$ das Bandalphabet, Z die Zustandsmenge mit $Z \cap \Sigma' = \emptyset$, z_0 der Startzustand und z_1 der Stoppzustand von M sei. Die Idee besteht nun darin, durch eine Grammatik G die Arbeit von M auf allen Eingaben nachzuvollziehen und so alle Wörter $f(w)$ mit $w \in \{1, 2\}^*$ zu erzeugen. Im einzelnen wird das wie folgt aussehen: Für jede Situation, gegeben durch den Bandinhalt $\ldots \square\square\square a_1 a_2 \ldots a_{i-1} a_i \ldots a_m \square\square\square \ldots$ mit $a_1, a_m \neq \square$, den Zustand z und die Kopfposition auf dem Feld mit dem Symbol a_i, die M bei der Arbeit auf irgendeiner Eingabe $w \in \{1, 2\}^*$ erreicht, erzeugt die Grammatik G zunächst ein Wort $\boxdot\square\square \ldots \square a_1 a_2 \ldots a_{i-1} z a_i \ldots a_m \square\square \ldots \square\boxdot$, und G erzeugt in dieser Phase nur solche Wörter. Anschließend erzeugt G aus jedem Wort der Form $\boxdot\square\square \ldots \square z_1 v \square\square \ldots \square\boxdot$ das Wort v (das sind genau die Funktionswerte $f(w)$).

Die Grammatik G ist definiert als $G = (\Sigma, (\Sigma' \smallsetminus \Sigma) \cup Z \cup \{\square, S, S', T\}, S, R)$ mit $\square, S, S', T \notin \Sigma' \cup Z$, wobei die Regelmenge R nachfolgend erklärt wird. In einer ersten Phase erzeugt G mit den Regeln $S \to \square S' \square$, $S' \to S'1$, $S' \to S'2$, $S' \to z_0$ alle Wörter der Form $\square z_0 w \square$ mit $w \in \{1, 2\}^*$. Das Wort $\square z_0 w \square$ entspricht der Anfangssituation von M bei der Arbeit auf w. Mit den Regeln $z\square \to z\square\square$ und $\square z \to \square\square z$ werden bei Bedarf die Endmarken $\square$ nach außen verschoben. Nun folgen Regeln, mit denen die Arbeit von M simuliert wird.

Der Befehl von M	führt zu den Grammatikregeln
$za \to z'b\mathrm{O}$	$za \to z'b$
$za \to z'b\mathrm{R}$	$za \to bz'$
$za \to z'b\mathrm{L}$	$cza \to z'cb$ für alle $c \in \Sigma'$

Die Turingmaschine M berechnet die totale Funktion f; also stoppt sie bei jeder Eingabe w in der Situation $\dots \square\square\square f(w) \square\square\square \dots$ im Zustand z_1 mit dem Kopf auf dem ersten Buchstaben von $f(w)$. Die Grammatik G erzeugt folglich ein Wort $\square\square\square \dots \square z_1 f(w) \square\square \dots \square\square$, und alle von G erzeugten Wörter mit einem z_1 haben diese Form. Mit den Regeln

$$\square z_1 \to z_1, \ \square z_1 \to T, \ Ta \to aT \text{ für jedes } a \in \Sigma, \ T\square \to T, \ T\square \to \varepsilon$$

wird schließlich aus einem solchen Wort das Wort $f(w)$ erzeugt. Es sei angemerkt, daß an dieser Stelle verkürzende Regeln verwendet werden müssen

2. Es sei $G = (\Sigma, N, S, R)$ eine Grammatik mit $R = \{r_1, \dots, r_m\}$. Im Falle $L(G) = \emptyset$ sind wir fertig, da die leere Menge aufzählbar ist. Im Falle $L(G) \neq \emptyset$ wählen wir ein $v_0 \in L(G)$. Durch das folgende Programm im RIES-Stil wird eine Funktion $\varphi : \{1, 2\}^* \to \Sigma^*$ definiert.

```
function φ(w);
begin
    v := S;
    while w = 1^i 2^j u mit 1 ≤ i ≤ m und j ≥ 1 do
        begin
            if r_i ist an mindestens j Stellen in v anwendbar
                    then v := Ergebnis der Anwendung von r_i auf v
                         an der j-ten Stelle von links
            w := u
        end;
    if v ∈ Σ* then φ := v else φ := v_0
end
```

Offensichtlich ist jeder Wert der Funktion φ in $L(G)$. Wird andererseits $v \in \Sigma^*$ in t Schritten aus S erzeugt, wobei im m-ten Schritt die Regel r_{i_m} an der j_m-ten möglichen Stelle von links angewendet wird ($m = 1, 2, \dots, t$), so gilt $\varphi(1^{i_1} 2^{j_1} 1^{i_2} 2^{j_2} \dots 1^{i_t} 2^{j_t}) = v$. Damit gilt $W_\varphi = L(G)$, und $L(G)$ ist als Wertebereich einer berechenbaren Funktion aufzählbar. $\square$

6.5.2 Abschlußeigenschaften der Klasse der Sprachen vom Typ 0

Auch für die Klasse L_0 wollen wir die Frage nach den wichtigsten Abschlußeigenschaften stellen.

Satz 6.35 *Die Klasse* L_0 *ist abgeschlossen unter Vereinigung, Durchschnitt,
Konkatenation und Iteration; sie ist nicht abgeschlossen unter Komplement-
bildung. D. h. mit* $A, B \in L_0$ *sind auch* $A \cup B$, $A \cap B$, $A \cdot B$ *und* A^* *in* L_0; *es
gibt jedoch Mengen* $A \in L_0$, *für die* $\overline{A}$ *nicht in* L_0 *ist.*

Beweis. Da L_0 die Klasse der aufzählbaren Mengen ist, folgt die Abgeschlossenheit unter Vereinigung und Durchschnitt aus Satz 2.44, und die Nichtabge-
schlossenheit unter Komplementbildung folgt aus Folgerung 2.48. Die Abgeschlossenheit unter Konkatenation und Iteration ist sehr einfach nachzuweisen
(Aufgabe 6.20). $\qquad\qquad\square$

6.6 Zusammenfassung

Die folgende Abbildung zeigt Inklusionsbeziehungen zwischen einigen der von
uns untersuchten Sprachklassen. Ist die Verbindung mit einem $\neq$ versehen,
so gilt die echte Inklusion. Hat eine Verbindung kein $\neq$, so stellt die Frage,
ob diese Inklusion echt ist, ein wichtiges offenes Problem der Theoretischen
Informatik dar:

- $P \overset{?}{\neq} NP$ ist das **P-NP**-Problem, siehe Seite 107.

- $NP \overset{?}{\neq} EXP$, siehe Seite 108.

- $LIN \overset{?}{\neq} NLIN$ ist das **LBA**-Problem, siehe Seite 127.

Folgende in der Abbildung dargestellte Beziehungen sind in diesem Buch nicht
bewiesen, sondern nur der Vollständigkeit halber aufgeführt.

- $NLIN \subset EXP$ (Wir haben nur $NLIN \subseteq EXP$ bewiesen.)

- $NPDA \subset LIN$ (Wir haben noch nicht einmal $NPDA \subseteq LIN$, dafür aber
$NPDA = L_2 \subset L_1 = NLIN$ bewiesen.)

- $NPDA \subset P$ (Wir haben bisher nur $NPDA \subseteq P$ bewiesen; die Echt-
heit der Inklusion ergibt sich aber sehr einfach aus der Tatsache, daß die
Sprache $\{a^n b^n c^n : n \geq 1\}$ offensichtlich in P, nach Satz 6.20 aber nicht
kontextfrei ist.)

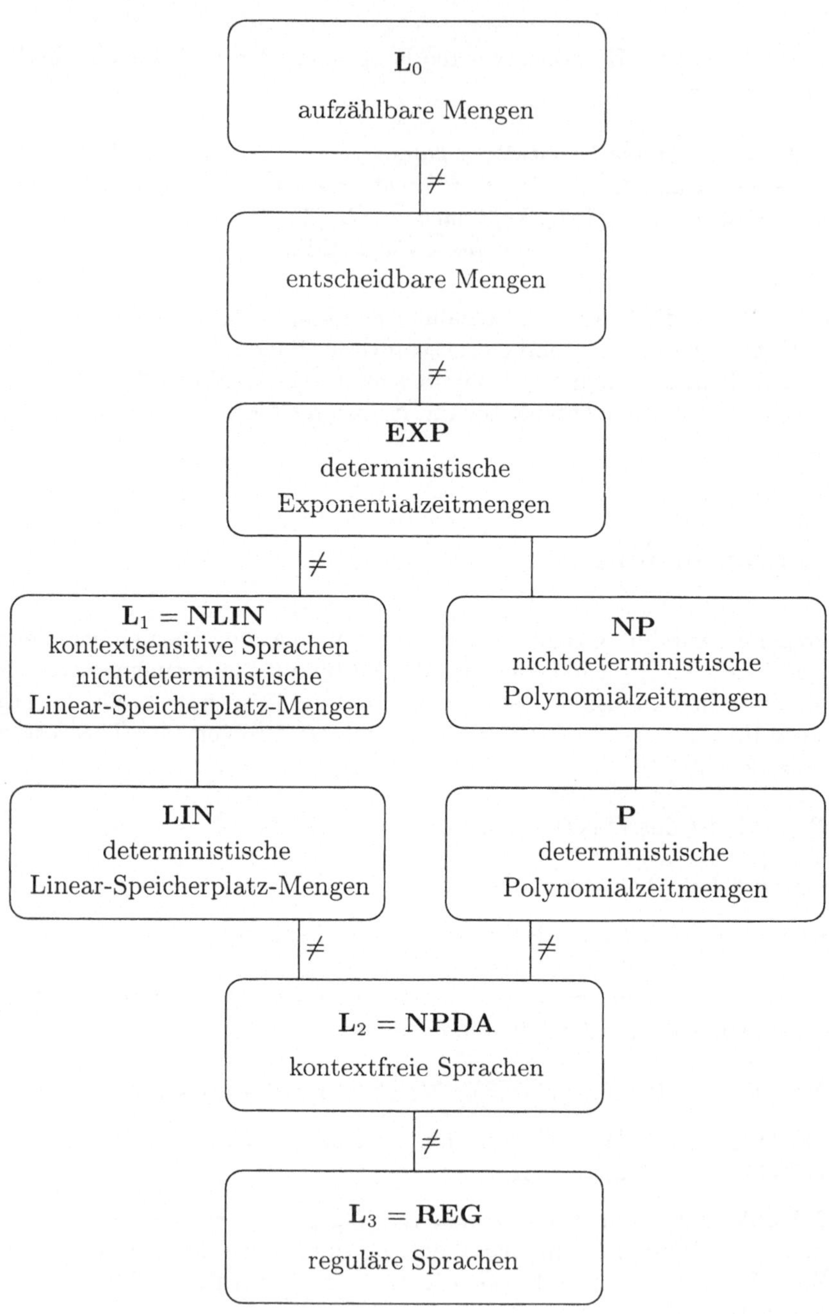

$\mathbf{L_0}$
aufzählbare Mengen
$\neq$
entscheidbare Mengen
$\neq$
$\mathbf{EXP}$
deterministische
Exponentialzeitmengen
$\neq$
$\mathbf{L_1 = NLIN}$
kontextsensitive Sprachen
nichtdeterministische
Linear-Speicherplatz-Mengen
$\mathbf{NP}$
nichtdeterministische
Polynomialzeitmengen
$\mathbf{LIN}$
deterministische
Linear-Speicherplatz-Mengen
$\mathbf{P}$
deterministische
Polynomialzeitmengen
$\neq$
$\neq$
$\mathbf{L_2 = NPDA}$
kontextfreie Sprachen
$\neq$
$\mathbf{L_3 = REG}$
reguläre Sprachen

6.7 Aufgaben

6.1 1. Man gebe eine Grammatik vom Typ 1 für die Sprache $\{a^{2^n} : n \geq 0\}$ an.

2. Man gebe eine Grammatik vom Typ 0 mit 4 Regeln an, die diese Sprache erzeugt.

6.2 Die Grammatik $G = (\{a\}, \{A, B, C, D, E, S\}, S, R)$ besitze die folgenden Regeln:

$$
\begin{array}{llll}
S \to a & C \to CB & Ba \to aB & Ea \to aE \\
S \to CAAD & C \to E & BA \to aaAB & EA \to aE \\
& & BD \to AD & ED \to aa
\end{array}
$$

1. Welche Sprache wird durch die Grammatik G erzeugt?

2. Man forme diese Grammatik mit dem im Beweis von Satz 6.31 beschriebenen Verfahren zu einer Grammatik vom Typ 1 um.

6.3 Man zeige, daß die Menge aller Codes $c(M)$ von RAM-Programmen M (siehe Seite 82) regulär ist.

6.4 1. Eine Grammatik $G = (\Sigma, N, S, R)$, die ausschließlich Regeln der Form $A \to wB$ mit $A, B \in N$ und $w \in \Sigma^*$ besitzt, erzeugt stets eine reguläre Sprache.

2. Jede reguläre Sprache kann durch eine solche Grammatik erzeugt werden.

3. Die Aussagen 1 und 2 bleiben richtig, wenn man ausschließlich Regeln der Form $A \to Bw$ mit $A, B \in N$ und $w \in \Sigma^*$ zuläßt.

4. Die Aussage 1 wird falsch, wenn man sowohl Regeln der Form $A \to wB$ als auch Regeln der Form $A \to Bw$ zuläßt.

6.5 Beispiel 6.8 zeigt, daß die Menge PAL kontextfrei ist. Man zeige, daß auch das Komplement von PAL, also die Menge $\{a, b\}^* \setminus PAL$, kontextfrei ist.

6.6 Man zeige, daß die Menge der aussagenlogischen Formeln kontextfrei ist.

6.7 Man zeige, daß die Menge der RIES-Anweisungen, die keine `for`-Schleifen enthalten, kontextfrei ist. Man mache plausibel, warum dies nicht mehr gilt, wenn `for`-Schleifen zugelassen werden.

6.8 Man bringe die Grammatik $G = (\Sigma, N, S, R)$ mit den Regeln

$$
\begin{array}{llll}
S \to ABa & A \to CaA & B \to S & C \to Bb \\
S \to CbB & A \to a & B \to b & C \to A
\end{array}
$$

mit dem im Beweis von Satz 6.17 beschriebenen Verfahren in Chomsky-Normalform.

6.9 Man zeige, daß die Sprache $\{a^n b^m c^{n+m} : n, m \geq 0\}$ zwar kontextfrei, aber nicht regulär ist.

6.10 Man zeige, daß die Sprache $\{a^n b^m c^{n \cdot m} : n, m \geq 0\}$ zwar kontextsensitiv, aber nicht kontextfrei ist.

6.11 Man zeige, daß die Sprache $\{a^p : p$ ist eine Primzahl$\}$ nicht kontextfrei ist.

6.12 (Satz 6.22) Die Klasse der kontextfreien Sprachen ist abgeschlossen unter Vereinigung, Konkatenation, Iteration und Spiegelung, d. h. sind die Sprache L und L' kontextfrei, so sind die Sprachen $L \cup L'$, $L \cdot L'$, L^* und $R(L) =_{\text{def}} \{w : w^R \in L\}$ ebenfalls kontextfrei.

6.13 Wird eine Sprache L von einer kontextfreien Grammatik in Chomsky-Normalform erzeugt, so besteht jede Erzeugung eines Wortes $w \in L$ aus genau $2 \cdot |w| - 1$ Schritten.

6.14 Jede kontextfreie Sprache kann von einem geeigneten nichtdeterministischen RIES-Programm in der Zeit $O(n^2)$ akzeptiert werden.

Hinweis: Man verwende die Aussage der Aufgabe 6.13.

6.15 Jede von einem deterministischen (nichtdeterministischen) Kellerautomaten akzeptierte Sprache kann sogar von einem deterministischen (nichtdeterministischen) Kellerautomaten akzeptiert werden, der in jedem Schritt im Keller das Topsymbol entweder löscht oder durch zwei Kellersymbole ersetzt.

6.16 Konstruieren Sie einen deterministischen Kellerautomaten, der die Menge $\{w \# w^R : w \in \{a, b\}^*\}$ akzeptiert.

6.17 Konstruieren Sie einen Kellerautomaten, der die Menge $\{wav : w, v \in \{a, b\}^* \wedge |w| = |v|\}$ akzeptiert.

6.18 Zu jeder kontextfreien Grammatik gibt es eine äquivalente kontextfreie Grammatik, bei der das Startsymbol niemals rechts in einer Regel vorkommt.

6.19 (Satz 6.33) Die Klasse $\mathbf{L}_1$ ist abgeschlossen unter Konkatenation und Iteration, d. h. mit $A, B \in \mathbf{L}_1$ sind auch $A \cdot B$ und A^* in $\mathbf{L}_1$.

6.20 (Satz 6.35) Die Klasse $\mathbf{L}_0$ ist abgeschlossen unter Konkatenation und Iteration, d. h. mit $A, B \in \mathbf{L}_0$ sind auch $A \cdot B$ und A^* in $\mathbf{L}_0$.

6.21 Man zeige, daß für eine Sprache L die folgenden Aussagen äquivalent sind:

(1) L ist vom Typ 0.

(2) L kann von einer Grammatik erzeugt werden, deren Regeln die Form $v \to w$ mit $v, w \in (\Sigma \cup N)^*$ und $|v| \leq |w|$ oder $A \to \varepsilon$ mit $A \in N$ besitzen.

Weiterführende Literatur

Algorithmen, Berechenbarkeit, Entscheidbarkeit und Aufzählbarkeit

- Cutland, N., Computability, Cambridge University Press, Cambridge 1988

- Hermes, H., Aufzählbarkeit, Entscheidbarkeit, Berechenbarkeit, Springer-Verlag, Berlin 1978

- Oberschelp, A., Rekursionstheorie, BI Wissenschaftsverlag Mannheim - Leipzig - Wien - Zürich 1993

- Rogers, H. Jr., Theory of Recursive Functions and Effective Computability, McGraw-Hill Book Company, New York 1967; MIT Press 1987

- Shoenfield, J.R., Recursion Theory, Lecture Notes in Logic, Springer-Verlag Berlin - Heidelberg 1993

Komplexität

- Balcázar, J.L., Díaz, J., Gabarró, J., Structural Complexity I, Springer-Verlag, Berlin 1988

- Balcázar, J.L., Díaz, J., Gabarró, J., Structural Complexity II, Springer-Verlag, Berlin 1990

- Garey, M.R., Johnson, D.S., Computers and Intractability, W.H Freeman, New York 1979

- Hemaspaandra, L.A., Ogihara, M., The Complexity Theory Companion, Springer-Verlag Berlin - Heidelberg 2002

- Papadimitriou, Ch.H., Computational Complexity, Addison-Wesley 1994

- Reischuk, K.R., Komplexitätstheorie, Bd. I: Grundlagen B.G. Teubner, Stuttgart - Leipzig 1999

- Vollmer, H., Introduction to Circuit Complexity, Springer-Verlag Berlin - Heidelberg 1999

- Wagner, K., Wechsung, G., Computational Complexity, Deutscher Verlag der Wissenschaften, Berlin 1986 und Reidel, Dordrecht 1986

- Wechsung, G., Vorlesungen zur Komplexitätstheorie, B.G. Teubner, Stuttgart - Leipzig - Wiesbaden 2000

- Wegener, I., The Complexity of Boolean Functions, B.G. Teubner und John Wiley & Sons, Stuttgart und New York 1987

Logik

- Ben-Ari, M., Mathematical Logic for Computer Science, Springer-Verlag London 2001

- Ebbinghaus, H.D., Flum, J., Thomas, W., Mathematical Logic, Springer-Verlag, Heidelberg 1990

- Heinemann, B., Weihrauch, K., Logik für Informatiker, B.G. Teubner, Stuttgart 1992

- Schöning, U., Logik für Informatiker, BI Wissenschaftsverlag, Mannheim 1987

Automaten und Formale Sprachen

- Salomaa, A.K., Formale Sprachen, Springer-Verlag Berlin 1978

- Harrison, M.A., Introduction to Formal Language Theory, Addison-Wesley, Reading, Massachusetts, 1978

- Hopcroft, J.E., Motwani, R., Ullman, J.D., Einführung in die Automatentheorie, Formale Sprachen und Komplexitätstheorie, Addison Wesley, Pearson Studium 2002

Index

R, 52
GOTO , 22
STOP, 22
BR , 21
Ri , 21
$\langle$BR$\rangle$, 22
$\langle$R$i\rangle$, 22
$\langle F \rangle$ (Menge F von Funktionen), 139
$\Gamma_{O_1,\ldots,O_k}$, 13
$I^{\alpha_1,\ldots,\alpha_n}_{a_1,\ldots,a_n}$, 30
D_f (Funktion f), 8
W_f (Funktion f), 8
$O(f)$ (Funktion f), 11, 94
c_A (Menge A), 77
$\mathcal{P}(A)$ (Menge A), 6

f^{-1} (Funktion f), 8
A^n (Menge A), 7
L^k (Sprache L), 10
L^* (Sprache L), 10
L^+ (Sprache L), 10
Σ^* (Alphabet Σ), 10
Σ^+ (Alphabet Σ), 10
x^R (Wort x), 10
x^k (Wort x), 10
$|x|$ (Wort x), 9
μy (natürliche Zahl y), 69
$L(G)$ (Grammatik G), 186
s_M (Algorithmus M), 123
t_M (Algorithmus M), 93